高等职业教育"十三五"规划教材
高等职业院校建筑工程技术专业规划推荐教材

建筑施工组织与进度控制

刘　坤　主　编
王　月　吴佼佼　刘　丽　副主编
陈　勇　高媛媛　主　审

中国建筑工业出版社

图书在版编目（CIP）数据

建筑施工组织与进度控制/刘坤主编. —北京：中国建筑工业出版社，2019.8（2023.4重印）

高等职业教育"十三五"规划教材　高等职业院校建筑工程技术专业规划推荐教材

ISBN 978-7-112-23946-7

Ⅰ.①建…　Ⅱ.①刘…　Ⅲ.①建筑工程-施工组织-高等职业教育-教材②建筑工程-施工进度计划-高等职业教育-教材

Ⅳ.①TU72

中国版本图书馆 CIP 数据核字（2019）第 131918 号

本书是根据"教、学、做"一体化要求编写的项目化教材，内容包括：第一次课　学习准备与就业，项目1　××办公楼流水施工进度计划编制，项目2　××大厦网络进度计划的编制，项目3　××单位工程施工组织设计的编制，除此之外，本书还根据教学内容配备了学生工作页，方便学生学习和训练。

本书既可作为高等职业院校建筑工程技术专业教材，也可作为相关技术人员参考用书。为更好地支持本课程教学，作者自制免费教学课件资源，请发送邮件至 10858739@qq.com。

责任编辑：刘平平　朱首明　李　阳
责任校对：焦　乐

高等职业教育"十三五"规划教材
高等职业院校建筑工程技术专业规划推荐教材
建筑施工组织与进度控制
刘　坤　主　编
王　月　吴佼佼　刘　丽　副主编
陈　勇　高媛媛　主　审

＊

中国建筑工业出版社出版、发行（北京海淀三里河路9号）
各地新华书店、建筑书店经销
北京科地亚盟排版公司制版
北京建筑工业印刷厂印刷

＊

开本：787×1092毫米　1/16　印张：17¼　字数：426千字
2019年9月第一版　　2023年4月第三次印刷
定价：**45.00**元（赠课件）
ISBN 978-7-112-23946-7
（34256）

序

  职业教育由于其自身培养目标的特殊性，在教学过程中特别注重学生职业技能的训练，注重职业岗位能力、自主学习能力、解决问题能力、社会能力和创新能力的培养。目前，许多高等职业院校正大力推行工学结合，突出实践能力的培养，改革人才培养模式，职业教育的教学模式也正悄然发生着改变，传统学科体系的教学模式正逐步转变为行为体系的职业教学模式。我院作为辽宁建设职业教育集团的牵头单位，从很早就开始借鉴国内外先进的教学经验，开展基于工作过程系统化、以行动为导向的项目化课程设计与教学方法改革。在职业技术课程改革中，突出教师引领学生做事，围绕知识的应用能力，用项目对能力进行反复训练，课程"教、学、做"一体化的设计，体现了工学结合、行动导向的职业教育特点。

  所以我们选定十五门课程进行项目化教材的改革。包括：建筑工程施工技术、混凝土结构检测与验收、建筑工程质量评定与验收、建筑施工组织与进度控制、混凝土结构施工图识读、建筑制图与CAD、装配式混凝土结构施工技术等。

  本套教材在编写思路上考虑了学生胜任职业所需的知识和技能，直接反映职业岗位或职业角色对从业者的能力要求，以从业中实际应用的经验与策略的学习为主，以适度的概念和原理的理解为辅，依据职业活动体系的规律，采取以工作过程为导向的行动体系，以项目为载体，以工作任务为驱动，以学生为主体，"教、学、做"一体的项目化教学模式。本套教材在内容安排和组织形式上作出了新的尝试，突破了常规按章节顺序编写知识与训练内容的结构形式，而是按照工程项目为主线，按项目教学的特点分若干个部分组织教材内容，以方便学生学习和训练。内容包括教材所用的项目和学习的基本流程，且按照典型案例由浅入深地编写。这样，为学生提供了阅读和参考资料，帮助学生快速查找信息，完成练习项目。本套教材是以项目为模块组织教材内容，打破了原有教材体系的章节框架局限，采用明确项目任务、制定项目计划、实施计划、检查与评价的形式，创新了传统的授课模式与内容。

  相信这套教材能对课程改革的推进、教学内容的完善、学生学习的推动提供有力的帮助！

辽宁建设职业教育集团 秘书长

辽宁城市建设职业技术学院 院长

王斌

前　言

　　"建筑施工组织与进度控制"是高等职业教育建筑工程技术、建设工程监理等专业的一门核心专业课程，它主要研究建筑工程施工组织的一般规律，将流水施工原理、网络计划技术和施工组织设计及 BIM 技术的应用融为一体。

　　建筑施工组织具有涉及面广、实践性强、综合性强、影响因素多、技术性强、发展较快的特点，同时结合高等职业教育培养应用型、实用性人才的特点，本书注重理论联系实际，结合工程案例来解决实际问题，既保证全书的系统性和完整性，又体现内容的先进性、实用性、可操作性，便于一体化项目教学、实践教学。

　　本教材以 3 个不同类型的工程项目为贯穿性综合项目，通过完成 13 个任务、30 个子任务的学习，使学生能编制施工方案、编制施工进度计划、编制施工组织设计、编制资源计划、规划布局现场平面，具有施工现场组织管理能力和软件操作能力。

　　本教材由辽宁城市建设职业技术学院刘坤主编，辽宁城市建设职业技术学院王月、吴佼佼、刘丽为副主编，沈阳颐光工程咨询有限公司总经理陈瑜、沈阳颐光工程咨询有限公司总监理工程师菅瑞、沈阳市工程监理咨询有限公司监理工程师刘超为参编，辽宁大学商学院陈勇、沈阳市工程监理咨询有限公司高媛媛为主审。项目 1、项目 2、案例 3、学生工作页由辽宁城市建设职业技术学院刘坤编写；案例 1 由辽宁城市建设职业技术学院吴佼佼编写，沈阳颐光工程咨询有限公司总经理陈瑜、菅瑞完成修改工作；案例 2 由辽宁城市建设职业技术学院刘丽编写；案例 3 由沈阳市工程监理咨询有限公司监理工程师刘超完成修改工作；项目 3 由辽宁城市建设职业技术学院王月编写。全书由辽宁大学商学院陈勇和沈阳市工程监理咨询有限公司高媛媛主审。本书编写过程中得到沈阳颐光工程咨询有限公司、沈阳市工程监理咨询有限公司、广联达科技股份有限公司的技术支持，在此表示衷心的感谢。

　　由于编写时间仓促，水平有限，书中难免有不足之处，恳请希望读者批评指正。

目　　录

目　录

第一次课　学习准备与就业

【知识目标】　了解本门课程对应的职业能力；了解本门课程的学习程序和要求；了解本门课程项目和任务的划分；了解考核方式和学习方法。

【能力目标】　能根据老师要求做好团队建设；能识读和分析项目1图纸以及相关资料。

【素质目标】　养成规范的工作习惯；能够运用各类工具搜集信息；具有良好的职业行为；具有良好的语言表达能力。

引出案例：

假设你在沈阳某楼盘购买了一套商品房，合同约定的交房时间已经过了3个月，可开发商还迟迟没有交房，这时候你该怎么办呢？延迟交房的原因是什么呢？

任务描述：

（1）根据工作页的具体要求完成团队建设；

（2）结合项目1图纸及相关资料对项目1进行了解。

1. 课程介绍

建筑施工组织课程主要研究建筑工程施工组织的一般规律和基本方法，是将流水施工原理、网络计划技术和施工组织设计融为一体的综合性学科。本课程应在第三学期开设，学生在学习之前应具备《建筑材料与检测》《建筑制图与CAD》《建筑构造与识图》《建筑力学与结构》《建筑工程施工》《建筑工程监理》《建筑工程质量控制与验收》等专业知识，是一门涉及面广、实践性强、综合性强的课程，主要侧重于培养学生的应用性和实用性。

2. 通过本课程学习将获得的能力

通过本课程的学习，读者将能获得以下基本能力：

能绘制常见典型结构项目的整体和各个阶段的流水施工进度计划；

能绘制常见典型结构项目的网络进度计划；

能应用网络计划绘制软件完成各类型网络图的绘制及优化调整；

能应用施工平面布置软件完成施工总平面图布置和单位工程施工平面布置工作；

能完成单位工程施工组织设计文件的编制工作；

能按格式要求，应用Word软件完成施工组织设计文件的编辑和排版工作。

3. 建筑行业主要企业类型及其岗位设置

目前，建筑行业的三大类型企业包括设计企业、施工承包企业和监理企业，各企业中的主要工作岗位如图0-1所示。三大类企业及其岗位是建筑工程技术专业和建设工程监理专业学生的主要就业去向和岗位。

4. 工作岗位与本课程内容的关系

图0-1中的施工岗位和监理岗位的工作内容与本门课程内容密切相关。对于施工岗位来说投标阶段和开工之前都要编制施工组织设计文件，开工后要编制施工进度计划和施工过程中随时监控和控制施工进度，还要根据实际情况对工期进行调整，这些工作都需要用

到本门课程所学的内容；对于监理岗位而言，"四控两管一协调"为监理工作的核心，其中"四控"中包含的进度控制就是本课程所学的主要内容，作为监理要能看懂施工单位提交的施工组织设计文件和施工进度计划，现场检查的时候还要随时判断工期的快慢，及对施工进度计划中每项工作时间设置得是否合理进行分析。

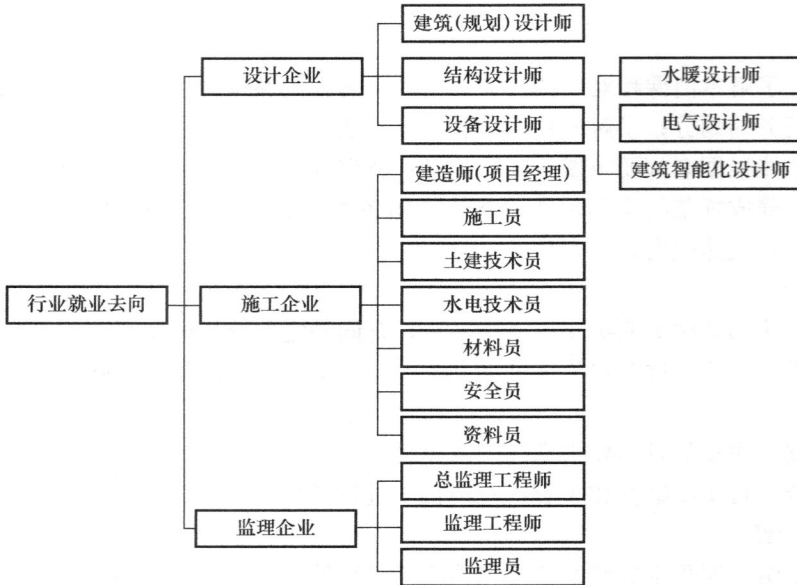

图 0-1　建筑行业主要企业类型及其岗位设置

5. 其他课程的学习与本书内容的关系

由于本课程属于综合性课程，所以在学习本课程之前的先修课程应包括：《建筑构造与识图》《建筑工程施工技术》《建筑工程计量与计价》等课程，必须具备以上的基础学习起来才能得心应手。

6. 课程项目任务的设置

本课程改变以往传统的以老师讲授为主的学习方式，以学生完成项目和任务的方式来完成学习，本课程共划分为 3 个项目，其中包含 12 个任务，具体划分如图 0-2 所示。

图 0-2　建筑施工组织项目任务的划分

7. 课程考核方案

课程考核分为过程性评价和终结性评价两部分，其中过程性评价占 50%，其中项目 1 占 15%，项目 2 占 15%，项目 3 占 20%，终结性评价为提交完成平行项目并参加答辩的方式，占 50%，详见表 0-1。

"建筑工程施工组织与进度控制"课程评分表 表 0-1

课程名称：　　　　　　　　　学生姓名：　　　　　　　　　班级：

项目		评价内容	得分	权重	总比例	总评
过程性评价	项目 1	教师评价		40%	15%	
		学习产出		40%		
		组内互评		20%		
	项目 2	教师评价		40%	15%	
		学习产出		40%		
		组内互评		20%		
	项目 3	教师评价		40%	20%	
		学习产出		40%		
		组内互评		20%		
终结性评价		综合考核		100%	50%	

为培养学生能力，考核把重点放在了平时的项目和任务开发上，每个项目都以百分制评价。总分由教师评价 40 分，学习产出 40 分，组内互评 20 分。旷工 1 课时扣 5 分，事假病假扣 3 分，迟到、早退 1 次扣 1 分，扣完为止，累计旷课达 8 课时，考核成绩为 0；对表现特别突出的工作人员适当奖励，如具有创新性，团队合作能力强、提出有建设性的建议等。教师为每个小组打分，重点看其整体工作态度、团队合作能力，开发任务完成是否正确，每个小组成员在合作项目中所起的作用，开发产品质量，设计报告及答辩情况。如在项目过程中有弄虚作假的情况，本次项目为 0，发现三次，视为违约处理，考核成绩为 0（表 0-1～表 0-6）。

过程性教学评价用表（教师评价表） 表 0-2

组别：　　　　　　项目：　　　　　　子项目：　　　　　　日期：

评价指标及分值		教师评分				
观察点	评价细则	学生姓名				
工作态度（10 分）	实践的主动性不够，工作量不够，每次扣 2 分					
完成任务质量（20 分）	数据差异频率高，格式不规范，工作思路不清晰，方法不妥等每处扣 3～4 分					
持续时间计算（15 分）	列项不全，计算方法不正确，格式不符合要求每项扣 2 分					
绘图（横道图和网络图）(15 分)	绘图规则应用错误，表格设计不正确，绘图不准确，每项扣 2 分					
软件应用（5 分）	软件应用不规范，操作过程粗糙，每项扣 2 分					
提出问题（10 分）	几乎不提出问题，完成任务过程中不认真，对老师的询问不做回应每项扣 3 分					

续表

评价指标及分值		教师评分				
成果提交（10分）	不按规定时间提交成果，成果内容不真实，每项扣3分					
环境整理（5分）	不按要求关闭计算机，卫生不达标，未关电、关门、整理环境每项扣2分					
资料整理（5分）	未按照要求装订，整理资料不规范每项扣2分					
出勤记录（5分）	出现迟到，早退，无故旷课，该次任务计为0分					
合计						

以下为过程性教学评价用表（学习产出评价表）。

项目1评分标准　　　　　　　　　　　　　　　表0-3

组别：　　　　　　项目：　　　　　　子项目：　　　　　　　　　　日期：

序号	考核内容	评分标准
1	任务1	1. 施工顺序确定和分部分项工程的划分准确，无差错，5分； 2. 施工顺序确定和分部分项工程的划分基本正确，差错少，4分； 3. 施工顺序确定和分部分项工程的划分有一般错误，3分； 4. 施工顺序确定和分部分项工程的划分错误较严重，0～2分
2	任务2	1 各分项工程持续时间计算准确，无差错，5分； 2. 各分项工程持续时间计算，差错少，4分； 3. 各分项工程持续时间计算，差错一般，3分； 4. 各分项工程持续时间计算，差错较多，0～2分
3	任务3	1. 绘制准确，无差错，图面布置合理，10分； 2. 绘制基本正确，差错少，图面布置较合理，7～8分； 3. 绘制有一般错误，图面布置较合理，5～6分； 4. 错误较严重，0～2分
4	任务4	1. 绘制准确，无差错，图面布置合理，10分； 2. 绘制基本正确，差错少，图面布置较合理，7～8分； 3. 绘制有一般错误，图面布置较合理，5～6分； 4. 错误较严重，0～2分

项目2评分标准　　　　　　　　　　　　　　　表0-4

组别：　　　　　　项目：　　　　　　子项目：　　　　　　　　　　日期：

序号	考核内容	评分标准
5	任务1	1. 施工顺序确定和分部分项工程的划分准确，无差错，5分； 2. 施工顺序确定和分部分项工程的划分基本正确，差错少，4分； 3. 施工顺序确定和分部分项工程的划分有一般错误，3分； 4. 施工顺序确定和分部分项工程的划分错误较严重，0～2分
6	任务2	1. 各分项工程持续时间计算准确，无差错，5分； 2. 各分项工程持续时间计算，差错少，4分； 3. 各分项工程持续时间计算，差错一般，3分； 4. 各分项工程持续时间计算，差错较多，0～2分
7	任务3	1. 绘制准确，无差错，图面布置合理，10分； 2. 绘制基本正确，差错少，图面布置较合理，7～8分； 3. 绘制有一般错误，图面布置较合理，5～6分； 4. 错误较严重，0～2分
8	任务4	1. 绘制准确，无差错，图面布置合理，10分； 2. 绘制基本正确，差错少，图面布置较合理，7～8分； 3. 绘制有一般错误，图面布置较合理，5～6分； 4. 错误较严重，0～2分

项目 3 评分标准 表 0-5

组别：　　　　　　项目：　　　　　　子项目：　　　　　　日期：

序号	考核内容	评分标准
9	任务 1	1. 工程概况编写条理清晰，文字表达准确，无差错，5 分； 2. 工程概况编写条理较清晰，文字表达较准确，差错少，4 分； 3. 工程概况编写条理不清楚，文字表达不准确，3 分； 4. 错误较严重，0～2 分
10	任务 2	1. 施工顺序制定合理，无差错，能合理选择施工方法、施工机械，5 分； 2. 施工顺序制定较合理，差错少，能合理选择施工方法、施工机械基本正确，4 分； 3. 施工顺序制定不合理，有差错，能合理选择施工方法、施工机械不正确，差错多，3 分； 4. 错误较严重，0～2 分
11	任务 3	1. 进度计划编制方案正确，10 分； 2. 进度计划编制方案基本正确，差错少，7～8 分； 3. 进度计划编制方案基本正确，有一般性的差错，5～6 分； 4. 进度计划编制方案不正确，0～2 分
12	任务 4	1. 人员、机械、材料等资源需要量计划编制正确，无差错，10 分； 2. 人员、机械、材料等资源需要量计划编制正确较合理，差错少，7～8 分； 3. 人员、机械、材料等资源需要量计划编制正确不合理，有差错，5～6 分； 4. 错误较严重，0～2 分
13	任务 5	1. 施工平面图布置合理，无差错，10 分； 2. 施工平面图布置合理，差错少，7～8 分； 3. 施工平面图布置合理，有差错，5～6 分； 4. 错误较严重，0～2 分

过程性教学评价用表（组内互评表） 表 0-6

组别：　　　　　　项目：　　　　　　子项目：　　　　　　日期：

观察点	评价内容	互评记分					
		张三	…	…	…	…	…
小组工作（30 分）	A. 能按照老师布置的任务和要求，积极准备需要的资料，学习目标明确，并且领导小组认真组织实施，对小组贡献大						
	B. 能按照老师布置的任务和要求，准备资料，但学习目标不太具体、组织落实不够好，对小组贡献较大						
	C. 没有认真积极准备资料，对小组贡献最少						
完成老师布置任务表现（20 分）	A. 热情极高，贡献最大，积极表现与准备						
	B. 热情较高，贡献较大，较积极的表现与准备						
	C. 热情不高，贡献较小，不太积极地参与讨论与准备						
出勤情况（10 分）	A. 每节课按时出勤，不迟到，不早退，无重大事情不请假						
	B. 出勤率较好，请假次数少于两次						
	C. 经常迟到，早退						

续表

观察点	评价内容	互评记分					
		张三	…	…	…	…	…
课堂表现（20分）	A. 具有很高的学习热情，上课认真听讲，积极回应老师，积极与小组讨论						
	B. 上课认真听讲，与小组讨论问题较积极，具有较高的学习热情						
	C. 学习热情较差，不积极参与小组讨论						
作业表现（20分）	A. 认真上网查阅资料，完成老师要求的各项任务，在讨论或任务中积极表现，或在回答问题中表现优异，尽自己最大的努力把任务做到最好						
	B. 能较认真对待老师布置的任务，在回答问题中表现优良，小组讨论较积极						
	C. 对待老师布置的任务较认真，但未按时提交，或者完成质量不太好						
合计							
学习小组评语	主要进步和存在的不足： 　　　　　　　　　　　　　　　项目组长签名： 　　　　　　　　　　　　　　　　年　月　日						

注：本表用于过程性教学评价，一般每个子项目作出一次评价；
　　同学互评一般是小组内评价，经小组一致通过后给出评价分数；
　　总分 90 分以上者不超过小组人数的 1/3。

8. 本课程需要准备的其他参考资料

（1）规范类

① 中华人民共和国国家标准. GB/T 50502—2009，建筑施工组织设计规范［S］. 北京：中国建筑工业出版社，2009。

② 中华人民共和国行业标准. JGJ/T 121—2015，工程网络计划技术规程［S］. 北京：中国建筑工业出版社，2015。

③ 建设工程项目管理规范 GB/T 50326—2017。

（2）教材类

学习本课程使用的参考教材有：

①《建筑施工组织》项目一体化教材，刘坤主编；

②《建筑施工组织》，危道军主编；

③《建筑施工组织与造价管理实训》，危道军主编；

④《单位工程施工组织设计》编写指南，胡兴国、王逸鹏主编；

⑤《BIM 施工组织设计》，李思康，李宁，冯亚娟主编；

⑥ 网络计划编制软件应用——实训教材，王全杰编著。

9. 关于软件的准备

① 手机客户端安装蓝墨云班课；

② 斑马梦龙网络计划软件；

③ 广联达 BIM 施工现场布置软件；

④ Office 办公软件；

⑤ 施工模拟仿真实训系统；

⑥ 松大慕课 App。

项目1 ××办公楼流水施工进度计划编制

【知识目标】掌握简单框架结构施工顺序和施工段的划分；掌握流水节拍的计算方法；掌握流水施工进度计划的绘制方法；掌握斑马梦龙网络进度计划软件的操作。

【能力目标】能结合规范和项目，合理划分项目 1 的分部分项工程和施工段；会采用定额计算法，利用定额和工程量一览表，计算出流水节拍；能应用流水施工原理编制流水施工进度计划（横道图）；能利用斑马梦龙软件绘制流水施工进度计划。

【素质目标】诚实、守信、认真负责的工作态度；整体思维的能力；信息的综合处理的能力；思考、分析和总结能力；团队合作意识；开拓创新能力。

项目概述：

项目 1 为××办公楼项目，地上 3 层，建筑高度 10.800m，建筑面积 641.52m²，基础为钢筋混凝土独立基础，主体结构为全现浇框架结构。项目 1 具体的施工工艺和要求详见建筑设计说明及相关图纸。

任务 1 确定施工顺序，划分施工段

【知识目标】建设项目的划分；掌握建筑工程的十大分部工程的划分；施工顺序的划分；施工段的划分。

【能力目标】能确定基础、主体、屋面和装饰装修结构的施工顺序；能合理划分施工段；能合理确定具体的分部分项工程。

【素质目标】自主学习能力；独立工作能力；应变处理能力；分析判断能力；评价选择能力；开拓创新能力。

任务介绍：

在投标和开工前要编制施工组织设计文件，其中一个很重要的内容就是流水施工进度计划的编制，现在项目经理把××办公楼的施工进度计划编制任务交给了你，请你及时完成。要完成施工进度计划的第一个任务，就是在确定施工顺序的基础上，划分分部分项工程和施工段。

任务分析：

施工进度计划是项目完成时间的计划，有控制性计划和指导性计划，形式有图表（水平、垂直）型及网络图形，是施工组织设计核心内容。其内容应包括确定主要分部分项工程名称及施工顺序、确定各施工过程的延续时间、明确各施工过程间的衔接、穿插、平行、搭接等协作配合关系等。合理安排施工计划，可以组织有节奏、均衡、连续的施工，确保施工进度和工期，也是编制后续资源计划、施工场地布置设计的依据。

根据要求，参考《建筑工程施工质量验收统一标准》GB 50300—2013 中的附录 B 建筑工程的分部工程、分项工程划分，结合项目 1 具体情况，能确定基础、主体、屋面和装饰装修结构的施工顺序，合理划分施工段，合理确定具体的分部分项工程。

1. 什么是流水施工

流水施工方法是指工程项目施工的一种科学方法。建筑工程的流水施工与工业生产产品的流水线是很像的，不同的是，工业生产中各个产品在流水线上，从前一道工序向后一道工序流动，生产人员是固定的；而在建筑施工中各个施工对象都是固定不动的，各专业施工队伍则是由前一施工段向后一施工段流动，即生产者是移动的。

（1）依次施工

依次施工组织方式是将拟建工程项目的整个建造过程分解成若干个施工过程，按照一定的施工顺序，前一个施工过程完成后，后一个施工过程才开始施工；或前一个工程完成后，后一个工程才开始施工。

（2）平行施工

在拟建工程任务十分紧迫、工作面允许及资源保证供应的条件下，可以组织几个相同的工作队，在同一时间、不同的工作面上进行施工，齐头并进，这样的施工组织方法称为平行施工组织方式。

（3）流水施工

流水施工组织方式是将拟建工程项目的整个建造过程分解成若干个施工过程，同时将拟建工程项目在平面上划分成若干个劳动量大致相等的施工段；在竖向上划分成若干个施工层，按照施工过程分别建立相应的专业工作队；各专业工作队按照一定的施工顺序投入施工，各专业工作队在各施工对象上连续、有节奏地施工，并做最大限度搭接的施工组织方式。

下面以工程案例来分别说明这三种施工组织方式。

【例 1-1】 某工厂拟建三个结构相同的厂房，各厂房基础工程划分为挖土方、现浇混凝土基础和回填土三个施工过程。每个施工过程安排一个施工队组，其中，挖土方工作队由 13 人组成，3 天完成；现浇混凝土基础工作队由 20 人组成，3 天完成；回填土工作队由 10 人组成，3 天完成。

解 （1）依次施工（图 1-1、图 1-2）

施工过程	班组人数	施工进度（天）								
		3	6	9	12	15	18	21	24	27
土方开挖	13	t_1			t_1			t_1		
现浇混凝土基础	20		t_2			t_2			t_2	
回填土	10			t_3			t_3			t_3

图 1-1　按施工段依次施工

施工过程	班组人数	施工进度（天）								
		3	6	9	12	15	18	21	24	27
土方开挖	13	t_1			t_1			t_1		
现浇混凝土基础	20		t_2			t_2			t_2	
回填土	10			t_3			t_3			t_3

图 1-2　按施工过程依次施工

由图 1-1、图 1-2 可以看出，依次施工组织方式具有以下特点：

① 施工工期为 27 天，工期拖得很长。

② 各专业工作队不能连续工作，产生窝工现象。

③ 工作面有闲置现象，空间不连续。

④ 单位时间内投入的人力、物力、材料等资源较少，有利于组织资源供应。

⑤ 施工现场的组织管理较简单。

由于采用依次施工工期较长，施工组织的安排上也不尽合理，所以依次施工作业适用于规模较小、工期要求不紧、施工工作面有限的工程项目。

（2）平行施工（图 1-3）

由图 1-3 可以看出，平行施工组织方式具有以下特点：

施工过程	班组人数	施工进度(天)		
		3	6	9
挖土方	13			
现浇混凝土基础	20			
回填土	10			

图 1-3 平行施工

① 工期最短，为 9 天。

② 工作面能充分利用，空间连续。

③ 单位时间内投入的人力、物力、材料等资源成倍增加，不利于资源供应组织。

④ 施工现场的组织管理复杂。

平行施工作业适用于工期要求紧、大规模的建筑群及分批分期组织施工的工程任务。该组织方式只有在各方面的资源供应有保障的前提下，才是合理的。

（3）流水施工（图 1-4）

由图 1-4 可以看出，流水施工组织方式具有以下特点：

施工过程	班组人数	施工进度(天)				
		3	6	9	12	
挖土方	13					
现浇混凝土基础	20					
回填土	10					

图 1-4 流水施工

① 充分利用了工作面，争取时间，有利于缩短工期。

② 各工程队实现专业化施工，有利于改进操作技术，保证工程质量，提高劳动生产率。

③ 专业工作队能够连续作业，相邻两工作队之间实现了最大限度的合理搭接。

④ 单位时间投入施工的资源量较为均衡，有利于资源供应的组织工作。

⑤ 为施工现场的文明施工和科学管理创造了有利条件。

流水施工组织方式既综合了依次施工和平行施工组织方式的优点，又克服了它们两者的缺点，与之相比较，流水施工组织方式的实质是充分利用了时间和空间，从而达到连续、均衡、有节奏地施工的目的，缩短了工期，提高了劳动生产率，降低了工程成本。因此，流水施工方式是一种先进的、科学的施工组织方式。通过对这三种施工组织方式的比较，可以更清楚地看到流水施工的科学性所在。

2. 什么是流水施工进度计划图

流水施工进度计划图又称甘特图、条状图，以图示的方式通过活动列表和时间刻度形象地表示出任何特定项目的活动顺序与持续时间。

在流水施工进度计划图（图 1-5）中，左侧为列出的分部分项工程列表，上侧列出的时间坐标是建设项目的工期，图中间的横道是指每项工作完成所需要的时间。不同施工过程的施工班组进场的时间间隔是流水步距。

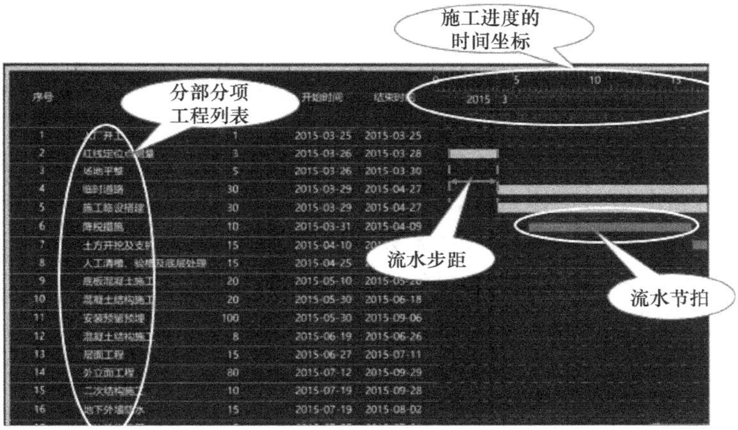

图 1-5 流水施工进度计划图

3. 流水施工进度计划的编制过程

（1）施工进度计划的含义

流水施工进度计划是表示各项工程（单位工程、分部工程或分项工程）的施工顺序、开始和结束时间以及相互衔接关系的计划。它既是承包单位进行现场施工管理的核心指导文件，也是监理工程师实施进度控制的依据。施工进度计划通常是按工程对象编制的。

（2）单位工程流水施工进度计划

单位工程流水施工进度计划是在既定施工方案的基础上，根据规定的工期和各种资源供应条件，对单位工程中的各分部分项工程的施工顺序、施工起止时间及衔接关系进行合理安排的计划。其编制的主要依据有：施工总进度计划、单位工程施工方案、合同工期或定额工期、施工定额、施工图和施工预算、施工现场条件、资源供应条件、气象资料等。

（3）单位工程流水施工进度计划的编制程序

1）划分分部分项工程

划分分部分项工程是包括一定工作内容的施工过程，它是施工进度计划的基本组成单元。工作项目内容的多少、划分的粗细程度，应该根据计划的需要来决定。对于大型建设工程，经常需要编制控制性施工进度计划，此时工作项目可以划分得粗一些，一般只明确到分部工程即可。如果编制实施性施工进度计划，工作项目就应划分得细一些。在一般情况下，单位工程施工进度计划中的工作项目应明确到分项工程或更具体，以满足指导施工作业、控制施工进度的要求。

由于单位工程中的工作项目较多，应在熟悉施工图纸的基础上，根据建筑结构特点及已确定的施工方案，按施工顺序逐项列出，以防止漏项或重项。凡是与工程对象施工直接有关的内容均应列入计划，而不属于直接施工的辅助性项目和服务性项目则不必列入。

另外，有些分项工程在施工顺序上和时间安排上是相互穿插进行的，或者是由同一专业施工队完成的，为了简化进度计划的内容，应尽量将这些项目合并，以突出重点。

2) 确定施工顺序

确定施工顺序是为了按照施工的技术规律和合理的组织关系，解决各工作项目之间在时间上的先后和搭接问题，以达到保证质量、安全施工、充分利用空间、争取时间、实现合理安排工期的目的。

3) 计算工程量

工程量的计算应根据施工图和工程量计算规则，针对所划分的每一个工作项目进行。计算工程量时应注意以下问题：

a. 工程量的计算单位应与现行定额手册中所规定的计量单位相一致，以便计算劳动力、材料和机械数量时直接套用定额，而不必进行换算；

b. 要结合具体的施工方法和安全技术要求计算工程量；

c. 应结合施工组织的要求，按已划分的施工段分层分段进行计算。

4) 计算劳动量和机械台班数

当某工作项目是由若干个分项工程合并而成时，则应分别根据各分项工程的时间定额（或产量定额）及工程量，按式（1-1）计算出合并后的综合时间定额（或综合产量定额）。

$$H = (Q_1 H_1 + Q_2 H_2 + \cdots Q_n H_{1n})/(Q_1 + Q_2 + \cdots + Q_n) \tag{1-1}$$

根据工作项目的工程量和所采用的定额，即可按式（1-2）或式（1-3）计算出各工作项目所需要的劳动量和机械台班数。

$$P = QH \tag{1-2}$$

$$P = Q/S \tag{1-3}$$

零星项目所需要的劳动量可结合实际情况，根据承包单位的经验进行估算。

由于水暖电卫等工程通常由专业施工单位施工，因此，在编制施工进度计划时，不计算其劳动量和机械台班数，仅安排其与土建施工相配合的进度。

5) 确定工作项目的流水节拍

a. 流水节拍的含义。流水节拍是指从事某一施工过程的施工班组，在一个施工段上完成施工任务所需要的时间。

b. 流水节拍的确定流水节拍的大小，直接关系到投入的劳动力、材料和机械的多少，决定着施工进度和施工的节奏性。因此，合理确定流水节拍具有重要的意义。通常有三种确定方法：定额计算法、经验估算法、工期计算法。

6) 绘制施工进度计划图

绘制施工进度计划图，首先应选择施工进度计划的表达形式。目前，常用来表达建设工程施工进度计划的方法有横道图和网络图两种形式。横道图比较简单，而且非常直观，多年来被人们广泛地用于表达施工进度计划，并以此作为控制工程进度的主要依据。

7）施工进度计划的检查与调整

当施工进度计划初始方案编制好后，需要对其进行检查与调整，以便使进度计划更加合理，进度计划检查的主要内容包括：

a. 各工作项目的施工顺序、平行搭接和技术间歇是否合理；

b. 总工期是否满足合同规定；

c. 主要工种的工人是否能满足连续、均衡施工的要求；

d. 主要机具、材料等的利用是否均衡和充分。

在上述四个方面中，首要的是前两方面的检查，如果不满足要求，必须进行调整。只有在前两个方面均达到要求的前提下，才能进行后两个方面的检查与调整。前者是解决可行与否的问题，而后者则是优化的问题。

4. 建设项目的组成

（1）建设项目

建设项目是固定资产投资项目，是作为建设单位的被管理对象的一次性建设任务，是投资经济科学的一个基本范畴。固定资产投资项目又包括基本建设项目和技术改造项目。

建设项目是在一定的约束条件下，以形成固定资产为特定目标。约束条件：一是时间约束，即一个建设项目有合理的建设工期目标；二是资源的约束，即一个建设项目有一定的投资总量目标；三是质量约束，即一个建设项目都有预期的生产能力、技术水平或使用效益目标。

建设项目的管理主体是建设单位，项目是建设单位实现目标的一种手段。在国外，投资主体、业主和建设单位一般是三位一体的，建设单位的目标就是投资者的目标；而在我国，投资主体、业主和建设单位三者有时是分离的，给建设项目的管理带来一定的困难。

按照建设项目分解管理的需要，可将建设项目分解为单项工程、单位工程（子单位工程）、分部工程（子分部工程）、分项工程和检验批，如图 1-6 所示。

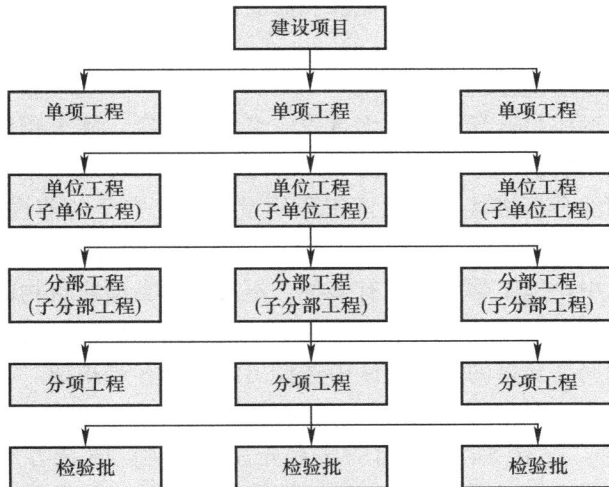

图 1-6　建设项目的分解

（2）单项工程

凡具有独立的设计文件，竣工后可以独立发挥生产能力或效益的一组工程项目，称为一个单项工程。一个建设项目，可由一个单项工程组成，也可由若干个单项工程组成。单项工程体现了建设项目的主要建设内容，其施工条件往往具有相对的独立性。

（3）单位（子单位）工程

具备独立施工条件（具有独立设计，可以独立施工），并能形成独立使用功能的建筑物及构筑物为一个单位工程。单位工程是单项工程的组成部分，一个单项工程一般都由若干个单位工程所组成。

一般情况下，单位工程是一个单体的建筑物或构筑物，建筑规模较大的单位工程，可将其能形成独立使用功能的部分作为一个子单位工程。

（4）分部（子分部）工程

组成单位工程的若干个分部称为分部工程。分部工程的划分应按专业性质、建筑部位确定。例如：一幢房屋的建筑工程。可以划分为土建工程分部和安装工程分部，而土建工程分部又可划分为地基与基础、主体结构、建筑装饰装修和建筑屋面四个分部工程。

当分部工程较大或较复杂时，可按材料种类、施工特点，施工程序、专业系统及类别等划分为若干子分部工程。如主体结构分部工程可划分为混凝土结构、劲钢（管）凝土结构、砌体结构、钢结构、木结构及网架和索膜结构等子分部工程。

（5）分项工程

组成分部工程的若干个施工过程，称为分项工程。分项工程应按主要工种、材料、施工工艺、设备类别等进行划分。如主体混凝土结构可以划分为模板、钢筋、混凝土、预应力、现浇结构、装配式结构等分项工程。

（6）检验批

按《建筑工程施工质量验收统一标准》GB 50300—2013 规定，建筑工程质量验收时，可将分项工程进一步划分为检验批。检验批是指按同一生产条件或按规定的方式汇总起来供检验用的，由一定数量样本组成的检验体。一个分项工程可由一个或若干个检验批组成，检验批可根据施工及质量控制和专业验收需要按楼层、施工段、变形缝等进行划分。

5. 施工顺序的确定

（1）确定施工顺序应遵循的基本原则

确定合理的施工顺序是选择施工方案首先应考虑的问题。施工顺序是指工程开工后各分部分项工程施工的先后次序。确定施工顺序既是为了按照客观的施工规律组织施工，也是为了解决工种之间的合理搭接，在保证工程质量和施工安全的前提下，充分利用空间，以达到缩短工期的目的。

在实际工程施工中，施工顺序可以有多种。不仅不同类型建筑物的建造过程有着不同的施工顺序，而且在同一类型的建筑工程施工中，甚至同一幢房屋的施工，也会有不同的施工顺序。因此，如何在众多的施工顺序中选择出既符合客观规律，又经济合理的施工顺序才是关键点。确定施工顺序应遵循的基本原则如下：

① 先地下后地上。先地下后地上指的是首先完成管道、管线等地下设施、土方工程和基础工程，然后开始地上工程施工；对于地下工程也应按先深后浅的程序进行，以免造成返工或对上部工程的干扰，使施工不便，影响质量，造成浪费。但"逆作法"施工

除外。

② 先主体后围护。指的是框架结构，或排架结构的建筑物中，应首先施工主体结构，再进行围护结构的施工。对于高层建筑应组织主体与围护结构平行搭建施工，以便有效地节约时间缩短工期。

③ 先结构后装修。指的是首先进行主体结构施工，然后进行装饰装修工程的施工。但是，必须指出，有时为了缩短工期，也有结构工程先施工一段时间之后，装饰工程随后搭接进行施工。如有些商业建筑，在上部主体施工的同时，下部一层或数层已经开始装修，使其尽早完工开门营业。另外，随着新型建筑体系的不断涌现和建筑工业化的水平的提高，例如在装配式的建筑中，某些装饰与结构构件均在工厂完成，此时结构与装饰同时完成。

④ 先土建后设备。指的是一般的土建工程与水暖、电气等工程的整体施工顺序，是先进行土建工程施工，然后进行水暖电卫等建筑设备的施工，至于设备安装的某一工序，保存，他在土建的某一工序之前，实际应属于施工顺序问题。工业建筑的土建工程与设备安装工程之间的程序，主要取决于工业建筑的种类，如对于精密仪器厂房，一般要求土建、装饰工程完成后安装工艺设备；重型工业厂房，一般先安装工艺设备；后建设厂房或设备安装，与土建施工同时进行，如冶金车间、发电厂的主厂房、水泥厂的主车间等。

（2）建筑工程分部分项工程划分

结合《建筑工程施工质量验收统一标准》GB 50300—2013 中的分部分项工程的划分表格中截取了地基与基础、主体结构、建筑装饰装修、建筑屋面 4 个分部工程的具体划分见表 1.2。

6. 施工段、施工层、工作面、流水节拍的含义及区别

（1）施工层

把建筑物垂直方向划分的，施工区段称为施工层，用符号 r 表示。

（2）施工段

把建筑物平面上划分的若干个劳动量，大致相等的施工区段称为施工段，用符号 m 表示。详细见表 1-1。

分部分项工程的划分　　　　　　　　　　　　　　　　表 1-1

序号	分部工程	子分部工程	分项工程
1	地基与基础	无支护土方	土方开挖、土方回填
		有支护土方	排桩，降水、排水、地下连续墙、锚杆、土钉墙、水泥土桩、沉井与沉箱、钢及混凝土支撑
		地基处理子分部工程	灰土地基、砂和砂石地基、碎砖三合土地基、土工合成材料地基，粉煤灰地基、重锤夯实地基、强夯地基、振冲地基、砂桩地基、预压地基、高压喷射注浆地基、土和灰土挤密桩地基、注浆地基、水泥粉煤灰碎石桩地基、夯实水泥土桩地基
		桩基	锚杆静压桩及静力压桩、预应力离心管桩、钢筋混凝土预制桩，钢桩、混凝土灌注桩（成孔、钢筋笼、清孔、水下混凝土灌注）
		地下防水	防水混凝土，水泥砂浆防水层、卷材防水层、涂料防水层、金属板防水层、塑料板防水层，细部构造、喷锚支护、复合式衬砌、地下连续墙、盾构法隧道、渗排水、盲沟排水、隧道、坑道排水；预注浆、后注浆、衬砌裂缝注浆

序号	分部工程	子分部工程	分项工程
1	地基与基础	混凝土基础子分部工程	模板、钢筋、混凝土，后浇带混凝土，混凝土结构缝处理
		砌体基础	砖砌体，混凝土砌块砌体，配筋砌体、石砌体
		劲钢（管）混凝土	劲钢（管）焊接、劲钢（管）与钢筋的连接，混凝土
		钢结构	焊接钢结构、栓接钢结构、钢结构制作，钢结构安装，钢结构涂装
2	主体结构	混凝土结构	模板，钢筋，混凝土，预应力、现浇结构，装配式结构
		劲钢（管）混凝土结构	劲钢（管）焊接、螺栓连接、劲钢（管）与钢筋的连接，劲钢（管）制作、安装，混凝土
		砌体结构	砖砌体，混凝土小型空心砌块砌体、石砌体，填充墙砌体，配筋砖砌体
		钢结构	钢结构焊接，紧固件连接，钢零部件加工，单层钢结构安装，多层及高层钢结构安装，钢结构涂装、钢构件组装，钢构件预拼装，钢网架结构安装，压型金属板
		木结构	方木和原木结构、胶合木结构、轻型木结构，木构件防护
		网架和索膜结构	网架制作、网架安装、索膜安装，网架防火、防腐涂料
3	建筑装饰装修	地面	整体面层：基层，水泥混凝土面层，水泥砂浆面层，水磨石面层，防油渗面层，水泥钢（铁）屑面层，不发火（防爆的）面层；板块面层：基层，砖面层（陶瓷锦砖、缸砖、陶瓷地砖和水泥花砖面层），大理石面层和花岗岩面层，预制板块面层（预制水泥混凝土、水磨石板块面层），料石面层（条石、块石面层），塑料板面层，活动地板面层，地毯面层；木竹面层；基层、实木地板面层（条材、块材面层），实木复合地板面层（条材、块材面层），中密度（强化）复合地板面层（条材面层），竹地板面层
		抹灰	一般抹灰，装饰抹灰，清水砌体勾缝
		门窗	木门窗制作与安装，金属门窗安装，塑料门窗安装，特种门安装，门窗玻璃安装
		吊顶	暗龙骨吊顶，明龙骨吊顶
		轻质隔墙	板材隔墙、骨架隔墙、活动隔墙、玻璃隔墙
		饰面板（砖）	饰面板安装，饰面砖粘贴
		幕墙	玻璃幕墙，金属幕墙，石材幕墙
		涂饰	水性涂料涂饰，溶剂型涂料涂饰，美术涂饰
		裱糊与软包	裱糊、软包
		细部	橱柜制作与安全，窗帘盒、窗台板和暖气罩制作与安装，门窗套制作与安装，护栏和扶手制作与安装，花饰制作与安装
4	建筑屋面	卷材防水屋面	保温层，找平层，卷材防水层，细部构造
		涂膜防水屋面	保温层，找平层，涂膜防水层，细部构造
		刚性防水屋面	细石混凝土防水层，密封材料嵌缝，细部构造
		瓦屋面	平瓦屋面，波瓦屋面，油毡瓦屋面，金属板屋面，细部构造
		隔热屋面	架空屋面，蓄水屋面，种植屋面

　　划分施工段的目的就在于保证不同的施工队组能在不同的施工段上同时进行施工，消灭由于不同的施工队组不能同时在一个工作面上工作而产生的互等、停歇现象，为流水创造条件。

　　划分施工段的基本要求：

1）施工段的数目要合理，施工段数过多势必要减少人数，工作面不能充分利用，拖长工期，施工段数过少，则会引起劳动力、机械和材料供应的过分集中，有时还会造成"断流"的现象。

2）各施工段的劳动量（或工程量），要大致相等，相差宜在 15％以内，以保证各施工队组连续、均衡、有节奏地施工。

3）要有足够的工作面，而使每一施工段所能容纳的劳动力人数或机械台班数能满足合理劳动组织的要求。

4）要有利于结构的整体性，施工段分界线宜划在伸缩缝、沉降缝以及对结构整体性影响较小的位置。

5）以主导施工过程为依据进行划分，例如在砌体结构房屋施工中，就是以砌砖、模板安装为主导施工过程来划分施工段的。而对于整体的钢筋混凝土框架结构房屋，则是以钢筋混凝土工程作为主导施工过程来划分施工段的。

6）当组织流水施工的工程对象有层间关系，分层分段施工时，应使各施工队组能连续施工。

（3）工作面

某专业工种的工人在从事建筑产品施工生产过程中，所必须具备的活动空间，这个活动空间称为工作面。它的大小是根据相应工种单位时间内的产量定额、工程操作规程和安全规程等的要求确定的。工作面确定得合理与否，直接影响到专业工种工人的劳动生产率，对此，必须认真加以对待，合理确定。

（4）流水节拍

流水节拍是从事某一施工过程的施工队组在一个施工段上完成施工任务所需的时间，用符号 t_i 表示。流水节拍的大小，直接关系到投入的劳动力、机械和材料量的多少，决定着施工速度和施工的节奏，因此，合理确定流水节拍具有重要的意义。流水节拍可按下列三种方法确定：

1）定额计算法。这是根据各施工段的工程量和现有能够投入的资源量（劳动力、机械台班和材料量等），按式（1-4）计算，式中：

$$t_i = \frac{Q_i}{S_i \cdot R_i \cdot N_i} = \frac{Q_i}{R_i \cdot N_i} \ 或 \ t_i = \frac{Q_i \cdot H_i}{R_i \cdot N_i} = \frac{P_i}{R_i \cdot N_i} \tag{1-4}$$

式中 t_i——某施工过程的流水节拍；

　　　Q_i——某施工过程在某施工段上的工程量；

　　　S_i——某施工队组的计划产量定额；

　　　H_i——某施工队组的计划时间定额；

　　　P_i——在某一施工段上完成某施工过程所需的劳动量（工日数）或机械台班数（台班数）；

　　　R_i——某施工过程的施工队组人数或机械台班数；

　　　N_i——每天工作班制。

2）经验估算法。它是根据以往的施工经验进行估算。一般为了提高其准确程度，往往先估算出该流水节拍的最长、最短和最可能三种时间，然后据此求出期望时间，作为某施工队总在某施工段上的流水节拍。因此，本方法也称为三种时间估算法。一般按以式（1-5）计算：

$$t_i = \frac{a + 4c + b}{6} \tag{1-5}$$

式中 t_i——某施工过程在某施工段上的流水节拍；

　　　　a——某施工过程在某施工段上的最短估算时间；

　　　　b——某施工过程在某施工段上的最长估算时间；

　　　　c——施工过程在某施工段上的最可能估算时间。

这种方法都适用于采用新工艺、新方法和新材料等，没有定额可循的工程。

3）工期计算法。对某些施工任务，在规定日期内必须完成的工程项目，往往采用倒排进度法，即根据工期要求，先确定流水节拍，然后用公式求出所需的施工队组人数或机械台数，但在这种情况下，必须检查劳动力和机械供应的可能性，物资供应能否与之相适应。

任务 2   计算各分部分项工程流水节拍

【知识目标】   掌握流水节拍的计算方法；掌握流水施工都包括哪些参数；掌握流水施工的方式及判断方式。

【能力目标】   知道流水施工有哪些参数；知道流水施工包括的几种方式及判断方法；会计算工期、流水步距、平行搭接时间、技术与组织间歇时间；会计算各个分项工程的流水节拍。

【素质目标】   信息的综合处理的能力；思考、分析和总结能力；公式应用及计算能力。

任务介绍：

选择合适的方法计算地基与基础、主体结构、屋面工程、装饰装修工程各分部分项工程流水节拍。

任务分析：

在划分完分部分项工程以后，我们要利用项目 1 工程量清单，结合合适的方法来计算分部分项工程列表中的分项工程的流水节拍及其他相关的参数，并在此基础上完成流水施工方式的选择。

1. 流水施工参数

由流水施工的基本概念及组织流水施工的要点和条件可知：施工过程的分解、流水段的划分、施工队组的组织、施工过程间的搭接、各流水段的作业时间五个方面的问题是流水施工中需要解决的主要问题。只有解决好这几方面的问题，使空间和时间得到合理、充分的利用，方能达到提高工程施工技术经济效果的目的。为此，流水施工过程中归纳出工艺、空间和时间三个参数，称为流水施工基本参数。

工艺参数是指在组织流水施工时，用以表达流水施工在施工工艺上的开展顺序及其特征的参数，具体包括施工过程数和流水强度两个参数。

（1）施工过程数（n）

组织流水施工时，通常将施工对象划分成若干子项，每个子项称其为一个施工过程。施工过程的数目通常用 n 表示，它是流水施工的主要参数之一。施工过程划分数目多少、粗细程度与下列因素有关：

① 施工进度计划的性质与作用。当编制控制性（或指导性）施工进度计划时，其施工过程划分可粗些，可以是单位工程或分部工程。当编制实施性施工进度计划时，施工过程划分要细，一般划分至分项工程。对月度作业性计划，有些施工过程还可分解为工序，如安装模板、绑扎钢筋、浇筑混凝土等。

② 施工方案及工程结构。施工过程的划分与工程的施工方案及结构形式有关，如厂房的柱基础与设备基础挖土，若同时施工，可合并为一个施工过程；若先后施工，可分为两个施工过程。砖混结构、装配式框架结构与现浇混凝土框架等不同的结构体系，其施工过程的划分及其内容也各不相同。

③ 劳动组织及劳动量大小。施工过程的划分与施工班组的组织形式有关。如现浇钢筋混凝土结构的施工，如果是单一工种的班组，施工过程可划分为支模板、扎钢筋和浇混凝土。如果为了组织流水施工方便，施工班组由多工种组成，其施工过程可合并成一个。施工过程的划分还与劳动量大小有关。劳动量小的施工过程，可与其他施工过程合并。如垫层劳动量较小时可与挖土合并为一个施工过程。这样，可使各个施工过程的劳动量大致相等，便于组织流水施工。

④ 劳动内容和范围。施工过程的划分与其劳动内容和范围有关。如直接在施工现场与工程对象上进行的劳动过程，可以划入流水施工过程，而场外劳动内容（如预制加工、运输等）可以不划人流水施工过程。

总之，施工过程的划分可依据项目结构特点、施工进度、采用的施工方法及项目的工期要求等因素综合考虑。不宜太多、太细，给工程的计算增添麻烦；但也不宜划分太少，以免计划过于笼统，失去指导施工的作用。

（2）流水强度

某一施工过程在单位时间内所完成的工程量，称为流水强度。流水强度分为机械作业流水强度和人工作业流水强度两种，一般用 V_i 表示。

2. 时间参数

在组织流水施工时，用以表达流水施工在空间布置上所处状态的参数，成为空间参数。空间参数主要有：工作面、施工段和施工层数。

（1）工作面

某专业工种的工人在从事建筑产品施工生产过程中，所必须具备的活动空间，这个活动空间成为工作面。它的大小是根据相应工种单位时间内的产量定额、工种操作规程和安全规程等要求确定的。工作面确定的合理与否，直接影响道专业工种工人的劳动生产效率，对此，必须认真加以对待，合理确定。有关工种的工作面见表 1-2。

主要工种工作面参考数据表　　　　　　　　　　　表 1-2

种类	工序名称	工作面（m²/人）
平面形	地面抹灰	30～40
	地面油漆	20～22
	地面水磨石	12～18
	板支模板	20～25
	板扎钢筋	30～35
	板浇混凝土	10～12

种类	工序名称	工作面（m²/人）
立面形	墙模板	12～18
	墙抹灰	20～26
	柱抹灰	9～13
	刷浆	100～120
	油漆	40～50
	安门窗	7～9
仰面形	梁抹灰	11～12
	顶棚抹灰	18～20
	顶棚刷浆	80～100
	顶棚钉板	10～12
种类	工序名称	工作面（m/人）
带形	挖基槽	3～4
	砌砖基础	2～2.5
	砌砖墙	6～8
	支梁模板	7～8
	扎梁钢筋	8～10
	浇梁混凝土	1.5～2.5
种类	工序名称	工作面（m²/人）
坑形	挖基坑	2～2.5
	砌砖柱	0.2～0.4
	支柱模板	0.15～0.2
	扎柱钢筋	0.6～0.7
	浇柱混凝土	0.15～0.25

在流水施工中，有的施工过程在施工一开始，就在整个操作面上形成了施工工作面，如人工开挖基槽；而有的工作面是随着上两个施工过程的完成才形成的，如现浇钢筋混凝土的支模板、绑扎钢筋和浇混凝土。最小工作面对应能够安排现场施工人员和施工机械的最大数量，它决定了专业施工队人数的上限。因此，工作面确定得合理与否，直接决定专业施工队的生产效率。

（2）施工段数

为了有效地组织流水施工，通常把拟建施工对象在平面上或空间上划分成若干个劳动量大致相等的施工区段，这些施工区段称为施工段。施工段的数目通常用 m 表示。

划分施工段是为了保证不同工种的专业班组在不同的工作面或不同的工程部位上能够同时进行工作，这样可以消除由于不同的专业班组不能同时在一个工作面上工作而产生的互等、停歇现象，为流水施工创造条件。

在同一时间内，一个施工段只能容纳一个专业施工队施工，不同的专业施工队在不同的施工段上平行作业。所以，施工段数量的多少，将直接影响流水施工的效果。合理划分施工段，一般应遵循以下原则：

① 为了保证流水施工的连续、均衡，划分的各施工段上，同一专业施工队的劳动量应大致相等，其相差幅度不宜超过10%～15%。

② 每个施工段内要有足够的工作面，以保证相应数量的工人、主要施工机械的生产效率，满足合理的劳动组织要求。

③ 施工段的界限应尽可能与结构界限（如沉降缝、伸缩缝等）相吻合，或在对建筑结构整体性影响小的部位，以保证建筑结构的整体性。

④ 为便于组织流水施工，施工段的数目要满足合理组织流水施工的要求。施工段过多，会降低施工速度，延长工期；施工段过少，不利于充分利用工作面，可能造成窝工。

⑤ 当施工对象有层间关系时，为使各专业工作队能够连续工作，每层施工段数目应满足：$m \geq n$。

当 $m > n$ 时，各专业班组能够连续施工，但施工段有空闲，有时，停歇的工作面是必要的。如利用停歇的时间做养护、备料、弹线等工作；

当 $m = n$ 时，各专业班组能连续施工，工作面能充分利用，无停歇现象，也不会产生工人窝工现象，比较理想；

当用 $m < n$ 时，各个专业班组不能连续施工，出现窝工现象，这是组织流水作业所不能允许的。

【例 1-2】 某 2 层现浇钢筋混凝土结构办公楼，结构主体施工中对进度起控制性的工序有支模板、扎钢筋和浇混凝土三个施工过程，即 $n = 3$，各施工过程在各施工段上的作业时间 $t = 2$ 天，施工段的划分有以下三种情况：

（1）当 $m = 4$，$n = 3$，即 $m > n$ 时，其施工进度计划如图 1-7 所示。

由图 4-5 可知，当 $m > n$ 时，各专业班组能够连续施工，但施工段有空闲。各施工段在第一层浇完混凝土后，均空闲 2 天，即工作面空闲 2 天。但是，这种空闲有时候是必要的，如可以利用停歇的时间做养护、备料、弹线和检查验收等工作。

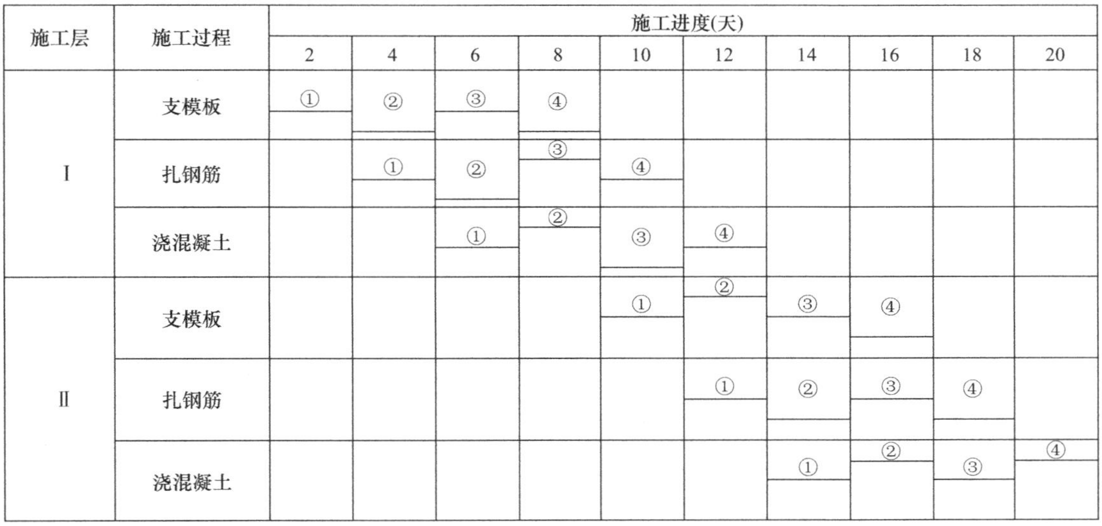

施工层	施工过程	施工进度(天)									
		2	4	6	8	10	12	14	16	18	20
I	支模板	①	②	③	④						
	扎钢筋		①	②	③	④					
	浇混凝土			①	②	③	④				
II	支模板					①	②	③	④		
	扎钢筋						①	②	③	④	
	浇混凝土							①	②	③	④

图 1-7 $m > n$ 时施工进度计划（图中①，②，③，④表示施工段）

（2）当 $m = 3$，$n = 3$，即 $m = n$ 时，其施工进度计划如图 1-8 所示。

由图 1-8 可知、当 $m = n$ 时，各专业班组能够连续施工，施工段上始终有施工专业队伍，即工作面能充分利用，无停歇现象，也没有产生工人窝工现象，显然，这是理论上最为理想的流水施工组织方式，如果采用这种方式，必须提高施工管理水平，不能允许有任何时间的拖延。

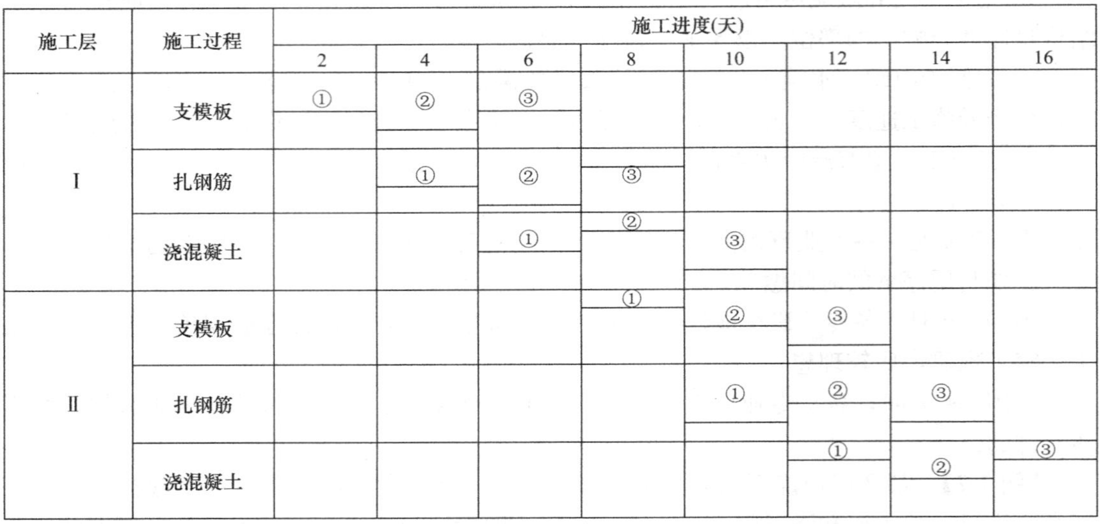

施工层	施工过程	施工进度(天)							
		2	4	6	8	10	12	14	16
I	支模板	①	②	③					
	扎钢筋		①	②	③				
	浇混凝土			①	②	③			
II	支模板				①	②	③		
	扎钢筋					①	②	③	
	浇混凝土						①	②	③

图1-8　$m=n$ 时施工进度计划（图中①，②，③表示施工段）

（3）当 $m=2$，$n=3$，即 $m<n$ 时，其施工进度计划如图1-9所示。

由图1-9可知，当 $m<n$ 时，各专业班组不能连续施工，施工段没有空闲（特殊情况下施工段也会出现空闲，以致造成大多数专业班组停工），因为一个施工段只供一个专业班组施工、超过施工段数的专业班组因为没有工作面而停工。在图1-9中，支模板队完成第一施工层的任务后，要停工2天才能进行第二层第一段的施工，同样，其他班组也要停工2天，因此，工期延长，出现工人窝工现象。对于单一建筑物的流水施工来说，应加以杜绝。

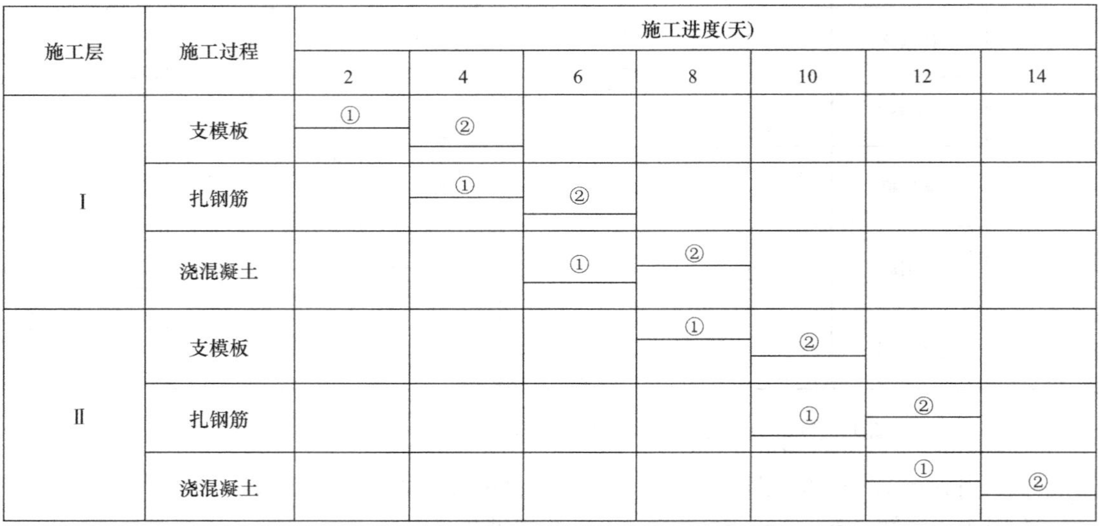

施工层	施工过程	施工进度(天)						
		2	4	6	8	10	12	14
I	支模板	①	②					
	扎钢筋		①	②				
	浇混凝土			①	②			
II	支模板				①	②		
	扎钢筋					①	②	
	浇混凝土						①	②

图1-9　$m<n$ 时施工进度计划（图中①，②，③表示施工段）

（4）施工层（r）

在组织流水施工时，为了满足专业工种对操作高度和施工工艺的要求，将拟建工程项目在竖向上划分为若干个操作层，这些操作称之为施工层，用符号 r 表示。

施工层的划分，要按工程项目的具体情况，根据建筑物的高度、楼层确定。如单层工业厂房砌筑工程一般按 1.2～1.4m（即一步脚手架的高度）划分为一个施工层，内抹灰、木装饰、油漆、玻璃等装饰工程，可按一个楼层为一个施工层。

3. 时间参数

在组织流水施工时，用以表达流水施工在时间排列上所处状态的参数，称为时间参数。它包括：流水节拍、流水步距、平行搭接时间、技术与组织间歇时间、工期。

（1）流水节拍

流水节拍是指从事某一施工过程的施工队组在一个施工段上完成施工任务所需的时间，用符号 t_i 表示（i＝1、2、3…）。

流水节拍的大小直接关系到投入的劳动力、机械和材料量的多少，决定着施工速度和施工的节奏，因此，合理确定流水节拍，具有重要的意义。

确定流水节拍应考虑的因素：

① 施工队组人数应符合施工过程最小劳动组合人数的要求。例如模板安装就要按技工和普工的最少人数及合理比例组成施工队组，人数过少或比例不当，都将引起劳动生产率的下降，甚至无法施工。

② 要考虑工作量的大小或某种条件的限制，每个工人的工作面要符合最小工作面的要求，否则就不能发挥正常的施工效率，或不利于安全生产。

③ 要考虑各种机械台班的效率和机械台班产量的大小。

④ 要考虑各种材料，构配件等施工现场堆放量、供应能力及其他有关条件的制约。

⑤ 要考虑施工及技术条件的要求。例如浇筑混凝土时，为了连续施工，有时要按照三班制工作的条件决定流水节拍，以确保工程质量。

⑥ 确定一个分部工程各施工过程的流水节拍时，首先应考虑主要的，其次确定其他施工过程的节拍值。

（2）流水步距

流水步距是指两个相邻的施工过程的施工队组，相继进入同一施工段开始施工的最小时间间隔，不包括技术与组织间歇时间，用符号 $K_{i,i+1}$ 表示。

流水步距的大小，对工期有着较大的影响，一般说来，在施工段不变的条件下，流水步距越大，工期越长；流水步距越小，则工期越短。流水步距还与前后两个相邻施工过程流水节拍的大小、施工工艺技术要求、施工段数目、流水施工的组织方式有关。

流水步距的数目等于 $n-1$ 个参加流水施工的施工过程数。

确定流水步距的方法。确定流水步距的方法很多，简洁实用的方法，主要有图上分析计算法和累加数列法。累加数列法没有计算公式，它的文字表达式为："累加数列错位相减取大差"。其计算步骤如下：

① 将每个施工过程的流水节拍逐段累加，求出累加数列；

② 根据施工顺序，对所求相邻的两累加数列错位相减；

③ 根据错位相减的结果，确定相邻施工队组之间的流水步距，即相减结果数值中取

最大值。

【例 1-3】 某项目由 A、B、C、D 四个施工过程组成，分别有四个专业工作队完成，在平面上划分为四个施工段，每个施工过程，在各个施工段上的流水节拍见表 1-3。是确定相邻专业工作队之间的流水步距。

某工程流水节拍 表 1-3

施工段 \ 施工过程	I	II	III	IV
A	3	2	1	5
B	4	2	3	2
C	4	2	5	1
D	3	6	2	3

解：（1）求流水节拍的累加数列

A：3，5，6，11

B：4，6，9，11

C：4，6，11，12

D：3，9，11，14

（2）错位相减

A 与 B

```
  3，5，6， 11
一）  4，6， 9， 11
  3，1，0， 2， —11
```

B 与 C

```
  4，6，9， 11
一）  4，6， 11， 12
  4，2，3， 0， —12
```

C 与 D

```
  4，6，11， 12
一）  3， 9，11， 14
  4，3，2， 1， —14
```

（3）确定流水步距 $K_{i,i+1}$

因流水布局等于错位相减所得结果中数值最大者，故有

$$K_{A,B} = \max\{3,1,0,2,-11\} = 3 \text{ 天}$$

$$K_{B,C} = \max\{4,2,3,0,-12\} = 4 \text{ 天}$$

$$K_{C,D} = \max\{4,3,2,1,-14\} = 4 \text{ 天}$$

（4）平行搭接时间 $C_{i,i+1}$

在组织流水施工时，有时为了缩短工期，在工作面允许的条件下，如果前一个施工队组完成部分施工任务后，能够为后一个施工队组提供工作面，使后者提前进入前一个施工

段，两者在同一施工段上平行搭接施工，这个搭接时间称为平行搭接时间，通常以 $C_{i,i+1}$ 表示。

（5）技术与组织间歇时间 $Z_{i,i+1}$

在组织流水施工时，有些施工过程完成后，后续施工过程不能立即投入施工，必须有足够的间歇时间。有建筑材料或现浇构件公益性质决定的间歇时间称为技术间歇。例如现浇混凝土构件的养护时间就是技术间歇，技术与组织间歇时间用 $Z_{i,i+1}$ 表示。

（6）工期 T

工期是指完成一项工程任务或一个流水组施工所需的时间，一般可采用式（1-6）计算完成一个流水组的工期。

$$T = \sum K_{i,i+1} + T_n + \sum Z_{i,i+1} - \sum C_{i,i+1} \tag{1-6}$$

式中　　T——流水施工工期；

$\sum K_{i,i+1}$——流水施工中各流水步距之和；

T_n——流水施工中最后一个施工过程的持续时间；

$Z_{i,i+1}$——第 i 个施工过程与第 $i+1$ 个施工过程之间的技术与组织间歇时间；

$C_{i,i+1}$——第 i 个施工过程与第 $i+1$ 个施工过程之间的平行搭接时间。

任务3　选择正确的流水施工方式

【知识目标】　掌握常用的流水施工方式；掌握各种流水施工方式的参数计算；会根据流水节拍判断流水施工方式并计算；掌握流水施工进度的绘制过程。

【能力目标】　知道流水施工有哪些参数；知道流水施工包括的几种方式及判断方法；会计算工期、流水步距、平行搭接时间、技术与组织间歇时间；会计算各个分项工程的流水节拍。

【素质目标】　信息的综合处理的能力；思考、分析和总结能力；公式应用及计算能力；画图能力。

任务介绍：

能根据各分部工程计算出的流水节拍的特点选择出正确的流水施工方式，并完成计算和流水施工进度计划图的绘制。

任务分析：

在计算完流水节拍的基础上，我们要根据流水节拍的特点选择出合理的流水施工方式，并完成相关参数的计算和流水施工进度计划的绘制过程。

流水施工的前提是节奏，没有节奏就无法组织流水施工，而节奏是由流水施工的节拍决定的。由于建筑工程的多样性，使得各分部工程的数量差异很大，从而要把施工过程在各施工段上的工作持续时间，都调整到一样是不可能的，经常遇到的大部分施工过程流水节拍不相等，甚至一个施工过程，在各流水段上都是节拍都不一样，因此形成了各种不同形式的流水施工。通常根据各施工过程的流水节拍不同，可分为无节奏流水施工和有节奏流水施工两大类，如图1-10所示。

从图1-10可知，流水施工可分为无节奏流水施工和有节奏流水施工两大类，而建筑工程流水施工中，常见的组织方式基本上可归纳为等节奏流水施工、异节奏流水施工和无节奏流水施工。

图 1-10 流水施工组织方式分类图

编制流水施工进度计划图，可以利用编制的建筑工程明细表，按照图 1-11 的框图步骤逐步深化，很容易地完成一个单位工程流水施工进度计划图。

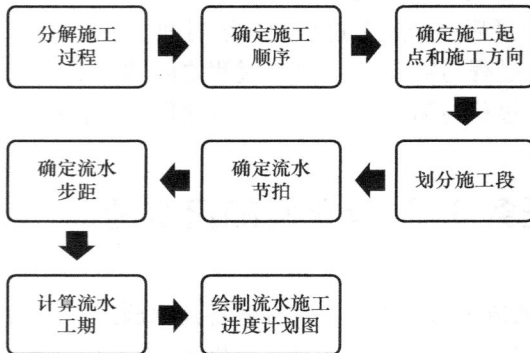

图 1-11 编制流水施工进度计划图

1. 等节奏流水施工

等节奏流水施工，也称为全等节拍流水施工或固定节拍流水施工，是指所有施工过程在各施工段上的流水节拍全相等的一种流水施工组织方式。它是一种比较理想的、简单的流水组织方式，但应用并不多。为此在划分施工过程时，先确定主要施工过程的专业施工队的人数，进而计算出流水节拍。对劳动量较小的施工过程进行合并，使各施工过程的劳动量尽量接近，其他施工过程则据此流水节拍确定专业队的人数。同时进行上述调整时，还要考虑施工段的工作面和施工专业队的合理劳动组合，并适当加以调整，使其更加合理。

（1）等节奏流水施工的特点

① 流水节拍均相等，即：

$$t_1 = t_2 = \cdots = t_{n-1} = t_n \qquad (1-7)$$

② 流水步距均相等，且等于流水节拍，即：

$$K_{1,2} = K_{2,3} = \cdots = K_{n-1,n} = K = t \qquad (1-8)$$

③ 每个专业工作队都能够连续施工，施工段没有空闲。

④ 专业工作队数（n_1）等于施工过程数（n），即：

$$n_1 = n \qquad (1-9)$$

（2）等节奏流水施工的组织步骤

① 确定项目施工的起点、流向，分解施工过程。

② 确定施工顺序，划分施工段、施工段的数目 m 确定如下。

a. 无层间关系或无施工层时，施工段数 m 按划分施工段的基本要求确定即可；

b. 有层间关系或有施工层时，为了保证各施工队组连续施工，应取 $m \geqslant n$。具体情况分以下两种情况：当无间歇时间时，取 $m = n$；当有间歇时间时，取 $m > n$。此时，每层施工段空闲数为。$m - n$，一个空闲施工段的时间为 t，则每层的空闲时间为：

$$(m - n)t = (m - n)K \tag{1-10}$$

若一个楼层内各施工过程间的间歇时间之和为 $\sum Z_1$，楼层间的间歇时间为 Z_2。如果每层的 $\sum Z_1$、$\sum Z_2$ 均相等，则保证各施工队组能连续施工的最小施工段数（m）的确定公式为：

$$(m - n)K = \sum Z_1 + Z_2 \tag{1-11}$$

$$m = n + \frac{\sum Z_1}{K} + \frac{Z_2}{K} \tag{1-12}$$

若每层的 $\sum Z_1$、Z_2 都不完全相等时，则应取各层中最大的 $\sum Z_1$ 和 Z_2，按式（1-13）计算：

$$m = n + \frac{\max \sum Z_1}{K} + \frac{\max \sum Z_2}{K} \tag{1-13}$$

式中　m——施工段数；

$\quad\quad n$——施工过程数；

$\quad \sum Z_1$——一个楼层内各施工过程间的技术、组织间歇时间之和；

$\quad\quad Z_2$——楼层间的技术、组织间歇时间；

$\quad\quad K$——流水步距。

③ 根据等节拍专业流水要求，计算流水节拍数值。

④ 确定流水步距，$K = t$。

⑤ 计算流水施工的工期 T。

无层间关系或无施工层时，可按式（1-14）进行计算：

$$T = (m + n - 1)K + \sum Z_{j,j+1} - \sum C_{j,j+1} \tag{1-14}$$

式中　T——流水施工的总工期；

$\quad \sum Z_{j,j+1}$——j，$j+1$ 施工过程间的间歇时间；

$\quad \sum C_{j,j+1}$——j，$j+1$ 施工过程间的搭接时间。

其他符号含义同前。

有层间关系或有施工层时，可按式（1-15）进行计算：

$$T = (mr + n - 1)K + \sum Z_1 - \sum C_1 \tag{1-15}$$

式中　r——施工层数；

$\quad \sum Z_1$——同一个施工层中各施工过程之间的技术、组织间歇时间之和；

$\quad \sum C_1$——同一个施工层中各施工过程之间的平行搭接时间之和。

其他符号含义同前。

⑥ 绘制流水施工指示图表。

【例 1-4】　某主体分部工程由测量放线、绑扎钢筋、支模板、浇混凝土 4 个施工过程组成，划分成 5 个施工段，流水节拍均为 3 天。试组织流水施工。

解：由已知条件 $t=3$ 天可知，本分部工程宜组织等节奏流水施工。

（1）确定流水步距。由全等节拍流水施工的特点可知：

$$K=t=3 \text{ 天}$$

（2）计算工期。

$$T=(m+n-1)K+\sum Z_{j,j+1}-\sum C_{j,j+1}=(5+4-1)\times 3+0-0=24 \text{ 天}$$

（3）用横道图绘制流水施工进度计划，如图 1-12 所示。

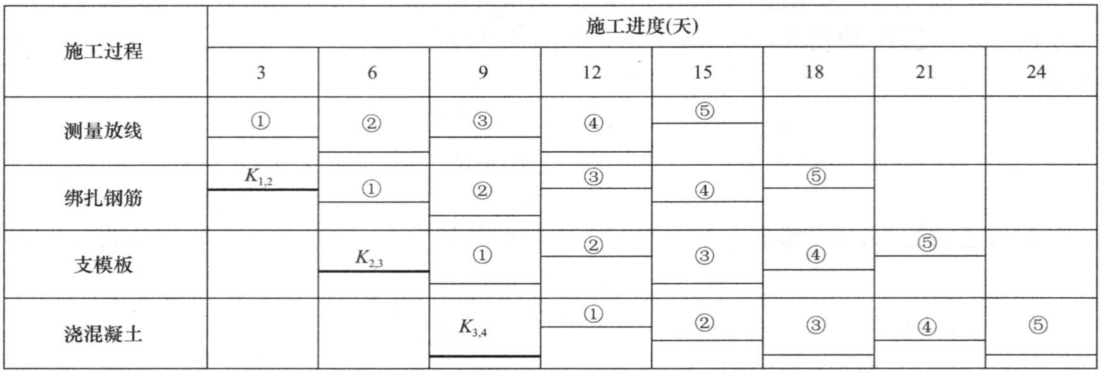

施工过程	施工进度(天)							
	3	6	9	12	15	18	21	24
测量放线	①	②	③	④	⑤			
绑扎钢筋	$K_{1,2}$	①	②	③	④	⑤		
支模板		$K_{2,3}$	①	②	③	④	⑤	
浇混凝土			$K_{3,4}$	①	②	③	④	⑤

图 1-12　无间歇的等节奏流水施工方式

【例 1-5】　某主体分部工程由测量放线、绑扎钢筋、支模板、浇混凝土 4 个施工过程组成，划分为 2 个施工层，各施工过程流水节拍均为 2 天，其中绑扎钢筋与支模板之间有 2 天的技术间歇时间，层间技术间歇为 2 天。试组织流水施工。

解　由已知条件 $t=2$ 天可知，本项目宜组织全等节拍流水施工。

（1）确定流水步距。由全等节拍流水施工的特点可知：

$$K=t=2 \text{ 天}$$

（2）确定施工段数。

$$m=n+\frac{\sum Z_1}{K}+\frac{Z_2}{K}=4+\frac{2}{2}+\frac{2}{2}=6$$

（3）计算工期。

$$T=(mr+n-1)K+\sum Z_1-\sum C_1=(6\times 2+4-10\times 2+2-0=32 \text{ 天}$$

用横道图绘制流水施工进度计划，如图 1-13 所示。

（3）适用范围

等节奏流水施工是一种理想化的流水施工方式，它能够保证专业班组的工作连续，工作面充分利用，能均衡地施工。但其要求所划分的分部、分项工程的流水拍均相等，这对一个单位工程或建筑群来说，往往不易达到。因此，等节奏流水施工的实际应用范围不是很广泛，只适用于分部工程流水（即专业流水），不适用于单位工程，特别是大型的建筑群。

2. 异节奏流水施工

在组织流水施工时，由于不同的施工过程的工艺复杂程度不同，影响流水节奏的因素也较多，施工过程具有不确定性，要做到不同的施工过程具有相同的流水节奏是非常困难的。

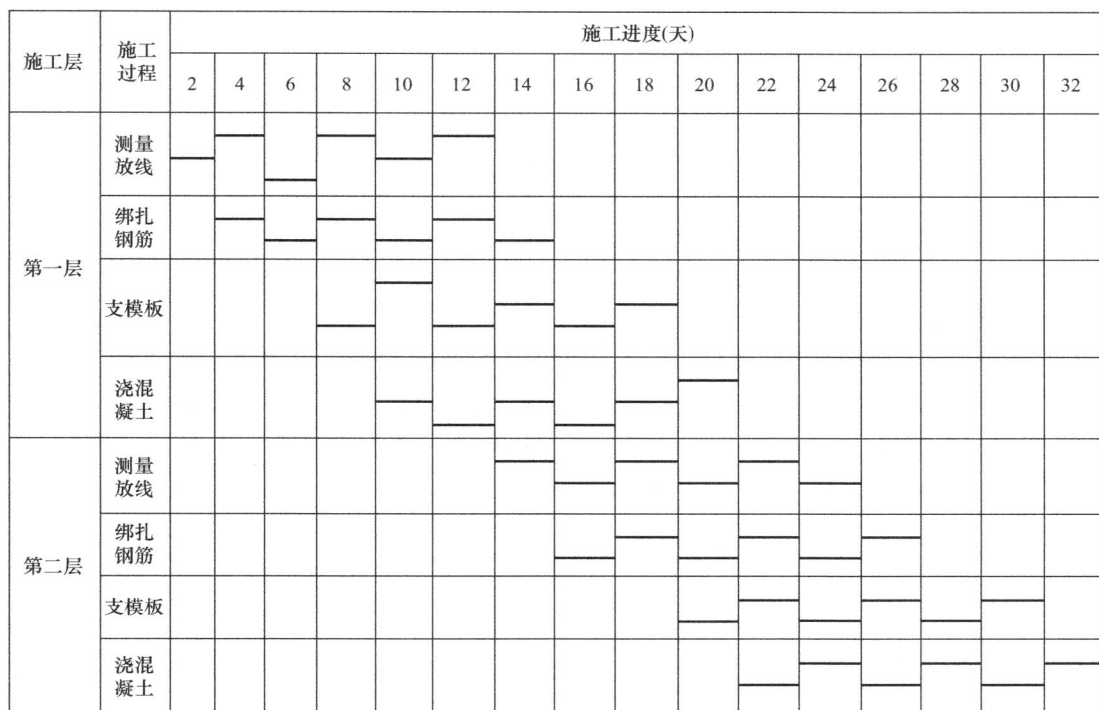

施工层	施工过程	施工进度(天)															
		2	4	6	8	10	12	14	16	18	20	22	24	26	28	30	32
第一层	测量放线																
	绑扎钢筋																
	支模板																
	浇混凝土																
第二层	测量放线																
	绑扎钢筋																
	支模板																
	浇混凝土																

图 1-13　有间歇的等节奏流水施工进度计划

因此，等节奏流水施工的组织形式在实际施工中是很难做到的。如某些施工过程要求尽快完成；某些施工过程工程量较少，流水节拍较小；某些施工过程的工作面受到限制，不能投入较多的人力、机械，使得流水节拍较大等，此时便采用异节奏的流水方式来组织施工。异节奏的流水施工是指同一个施工过程在各施工段上的流水节拍相等，而不同的施工过程的流水节拍不完全相等的施工组织方法。它包括等步距异节拍流水施工和异步距异节拍流水施工两类。

（1）等步距异节拍流水施工

在异节奏流水施工中，当同一施工过程在各个施工段上的流水节拍彼此相等，且不同施工过程的流水节拍互为整数倍关系时的流水施工组织方式，即为等步距等步距异节拍流水施工，也称加快等步距异节拍流水施工。

1）基本特征

① 同一施工过程在各个施工段的流水节拍相等，不同施工过程的流水节拍互为整数倍关系；

② 流水步距彼此相等，且等于流水节拍的最大公约数；

③ 各专业工作队都能够连续作业，施工段没有空闲；

④ 专业工作队数（n_1）大于施工过程数（n），即 $n_1 > n$。

2）组织步骤

① 确定施工的起点、流向，分解施工过程；

② 确定流水步距。

$$K_{j,j+1} = K_b = 最大公约数(t_j) \tag{1-16}$$

式中　K_b——成倍节拍流水步距，取流水节拍的最大公约数。

③ 确定各施工过程的专业班组数。

$$b_j = \frac{t_i}{K_b} \tag{1-17}$$

$$n_1 = \sum b_j \tag{1-18}$$

式中　b_j——某施工过程 j 所需的施工队伍数；

　　　n_1——施工队伍的总数目。

其他符号含义同前。

④ 确定施工顺序，划分施工段，施工段的数目 m 确定如下。

无层间关系或无施工层时，施工段数 m 按划分施工段的基本要求确定即可。

有层间关系或有施工层时，每层最少施工段数目（m）的确定公式为：

$$m = n_1 + \frac{\sum Z_1}{K_b} + \frac{Z_2}{K_b} \tag{1-19}$$

式中　$\sum Z_1$——一个楼层内各施工过程间的技术、组织间歇时间之和；

　　　Z_2——楼层间的间歇时间。

其他符号含义同前。

若每层的 $\sum Z_1$、Z_2 都不完全相等时，则应取各层中最大的 $\sum Z_1$ 和 Z_2，按式（1-20）计算：

$$m = n_1 + \frac{\max \sum z_1}{K_b} + \frac{\max Z_2}{K_b} \tag{1-20}$$

⑤ 计算流水施工的工期。

无层间关系或无施工层时，可按式（1-21）进行计算：

$$T = (mr + n_1 - 1)K_b + \sum Z_{j,j+1} - \sum C_{j,j+1} \tag{1-21}$$

式中　n_1——施工队伍的总数目；

　　　k_b——成倍节拍流水步距。

其他符号含义同前。

有层间关系或有施工层时，可按式（1-22）进行计算：

$$T = (mr + n_1 - 1)K_b + \sum Z_1 - \sum C_1 \tag{1-22}$$

式中　r——施工层数；

　　$\sum Z_1$——同一个施工层中各施工过程之间的技术、组织间歇时间之和；

　　$\sum C_1$——同一个施工层中各施工过程之间的平行搭接时间之和。

其他符号含义同前。

⑥ 绘制流水施工图表。

【例 1-6】　某住宅小区需建造四幢结构相同的房屋，每幢房屋的主要施工过程及其作业时间为基础工程 5 天、结构安装 10 天、室内装修 10 天、室外工程 5 天。试组织流水施工。

解：由已知条件 $t_{基础} = 5$ 天，$t_{结构} = 10$ 天，$t_{室内} = 10$ 天，$t_{室外} = 5$ 天可知，本项目宜组织等步距异节拍流水施工。

（1）计算流水步距。

$$K_b = 最大公约数\{5, 10, 10, 5\} = 5 \text{ 天}$$

各个施工过程的专业工作队数分别为：

$$b_{基础} = \frac{t_{基础}}{K_b} = \frac{5}{5} = 1$$

$$b_{结构} = \frac{t_{结构}}{K_b} = \frac{10}{5} = 2$$

$$b_{室内} = \frac{t_{室内}}{K_b} = \frac{10}{5} = 2$$

$$b_{室外} = \frac{t_{室外}}{K_b} = \frac{5}{5} = 1$$

确定专业工作队总数。$n_1 = \sum b_j = 1 + 2 + 2 + 1 = 6$

（2）确定施工段数。

无分层情况，取 $m = n = 4$

（3）确定流水施工工期。

$$T = (m + n_1 - 1)K_b + \sum Z_{j,j+1} - \sum C_{j,j+1} = (4 + 6 - 1) \times 5 + 0 - 0 = 45 \text{ 天}$$

绘制流水施工进度计划，如图 1-14 所示。

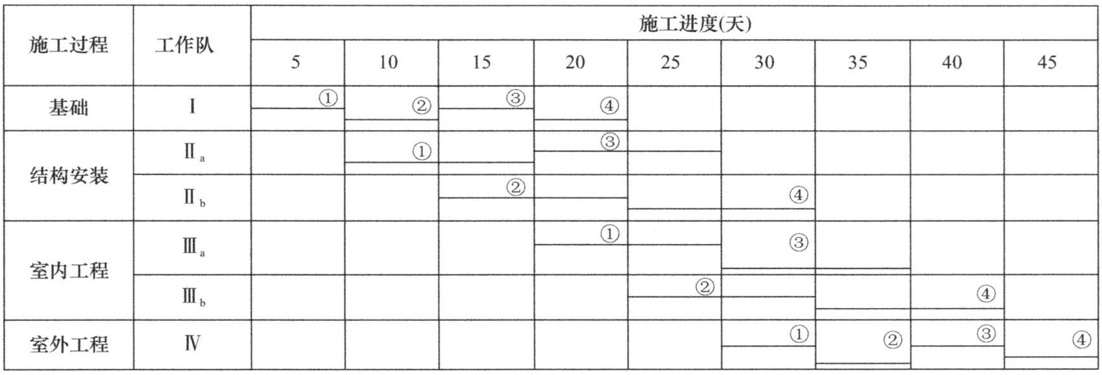

施工过程	工作队	施工进度(天)								
		5	10	15	20	25	30	35	40	45
基础	Ⅰ	①	②	③	④					
结构安装	Ⅱₐ		①		③					
	Ⅱ_b			②			④			
室内工程	Ⅲₐ				①		③			
	Ⅲ_b					②			④	
室外工程	Ⅳ						①	②	③	④

图 1-14　无间歇的等步距异节拍流水施工方式

【例 1-7】　某两层现浇钢筋混凝土结构楼房，其主要施工过程有支模板、扎钢筋和浇混凝土。已知每层每段各施工过程的流水节拍分别为：$t_{模} = 4$ 天，$t_{扎} = 4$ 天，$t_{浇} = 2$ 天，安装模板施工队在进行第二层第一段施工时，需待第一层第一段的混凝土养护 2 天后才能进行。试组织流水施工作业。

解：由已知条件 $t_{模} = 4$ 天，$t_{扎} = 4$ 天，$t_{浇} = 2$ 天，可知，本项目宜组织等步距异节拍流水施工。

（1）计算流水步距。

$$K_b = 最大公约数\{4, 4, 2\} = 2 \text{ 天}$$

（2）各个施工过程的专业工作队数分别为：

$$b_{模} = \frac{t_{模}}{K_b} = \frac{4}{2} = 2$$

$$b_{扎} = \frac{t_{扎}}{K_b} = \frac{4}{2} = 2$$

$$b_{浇} = \frac{t_{浇}}{K_b} = \frac{2}{2} = 1$$

确定专业工作队总数 $n_1 = \sum b_j = 2 + 2 + 1 = 5$

（3）确定施工段数。

有层间关系，$m = n_1 + \frac{\sum z_1}{K_b} + \frac{Z_2}{K_b} = 5 + \frac{0}{2} + \frac{2}{2} = 6$

确定流水施工工期。

$$T = (mr + n_1 - 1)K_b + \sum Z_1 - \sum C_1 = (6 \times 2 + 5 - 1) \times 2 + 0 - 0 = 32 \text{ 天}$$

【例 1-8】 某两层现浇钢筋混凝土结构楼房，其主要施工过程有支模板、扎钢筋和浇混凝土。已知每层每段各施工过程的流水节拍分别为：$t_{模} = 4$ 天，$t_{扎} = 4$ 天，$t_{浇} = 2$ 天，安装模板施工队在进行第二层第一段施工时，需待第一层第一段的混凝土养护 2 天后才能进行。试组织流水施工作业。

解： 由已知条件 $t_{模} = 4$ 天，$t_{扎} = 4$ 天，$t_{浇} = 2$ 天，可知，本项目宜组织等步距异节拍流水施工。

（1）绘制流水施工进度计划，如图 1-15 所示。

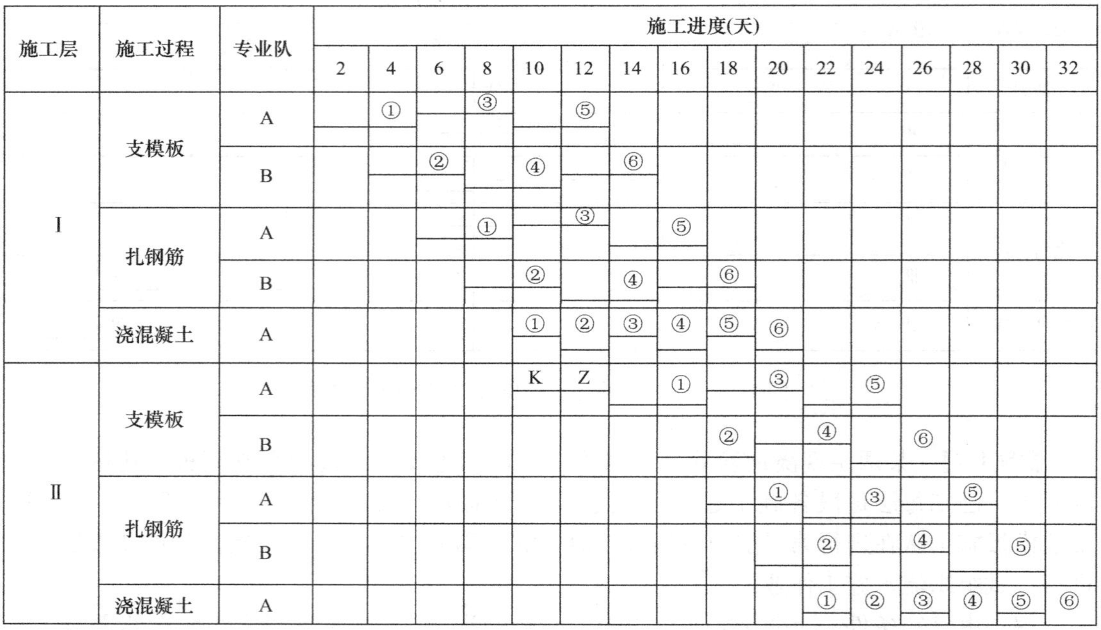

施工层	施工过程	专业队	施工进度(天)															
			2	4	6	8	10	12	14	16	18	20	22	24	26	28	30	32
I	支模板	A		①		③		⑤										
		B			②		④		⑥									
	扎钢筋	A				①		③		⑤								
		B					②		④		⑥							
	浇混凝土	A					①	②	③	④	⑤	⑥						
II	支模板	A					K	Z	①		③		⑤					
		B									②		④		⑥			
	扎钢筋	A										①		③		⑤		
		B											②		④		⑤	
	浇混凝土	A											①	②	③	④	⑤	⑥

图 1-15 有间歇时间的等步距异节拍流水施工进度计划

（2）异步距异节拍流水施工

异节拍流水施工也是异节奏流水施工的一种组织方式。它是指在组织流水施工时，同一个施工过程的流水节拍均相等，不同施工过程之间的流水节拍不完全相等的施工组织方式，也叫不等节拍流水施工。

1）基本特征

① 同一施工过程的流水节拍相等，不同施工过程的流水节拍不一定相等；

② 各施工过程的流水步距不一定相等；

③ 各施工专业队都能够连续施工，但有的施工段之间可能有空闲；

④ 专业工作队数（n_1）等于施工过程数（n）。

2）组织步骤

① 确定施工的起点、流向，分解施工过程；

② 确定流水步距

$$K_{i,i+1} = \begin{cases} t_i（当 t_i \leqslant t_{j+1}） \\ mt_i-(m-1)t_{i+1}（当 t_i > t_{i+1}） \end{cases} \tag{1-23}$$

式中　t_i——第 i 个施工过程的流水节拍；t_{j+1} 第 $j+1$ 个施工过程的流水节拍。

③ 计算流水施工工期

$$T=\sum k_{i,i+1}+mt_n+\sum Z_{i,i+1}-\sum C_{i,i+1} \tag{1-24}$$

式中　t_n——最后一个施工过程的流水节拍。

【例 1-9】 某项目划分为 A、B、C、D 四个施工过程，分为 4 个施工段组织流水施工，各施工过程的流水节拍分别为 $t_A=5$ 天，$t_B=3$ 天，$t_C=4$ 天，$t_D=2$ 天，施工过程 A 完成后需有 2 天的间歇时间，施工过程 C 和 D 之间搭接施工 2 天，试组织流水施工。

解： 由已知条件 $t_A=5$ 天，$t_B=3$ 天，$t_C=4$ 天，$t_D=2$ 天，可知，宜组织不等节拍流水施工。

（1）确定施工的起点、流向，分解施工过程。

（2）确定流水步距。

∵$t_A>t_B$

∴$K_{A,B}=mt_A-(m-1)t_B=4\times5-(4-1)\times3=11$ 天

∵$t_B<t_C$

∴$K_{B,C}=t_B=3$ 天

∵$t_C>t_D$

∴$K_{C,D}=mt_c-(m-1)t_D=4\times4-(4-1)\times2=10$ 天

（3）计算流水施工工期

$T=\sum k_{j,j+1}+mt_n+\sum Z_{j,j+1}-\sum C_{j,j+1}=(11+3+10)+4\times2+2-2=32$ 天

（4）绘制流水施工进度计划，如图 1-16 所示。

3. 无节奏流水施工

在实际工程施工中，由于各种建筑物的结构形式不同，因此，各个施工过程在每一个施工段上的工程量彼此也不同，各专业班组的劳动生产率差异也较大，不可能组织等节奏流水或异节奏流水施工。在这种情况下，只能组织无节奏流水施工。

无节奏流水施工也称为分别流水法，是指各施工过程的流水节拍随施工段的不同而改变，不同施工过程之间的流水节拍也有很大差异的一种流水施工组织方法。它是根据流水施工的基本概念，采用一定的计算方法，合理确定相邻施工过程的流水步距，在保证各施工过程满足工艺顺序的前提下，在时间上实现最大程度的搭接，使各专业班组能够连续、

均衡地施工。这种方法较为灵活、实际，应用范围也较广，是实际工程中普遍采用的一种组织施工的方法。

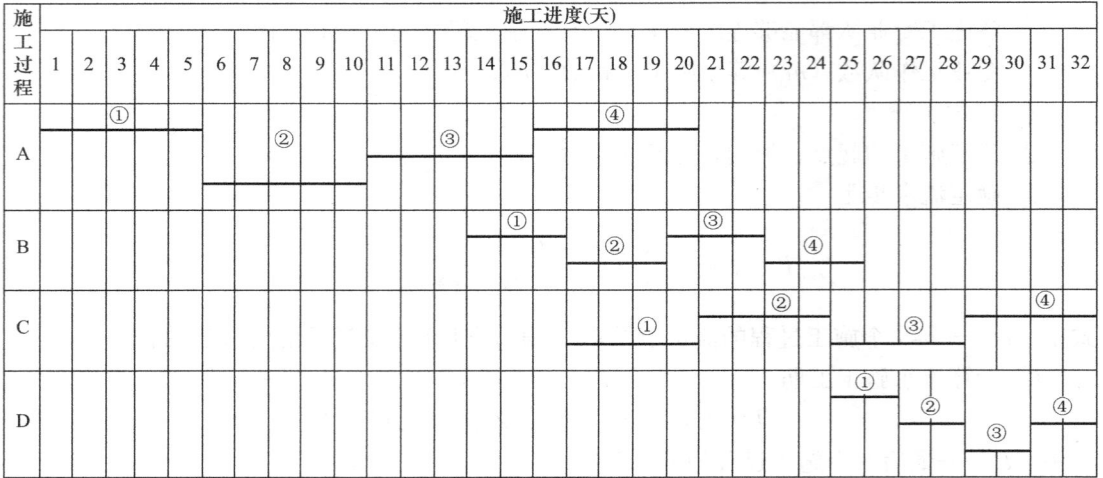

施工过程	施工进度(天)																																
	1	2	3	4	5	6	7	8	9	10	11	12	13	14	15	16	17	18	19	20	21	22	23	24	25	26	27	28	29	30	31	32
A			①					②					③					④														
B															①			②			③		④									
C																		①				②				③					④	
D																									①		②		③		④	

图 1-16　异步距异节拍流水施工进度计划

① 基本特征。各施工过程在各施工段上的流水节拍不全相等；各施工过程之间的流水步距也多数不相等，且差异较大；每个专业工作队都能够在施工段上连续施工，但有的施工段可能有间歇时间；专业工作队数 n_1 等于施工过程数（n）。

② 组织步骤。确定施工的起点、流向，分解施工过程；确定施工顺序，划分施工段；计算各施工过程在各个施工段上的流水节拍；确定相邻两个专业工作队之间的流水步距。

在无节奏流水施工中，通常采用"累加数列、错位相减、取大差法"计算流水步距。这种方法简捷、准确，便于掌握。计算步骤如下。

a. 根据各施工过程在各施工段上的流水节拍，求累加数列；

b. 将相邻两施工过程的累加数列，错位相减；

c. 取差数较大者作为这两个施工过程的流水步距。

③ 计算流水施工的工期。

$$T = \sum K_{i,i+1} + \sum t_n + \sum Z_{i,i+1} - \sum C_{i,i+1} \tag{1-25}$$

式中　$\sum K_{i,i+1}$——流水步距之和；

　　　　$\sum t_n$——最后一个施工过程的流水节拍之和。

其他符号含义同前。

【例 1-10】　某项工程流水节拍见表 1-4，试确定流水步距。

某项工程流水节拍　　　　　　　　　　　　表 1-4

施工过程（n）	施工段（m）			
	①	②	③	④
A	3	2	4	3
B	3	3	3	2
C	4	2	3	5

解：（1）求各施工过程流水节拍的累加数列。

Ⅰ：3，5，9，12

Ⅱ：3，6，9，11

Ⅲ：4，6，9，14

（2）错位相减。

Ⅰ与Ⅱ 3，5，9，12

－）　　　 3，6，9，11

　　 3，2，3，3，－11

Ⅱ与Ⅲ 3，6，9，11

－）　　　 4，6，9，14

　　 3，2，3，2，－14

（3）取差数较大者为流水步距。

$$K_{Ⅰ,Ⅱ} = \max\{3,2,3,3,-11\} = 3 \text{ 天}$$
$$K_{Ⅱ,Ⅲ} = \max\{3,2,3,3,-14\} = 3 \text{ 天}$$

【例 1-11】 已知某分部工程有五个施工过程 A、B、C、D、E，施工时在平面上划分成四个施工段，各个施工过程在各施工段上的流水节拍见表 1-5。规定 B 施工过程完成后，其相应的施工段养护 2 天；D 施工过程完成后，其相应施工段准备 1 天，为了按时完成任务，允许 A、B 施工过程搭接 1 天，试组织流水施工。

某项工程流水节拍 　　　　表 1-5

施工过程（n）	施工段（m）			
	①	②	③	④
A	3	2	2	5
B	1	3	5	5
C	2	1	3	4
D	4	2	3	1
E	3	4	2	3

解：根据题设条件，该工程应组织无节奏流水施工。

（1）求各施工过程流水节拍的累加数列。

A：3，5，7，12

B：1，4，9，14

C：2，3，6，10

D：4，6，9，10

E：3，7，9，12

（2）计算流水步距

① $K_{A,B}$

　　 3，5，7，12

－）　　 1，4，9，14

　　 3，4，3，3，－14

$$K_{A,B}=\max\{3,4,3,3,-14\}=4$$

② $K_{B,C}$

$$
\begin{array}{r}
1,\ 4,\ 9,\ 14 \\
-)\quad\ \ 2,\ 3,\ 6,\ 10 \\
\hline
1,\ 2,\ 6,\ 8,\ -10
\end{array}
$$

$$K_{B,C}=\max\{1,2,6,8,-14\}=4$$

③ $K_{C,D}$

$$
\begin{array}{r}
2,\ 3,\ 6,\ 10 \\
-)\quad\ \ 4,\ 6,\ 9,\ 10 \\
\hline
2,\ -1,\ 0,\ 1,\ -10
\end{array}
$$

$$K_{C,D}=\max\{2,-1,0,1,-10\}=2$$

④ $K_{D,E}$

$$
\begin{array}{r}
4,\ 6,\ 9,\ 10 \\
-)\quad\ \ 3,\ 7,\ 9,\ 12 \\
\hline
4,\ 3,\ 2,\ 1,\ -12
\end{array}
$$

$$K_{C,D}=\max\{4,3,2,1,-12\}=4$$

（3）计算流水施工工期

$$T=\sum K_{i,i+1}+\sum t_n+\sum Z_{i,i+1}-\sum C_{i,i+1}=(4+8+2+4)+(3+4+2+3)+2+1-1=32\ 天$$

绘制流水施工进度计划，如图 1-17 所示。

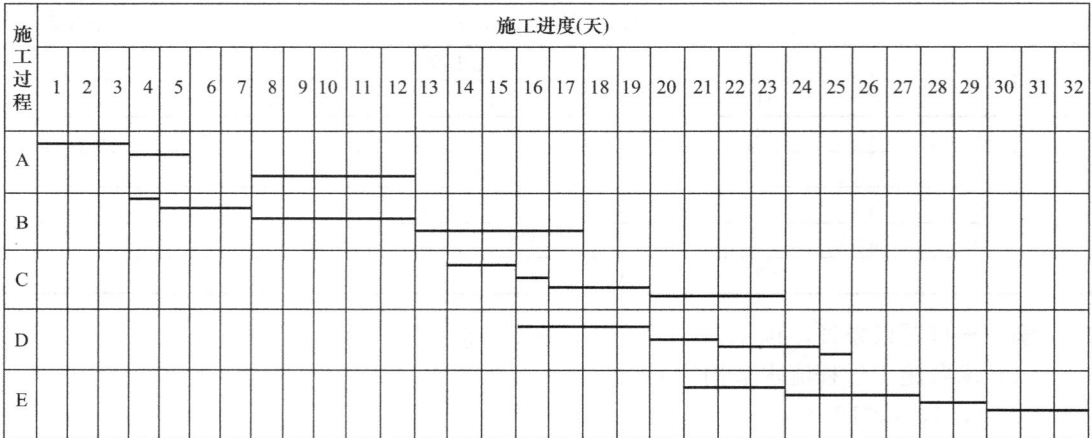

图 1-17 流水施工进度计划图

案例 1：××办公楼项目流水施工进度计划编制

1. 工程概况

（1）建设概况

① 本建筑物建设地点位于沈阳市；

② 本建筑物用地概貌属于平缓场地；

③ 本建筑物为二类多层办公建筑；

④ 本建筑物合理使用年限为 50 年；

⑤ 本建筑物抗震设防烈度为 8 度；

⑥ 本建筑物总建筑面积为 10200m²；

⑦ 本建筑物建筑层数 6 层，地上 5 层，地下 1 层；

⑧ 本建筑物檐口高度 19.5m；

⑨ 本建筑物设计标高±0.000；

（2）结构概况

① 本工程为框架-剪力墙结构的办公楼，地上 5 层，地下 1 层，东西 50.4m、南北 22.5m；

② 基础采用混凝土筏板基础；

③ 墙体，外墙：标高－0.400m～－0.100m 以下采用 250mm 厚混凝土；

④ 本建筑物结构类型为框架-剪力墙结构。

（3）施工条件

施工场地已进行三通一平，材料、构件、加工品由施工方提供，施工的建设机械由施工方自行租赁，劳动力的投入按照进度计划实施，施工严格按照规范，现场管理按照文明工地要求进行管理，质量标准要求达到国家施工验收规范合格标准。

（4）施工组织

1）流水段的划分

该工程首先进行流水段的划分，根据图纸，以 5 轴和 6 轴之间的后浇带为界限，分为两个施工段。

2）地下主体部分施工过程

地下主体施工过程是基础土方开挖（支护），垫层施工，基础梁和基础筏板的钢筋绑扎，基础梁和基础筏板的支模板，基础梁和基础筏板的浇筑混凝土，地下一层柱墙的钢筋绑扎，地下一层柱墙的支模板，地下一层柱墙的浇筑混凝土，地下一层梁板的支模板，地下一层梁板的钢筋绑扎，地下一层梁板的浇筑混凝土，土方回填。

3）地上主体部分施工过程

地上主体施工过程是首层柱墙的钢筋绑扎，首层柱墙的支模板，首层柱墙的浇筑混凝土，首层梁板的支模板，首层梁板的钢筋绑扎，首层梁板的浇筑混凝土，二层柱墙的钢筋绑扎，二层柱墙的支模板，二层柱墙的浇筑混凝土，二层梁板的支模板，二层梁板的钢筋绑扎，二层梁板的浇筑混凝土，三层柱墙的钢筋绑扎，三层柱墙的支模板，三层柱墙的浇筑混凝土，三层梁板的支模板，三层梁板的钢筋绑扎，三层梁板的浇筑混凝土，四层柱墙的钢筋绑扎，四层柱墙的支模板，四层柱墙的浇筑混凝土，四层梁板的支模板，四层梁板的钢筋绑扎，四层梁板的浇筑混凝土。主体一次结构就此全部完成。

4）主体二次结构施工过程

主体二次结构的施工过程是地下一层墙体、构造柱施工，首层墙体、构造柱施工，二层墙体、构造柱施工，三层墙体、构造柱施工，四层墙体、构造柱施工，女儿墙施工，室外台阶、散水施工。

2. 进度计划编制一般编制的方法

（1）根据施工经验直接安排

这种方法是根据施工经验资料及有关计算，直接在进度计划表上画出进度线。其一般步骤是：先安排主导施工过程并最大限度地搭接，形成施工进度计划的初步方案。总的原则应使每个施工过程尽可能早地投入施工。

（2）按工艺组合组织流水

这种方法就是先按各施工过程（即工艺组合流水）初排流水进度线，然后将各工艺组合最大限度地搭接起来。

本案例使用工艺组合组织流水的施工方法编制。

3. 进度计划编制步骤

（1）施工过程划分

在编制施工进度计划时，首先划分出各施工项目的细目，列出工程项目一览表。划分列表时注意以下事项：

① 施工过程划分的粗细程度，主要根据单位工程施工进度计划的客观作用，控制性进度计划一般粗些，指导性进度计划一般细些。

② 施工过程的划分要结合所选择的施工方案。

③ 注意适当简化施工进度计划内容，避免施工过程项目划分过细、重点不突出，适当合并，简明清晰。如：工程量过小者不列（防潮层）；较小量的同一构件几个项目合并（圈梁）；同一工种同时或连续施工的几个项目合并。

④ 不占工期的间接施工过程不列（如构件运输）。

⑤ 设备安装单独列项。

⑥ 所有施工过程应大致按施工顺序先后排列，所采用的施工项目名称可参考现行定额手册上的项目名称按施工的先后顺序列项。施工过程划分见表1-6。

施工过程划分表 表1-6

序号	施工过程	单位	工程量	备注
1	平整场地	m²	967.13	
2	土方开挖（支护）	m³	5388.23	先进行机械开挖，在开挖到距地平面200mm处再进行人工开挖
3	垫层施工	m³	混凝土：98.44 模板面积：76.4	
4	基础梁和基础筏板的钢筋绑扎1	t	梁：19.33 板：41.251	将基础梁与基础筏板的工程量分别给出
5	基础梁和基础筏板的钢筋绑扎2	t	梁：19.33 板：41.251	将基础梁与基础筏板的工程量分别给出
6	基础梁和基础筏板的支模板1	m²	基础梁：169.9 筏板：39.7	将基础梁与基础筏板的工程量分别给出
7	基础梁和基础筏板的支模板2	m²	基础梁：169.9 筏板：39.7	将基础梁与基础筏板的工程量分别给出
8	基础梁和基础筏板的浇筑混凝土1	m³	基础梁：40.79 筏板基础：250.45	将基础梁与基础筏板的工程量分别给出
9	基础梁和基础筏板的浇筑混凝土2	m³	基础梁：40.79 筏板基础：250.45	将基础梁与基础筏板的工程量分别给出
10	支地下部分脚手架1	m²	487.37	将基础做完之后，先进行地下部分的脚手架的施工

序号	施工过程	单位	工程量	备注
11	支地下部分脚手架2	m²	487.37	
12	地下一层柱墙的钢筋绑扎1	t	柱：2.994 墙：21.495	将柱和墙的工程量分别给出
13	地下一层柱墙的钢筋绑扎2	t	柱：2.994 墙：21.495	将柱和墙的工程量分别给出
14	地下一层柱墙的支模板1	m²	墙：658.875 柱：241.4	将柱和墙的工程量分别给出
15	地下一层柱墙的支模板2	m²	墙：658.875 柱：241.4	将柱和墙的工程量分别给出
16	地下一层柱墙的浇筑混凝土1	m³	柱：46.25 墙：104.57	将柱和墙的工程量分别给出
17	地下一层柱墙的浇筑混凝土2	m³	柱：46.25 墙：104.57	将柱和墙的工程量分别给出
18	地下一层梁板楼梯的支模板1	m²	梁：167.08 板：452.28 楼梯：11.8	将梁、板和楼梯的工程量分别给出
19	地下一层梁板楼梯的支模板2	m²	梁：167.08 板：452.28 楼梯：11.8	将梁、板和楼梯的工程量分别给出
20	地下一层梁板楼梯的钢筋绑扎1	t	梁：5.785 板：10.069 楼梯：0.081	将梁、板和楼梯的工程量分别给出
21	地下一层梁板楼梯的钢筋绑扎2	t	梁：5.785 板：10.069 楼梯：0.081	将梁、板和楼梯的工程量分别给出
22	地下一层梁板楼梯的浇筑混凝土1	m³	梁：22.45 板：79.7 楼梯：1.3	将梁、板和楼梯的工程量分别给出
23	地下一层梁板楼梯的浇筑混凝土2	m³	梁：22.45 板：79.7 楼梯：1.3	将梁、板和楼梯的工程量分别给出
24	地下部分外墙防水施工	m²	974.74	地下一层主体施工完成之后，先进行地下外墙防水施工
25	拆除地下部分脚手架	m²	974.74	在土方回填之前先拆除地下部分的脚手架
26	土方回填	m³	1073.7	土方回填工作包括了室内回填和室外回填，并且将两种回填的工程量分别给出
27	支首层脚手架1	m²	424.69	土方回填后，先进行首层脚手架的施工，同时在第一段脚手架施工完成之后就进行第二段脚手架的施工和首层第一段柱墙钢筋绑扎的施工
28	支首层脚手架2	m²	424.69	

序号	施工过程	单位	工程量	备注
29	首层柱墙的钢筋绑扎1	t	柱：5.055 墙：5.443	将柱和墙的工程量分别给出
30	首层柱墙的钢筋绑扎2	t	柱：5.055 墙：5.443	将柱和墙的工程量分别给出
31	首层柱墙的支模板1	m²	柱：231.24 墙：199.71	将柱和墙的工程量分别给出
32	首层柱墙的支模板2	m²	柱：231.24 墙：199.71	将柱和墙的工程量分别给出
33	首层柱墙的浇筑混凝土1	m³	柱：37.02 墙：83.07	将柱和墙的工程量分别给出
34	首层柱墙的浇筑混凝土2	m³	柱：37.02 墙：83.07	将柱和墙的工程量分别给出
35	首层梁板楼梯的支模板1	m²	梁：239.7 板：350.24 楼梯：26	将梁、板和楼梯的工程量分别给出
36	首层梁板楼梯的支模板2	m²	梁：239.7 板：350.24 楼梯：26	将梁、板和楼梯的工程量分别给出
37	首层梁板楼梯的钢筋绑扎1	t	梁：7.356 板：5.795 楼梯：0.163	将梁、板和楼梯的工程量分别给出
38	首层梁板楼梯的钢筋绑扎2	t	梁：7.356 板：5.795 楼梯：0.163	将梁、板和楼梯的工程量分别给出
39	首层梁板楼梯的浇筑混凝土1	m³	梁：27.55 板：39.39 楼梯：2.9	将梁、板和楼梯的工程量分别给出
40	首层梁板楼梯的浇筑混凝土2	m³	梁：27.55 板：39.39 楼梯：2.9	将梁、板和楼梯的工程量分别给出
41	支二层脚手架1	m²	436.37	在首层第一段梁板楼梯混凝土浇筑完成之后，就做二层脚手架第一段的施工
42	支二层脚手架2	m²	436.37	在二层第一段脚手架完成和首层梁板楼梯混凝土浇筑完成之后就进行第二段脚手架的施工
43	二层柱墙的钢筋绑扎1	t	柱：3.796 墙：5.552	二层第一段脚手架施工完成之后，就立刻开始二层柱墙钢筋的施工，将柱和墙的工程量分别给出
44	二层柱墙的钢筋绑扎2	t	柱：3.796 墙：5.552	在完成第一段的柱墙钢筋绑扎和第二段的脚手架施工之后才可以开始柱墙第二段的施工，将柱和墙的工程量分别给出
45	二层柱墙的支模板1	m²	柱：187.03 墙：218.1	将柱和墙的工程量分别给出

续表

序号	施工过程	单位	工程量	备注
46	二层柱墙的支模板2	m²	柱：187.03 墙：218.1	将柱和墙的工程量分别给出
47	二层柱墙的浇筑混凝土1	m³	柱：30.54 墙：75.28	将柱和墙的工程量分别给出
48	二层柱墙的浇筑混凝土2	m³	柱：30.54 墙：75.28	将柱和墙的工程量分别给出
49	二层梁板楼梯的支模板1	m²	梁：219.83 板：358.25 楼梯：26.59	将梁、板和楼梯的工程量分别给出
50	二层梁板楼梯的支模板2	m²	梁：219.83 板：358.25 楼梯：26.59	将梁、板和楼梯的工程量分别给出
51	二层梁板楼梯的钢筋绑扎1	t	梁：4.798 板：5.708 楼梯：2.9	将梁、板和楼梯的工程量分别给出
52	二层梁板楼梯的钢筋绑扎2	t	梁：4.798 板：5.708 楼梯：0.177	将梁、板和楼梯的工程量分别给出
53	二层梁板楼梯的浇筑混凝土1	m³	梁：25.89 板：42.3 楼梯：2.9	将梁、板和楼梯的工程量分别给出
54	二层梁板楼梯的浇筑混凝土2	m³	梁：25.89 板：42.3 楼梯：2.9	将梁、板和楼梯的工程量分别给出
55	支三层脚手架1	m²	443.46	在二层第一段梁板楼梯混凝土浇筑完成之后，就做三层脚手架第一段的施工
56	支三层脚手架2	m²	443.46	在三层第一段脚手架完成和二层梁板楼梯混凝土浇筑完成之后就进行第二段脚手架的施工
57	三层柱墙的钢筋绑扎1	t	柱：3.889 墙：3.988	三层第一段脚手架施工完成之后，就立刻开始三层柱墙钢筋的施工，将柱和墙的工程量分别给出
58	三层柱墙的钢筋绑扎2	t	柱：3.889 墙：3.988	在完成第一段的柱墙钢筋绑扎和第二段的脚手架施工之后才可以开始柱墙第二段的施工，将柱和墙的工程量分别给出
59	三层柱墙的支模板1	m²	柱：183.94 墙：209.92	将柱和墙的工程量分别给出
60	三层柱墙的支模板2	m²	柱：183.94 墙：209.92	将柱和墙的工程量分别给出
61	三层柱墙的浇筑混凝土1	m³	柱：30.57 墙：87.74	将柱和墙的工程量分别给出
62	三层柱墙的浇筑混凝土2	m³	柱：30.57 墙：87.74	将柱和墙的工程量分别给出

序号	施工过程	单位	工程量	备注
63	三层梁板楼梯的支模板1	m²	梁：223.12 板：358.23 楼梯：14.74	将梁、板和楼梯的工程量分别给出
64	三层梁板楼梯的支模板2	m²	梁：219.83 板：358.23 楼梯：14.74	将梁、板和楼梯的工程量分别给出
65	三层梁板楼梯的钢筋绑扎1	t	梁：4.835 板：5.707 楼梯：0.177	将梁、板和楼梯的工程量分别给出
66	三层梁板楼梯的钢筋绑扎2	t	梁：4.835 板：5.707 楼梯：0.177	将梁、板和楼梯的工程量分别给出
67	三层梁板楼梯的浇筑混凝土1	m³	梁：25.77 板：38.69 楼梯：1.08	将梁、板和楼梯的工程量分别给出
68	三层梁板楼梯的浇筑混凝土2	m³	梁：25.77 板：38.69 楼梯：1.08	将梁、板和楼梯的工程量分别给出
69	支四层脚手架1	m²	439.79	在三层第一段梁板楼梯混凝土浇筑完成之后，就做四层脚手架第一段的施工
70	支四层脚手架2	m²	439.79	在四层第一段脚手架完成和三层梁板楼梯混凝土浇筑完成之后就进行第二段脚手架的施工
71	四层柱墙的钢筋绑扎1	t	柱：3.42 墙：3.773	四层第一段脚手架施工完成之后，就立刻开始四层柱墙钢筋的施工，将柱和墙的工程量分别给出
72	四层柱墙的钢筋绑扎2	t	柱：3.42 墙：3.773	在完成第一段的柱墙钢筋绑扎和第二段的脚手架施工之后才可以开始柱墙第二段的施工，将柱和墙的工程量分别给出
73	四层柱墙的支模板1	m²	柱：170.58 墙：260.97	将柱和墙的工程量分别给出
74	四层柱墙的支模板2	m²	柱：170.58 墙：260.97	将柱和墙的工程量分别给出
75	四层柱墙的浇筑混凝土1	m³	柱：29.16 墙：95.35	将柱和墙的工程量分别给出
76	四层柱墙的浇筑混凝土2	m³	柱：29.16 墙：95.35	将柱和墙的工程量分别给出
77	四层梁板楼梯的支模板1	m²	梁：240.47 板：363.45	将梁、板和楼梯的工程量分别给出
78	四层梁板楼梯的支模板2	m²	梁：240.47 板：363.45	将梁、板和楼梯的工程量分别给出
79	四层梁板楼梯的钢筋绑扎1	t	梁：4.656 板：7.606 楼梯：0.089	将梁、板和楼梯的工程量分别给出

续表

序号	施工过程	单位	工程量	备注
80	四层梁板楼梯的钢筋绑扎2	t	梁：4.656 板：7.606 楼梯：0.089	将梁、板和楼梯的工程量分别给出
81	四层梁板楼梯的浇筑混凝土1	m³	梁：28.04 板：43.26 楼梯：1.49	将梁、板和楼梯的工程量分别给出
82	四层梁板楼梯的浇筑混凝土2	m³	梁：28.04 板：43.26 楼梯：1.49	将梁、板和楼梯的工程量分别给出
83	二次结构施工	m³	—	在完成所有的主体结构工程验收后开始。主要包括砌体墙、结构柱、圈梁等的施工，之后还有屋顶和女儿墙以及台阶散水的施工。不形成流水
84	四层室外抹灰	m²	395.12	二次结构施工从上往下进行，进行二次结构施工的时候，同时也进行装饰装修
85	四层室外涂料	m²	395.12	
86	拆四层脚手架	m²	879.58	在进行四层室外装饰完成之后，再拆除四层脚手架
87	四层室内抹灰	m²	6303.97	在进行四层室外抹灰之后就可以开始进行四层室内抹灰
88	四层室内涂料	m²	6303.97	
89	三层室外抹灰	m²	394.91	
90	三层室外涂料	m²	394.91	
91	拆三层脚手架	m²	886.92	
92	三层室内抹灰	m²	5245.55	
93	三层室内涂料	m²	5245.55	
94	二层室外抹灰	m²	382.52	
95	二层室外涂料	m²	382.52	
96	拆二层脚手架	m²	872.74	
97	二层室内抹灰	m²	3750.39	
98	二层室内涂料	m²	3750.39	
99	首层室外抹灰	m²	97.2	
100	首层室外涂料	m²	97.2	
101	拆首层脚手架	m²	849.37	
102	首层室内抹灰	m²	5745.48	
103	首层室内涂料	m²	5745.48	
104	地下室一层室内抹灰	m²	3347.83	
105	地下室一层室内涂料	m²	3347.83	

（2）施工过程工程量计算

根据施工图和定额工程量计算规则，按工程的施工顺序，分别计算施工项目的实物工程量，逐项填入表中。计算填表时应注意以下问题：

1) 工程数量的计算单位，应与相应的定额或合同文件中的计量单位一致。如模板工程以平方米为计量单位；绑扎钢筋以吨为单位计算；混凝土以立方米为计量单位等。这样，在计算劳动量、材料消耗量及机械台班时就可直接套用施工定额，不再进行换算。

2) 注意采用的施工方法。计算工程量，应与采用的施工方法相一致，以便计算的工程量与施工的实际情况相符合。例如：挖土时是否放坡，是否加工作面，放坡和工作面尺寸是多少；开挖方式是单独开挖、条形开挖，还是整片开挖等，不同的开挖方式，土方相差量是很大的。

3) 正确取用预算文件中的工程量。如果编制单位工程施工进度计划时，已编制出预算文件（施工图预算或施工预算），则工程量可以从预算文件中抄出并汇总。但是，施工进度计划中某些施工过程与预算文件的内容不同或有出入（如计算单位、计算规划、采用的定额等），则应根据施工实际情况加以修改、调整或重新计算。

施工过程工程量计算详见施工过程划分表 1-6 数据。

（3）施工过程计算劳动量和机械台班数

确定了施工过程及其工程量之后，即可套用定额（当地实际采用的劳动定额及机械台班定额），以确定劳动量和机械台班量。

在套用国家或当地颁发的定额时，需注意结合本单位工人的技术等级、实际操作水平，施工机械情况和施工现场条件等因素，确定定额的实际水平，使计算出来的劳动量、机械台班量符合实际需要。

有些采用新技术、新材料、新工艺或特殊施工方法的施工过程，定额中尚未编入，这时可参考类似施工过程的定额、经验资料，按实际情况确定。

（4）劳动量及机械台班量的计算

1) 当某一施工过程是由两个或两个以上不同分项工程合并而成时，其总劳动量应按式（1-26）。

$$P_{总} = \sum_{i=1}^{n} P_i \qquad (1\text{-}26)$$

2) 当某一施工过程是由同一种、但不同做法、不同材料的若干个分项工程合并组成时，应先按上面公式计算其综合产量定额，在求其劳动量。

$$\overline{S} = \frac{\sum\limits_{i=1}^{n} Q_i}{\sum\limits_{i=1}^{n} P_i} = \frac{Q_1 + Q_2 + \cdots\cdots + Q_n}{P_1 + P_2 + \cdots\cdots + P_n} = \frac{Q_1 + Q_2 + \cdots\cdots + Q_n}{\dfrac{Q_1}{S_1} + \dfrac{Q_2}{S_2} + \cdots\cdots + \dfrac{Q_n}{S_n}} \qquad (1\text{-}27)$$

$$\overline{H} = \frac{1}{S} \qquad (1\text{-}28)$$

式中　　$\overline{S}$——某施工过程综合产量定额，$m^3/$工日、$m^2/$工日、$m/$工日、$t/$工日等；

$\overline{H}$——某施工过程综合时间定额，工日$/m^3$、工日$/m^2$、工日$/m$、t 等；

$\sum\limits_{i=1}^{n} Q_i$——总工程量，$m^3$、$m^2$、$m$、$t$ 等；

$\sum\limits_{i=1}^{n} P_i$——总劳动量，工日；

Q_1、$Q_2 \cdots\cdots Q_n$——同一施工过程的各项工程量；

S_1、S_2……S_n 与 Q、Q_2……Q_n 相对应的产量定额。

下面以施工过程（基坑、基槽开挖）为例，使用2017新版辽宁省建设工程预算定额，见表1-7、表1-8。

施工过程（分项工程名称）持续时间表　　　　　　　　　　表1-7

序号	施工过程（分项工程名称）	单位	工程量	持续时间（工日）	劳动量（工日）	备注
1	平整场地	100m²	9.67	1	1	
2	基础梁和基础筏板的钢筋绑扎	t	401.37＋87.68	5	45	将基础梁与基础筏板的工程量分别给出
3	挖掘机挖土方	1000m³	5.388	4	3	
4	支地下部分脚手架	10m²	97.474	3	20	将基础做完之后，先进行地下部分的脚手架的施工
5	基础梁和基础筏板的支模板	10m²	33.54＋8.38	1	40	将基础梁与基础筏板的工程量分别给出
6	基础梁和基础筏板的浇筑混凝土	m³	203.87＋378.62	4	40	将基础梁与基础筏板的工程量分别给出
7	地下一层柱墙的柱墙钢筋绑扎	t	5.88＋0.12＋17.2＋25.79	3	30	将柱和墙的工程量分别给出
8	地下一层柱墙的支模板	10m²	36.68＋2.43＋9.17＋79.07＋52.71	6	40	将柱和墙的工程量分别给出
9	地下一层柱墙的浇筑混凝土	m³	64.75＋9.25＋18.5＋125.48＋83.66	5	32	将柱和墙的工程量分别给出

持续时间及劳动量估算表　　　　　　　　　　表1-8

项目编码		工程量清单	施工过程	基础梁和基础筏板的钢筋绑扎	工作班组		钢筋工
工程量（t）		121.162	持续时间（d）	5	班组人数		45
	定额编号	定额名称	细目	定额	工程量	单位	劳动量
综合	AG0015	满堂基础	有梁式（主筋＞20mm）	4.04	99.35	t	401.37
	AG0038	基础梁	主筋≤25mm	4.02	21.81	t	87.68
			合计				489.05
制作	AG0015	满堂基础	有梁式（主筋＞20mm）	2.04	99.35	t	202.67
	AG0038	基础梁	主筋≤25mm	1.73	21.81	t	37.73
			小计				240.41

（5）施工过程的工期的确定（表1-9）

施工过程的持续时间的确定方法主要使用定额法。施工期限根据合同工期确定，同时还要考虑工程特点、施工方法、施工管理水平、施工机械化程度及施工现场条件等因素。

根据工作项目所需要的劳动量或机械台班数，及该工作项目每天安排的工人数或配备的机械台数，计算各工作项目持续时间。有时，根据施工组织要求，如组织流水施工时，也可采用倒排方式安排进度，即先确定各工作项目持续时间，依次确定各工作项目所需要的工人数和机械台数。

施工过程（分部分项工程名称）工期表　　　表 1-9

序号	分部分项工程名称	劳动量（工日）	人数	工期
1	平整场地	0.609	1	1
2	土方开挖	11.26	3	4
3	垫层施工模板	0.33	1	0.5
4	垫层施工混凝土	41.837	42	1
5	基础梁和基础筏板的钢筋绑扎 1	120.205	45	2.5
6	基础梁和基础筏板的钢筋绑扎 2	120.205	45	2.5
7	基础梁和基础筏板的支模板 1	27.375	40	0.5
8	基础梁和基础筏板的支模板 2	27.375	40	0.5
9	基础梁和基础筏板的浇筑混凝土 1	80.005	40	2
10	基础梁和基础筏板的浇筑混凝土 2	80.005	40	2
11	支地下部分脚手架	29.24	20	1.5
12	地下一层柱墙的钢筋绑扎 1	46.755	30	1.5
13	地下一层柱墙的钢筋绑扎 2	46.755	30	1.5
14	地下一层柱墙的支模板 1	119.525	40	3
15	地下一层柱墙的支模板 2	119.525	40	3
16	地下一层柱墙的浇筑混凝土 1	78.695	32	2.5
17	地下一层柱墙的浇筑混凝土 2	78.695	32	2.5
18	地下一层梁板的支模板 1	110.885	40	3
19	地下一层梁板的支模板 2	110.885	40	3
20	地下一层梁板的钢筋绑扎 1	36.995	30	1.5
21	地下一层梁板的钢筋绑扎 2	36.995	30	1.5
22	地下一层梁板的浇筑混凝土 1	31.61	32	1
23	地下一层梁板的浇筑混凝土 2	31.61	32	1
24	拆地下部分脚手架	17.55	20	1
25	土方回填	85.71	35	2.5
26	支首层脚手架	25.48	20	1.5
27	首层柱墙的钢筋绑扎 1	19.04	30	1
28	首层柱墙的钢筋绑扎 2	19.04	30	1
29	首层柱墙的支模板 1	60.65	40	1.5
30	首层柱墙的支模板 2	60.65	40	1.5
31	首层柱墙的浇筑混凝土 1	56.63	32	2
32	首层柱墙的浇筑混凝土 2	56.63	32	2
33	首层梁板的支模板 1	182.695	40	4.5
34	首层梁板的支模板 2	182.695	40	4.5
35	首层梁板的钢筋绑扎 1	33.32	30	1.5
36	首层梁板的钢筋绑扎 2	33.32	30	1.5
37	首层梁板的浇筑混凝土 1	45.94	32	1.5
38	首层梁板的浇筑混凝土 2	45.94	32	1.5

续表

序号	分部分项工程名称	劳动量（工日）	人数	工期
39	支二层部分脚手架	26.18	20	1.5
40	二层柱墙的钢筋绑扎1	16.935	30	0.5
41	二层柱墙的钢筋绑扎2	16.935	30	0.5
42	二层柱墙的支模板1	55.295	40	1.5
43	二层柱墙的支模板2	55.295	40	1.5
44	二层柱墙的浇筑混凝土1	48.53	32	1.5
45	二层柱墙的浇筑混凝土2	48.53	32	1.5
46	二层梁板的支模板1	127.115	40	3
47	二层梁板的支模板2	127.115	40	3
48	二层梁板的钢筋绑扎1	32.055	30	1
49	二层梁板的钢筋绑扎2	32.055	30	1
50	二梁板的浇筑混凝土1	26.6	32	1
51	二层梁板的浇筑混凝土2	26.6	32	1
52	支三层部分脚手架	26.61	20	1.5
53	三层柱墙的钢筋绑扎1	14.635	30	0.5
54	三层柱墙的钢筋绑扎2	14.635	30	0.5
55	三层柱墙的支模板1	55.615	40	1.5
56	三层柱墙的支模板2	55.615	40	1.5
57	三层柱墙的浇筑混凝土1	53.245	32	2
58	三层柱墙的浇筑混凝土2	53.245	32	2
59	三层梁板的支模板1	111.58	40	3
60	三层梁板的支模板2	111.58	40	3
61	三层梁板的钢筋绑扎1	26.445	30	1
62	三层梁板的钢筋绑扎2	26.445	30	1
63	三层梁板的浇筑混凝土1	23.44	32	1
64	三层梁板的浇筑混凝土2	23.44	32	1
65	支四层部分脚手架	26.39	20	1.5
66	四层柱墙的钢筋绑扎1	13.345	30	0.5
67	四层柱墙的钢筋绑扎2	13.345	30	0.5
68	四层柱墙的支模板1	60.77	40	1.5
69	四层柱墙的支模板2	60.77	40	1.5
70	四层柱墙的浇筑混凝土1	54.64	32	1.5
71	四层柱墙的浇筑混凝土2	54.64	32	1.5
72	四层梁板的支模板1	108.205	40	3
73	四层梁板的支模板2	108.205	40	3
74	四层梁板的钢筋绑扎1	30.16	30	1
75	四层梁板的钢筋绑扎2	30.16	30	1
76	四层梁板的浇筑混凝土1	25.95	32	1
77	四层梁板的浇筑混凝土2	25.95	32	1
78	四层室外抹灰	36.351	37	1
79	四层室外涂料	25.643	26	1

序号	分部分项工程名称	劳动量（工日）	人数	工期
80	拆四层脚手架	15.83	20	1
81	四层室内抹灰	492.34	37	13
82	四层室内涂料	315.2	26	12
83	三层室外抹灰	36.331	37	1
84	三层室外涂料	25.63	26	1
85	拆三层脚手架	15.965	20	1
86	三层室内抹灰	492.34	37	13
87	三层室内涂料	262.28	26	10
88	二层室外抹灰	35.192	37	1
89	二层室外涂料	24.825	26	1
90	拆二层脚手架	15.71	20	1
91	二层室内抹灰	292.91	37	8
92	二层室内涂料	187.52	26	7
93	首层室外抹灰	8.94	37	0.5
94	首层室外涂料	6.31	26	0.5
95	拆首层脚手架	15.29	20	1
96	首层室内抹灰	448.72	37	12
97	首层室内涂料	287.274	26	11
98	地下一层室内抹灰	261.47	37	7
99	地下一层室内涂料	167.39	26	6.5

（6）施工过程的逻辑关系（表 1-10）

施工过程（分部分项工程名称）逻辑关系表　　　　表 1-10

序号	代码	分部分项工程名称	紧前工序	紧后工序	备注
1	1	基础工程			
2	2	平整场地		4	
3	3	土方开挖	3	5	
4	4	垫层施工模板	4	6	
5	5	垫层施工混凝土	5	7	
6	6	基础梁和基础筏板的钢筋绑扎 1	6	8，9	
7	7	基础梁和基础筏板的钢筋绑扎 2	7	10	
8	8	基础梁和基础筏板的支模板 1	7	10，11	
9	9	基础梁和基础筏板的支模板 2	8，9	12	
10	10	基础梁和基础筏板的浇筑混凝土 1	9	12	
11	11	基础梁和基础筏板的浇筑混凝土 2	10，11	14	
12	12	主体工程			
13	13	支地下部分脚手架	12	15	
14	14	地下一层柱墙的钢筋绑扎 1	14	16，17	
15	15	地下一层柱墙的钢筋绑扎 2	15	18	

续表

序号	代码	分部分项工程名称	紧前工序	紧后工序	备注
16	16	地下一层柱墙的支模板1	15	18，19	
17	17	地下一层柱墙的支模板2	16，17	20	
18	18	地下一层柱墙的浇筑混凝土1	17	20，21	
19	19	地下一层柱墙的浇筑混凝土2	18，19	22	
20	20	地下一层梁板的支模板1	19	22，23	
21	21	地下一层梁板的支模板2	20，21	24	
22	22	地下一层梁板的钢筋绑扎1	21	24，25	
23	23	地下一层梁板的钢筋绑扎2	22，23	26	
24	24	地下一层梁板的浇筑混凝土1	23	26	
25	25	地下一层梁板的浇筑混凝土2	24，25	27	
26	26	拆地下部分脚手架	26	28	
27	27	土方回填	27	29	
28	28	支首层脚手架	28	30	
29	29	首层柱墙的钢筋绑扎1	29	32，31	
30	30	首层柱墙的钢筋绑扎2	30	33	
31	31	首层柱墙的支模板1	30	34，33	
32	32	首层柱墙的支模板2	31，32	35	
33	33	首层柱墙的浇筑混凝土1	32	35，36	
34	34	首层柱墙的浇筑混凝土2	33，34	37	
35	35	首层梁板的支模板1	34	38，37	
36	36	首层梁板的支模板2	35，36	39	
37	37	首层梁板的钢筋绑扎1	36	40，39	
38	38	首层梁板的钢筋绑扎2	37，38	41	
39	39	首层梁板的浇筑混凝土1	38	41	
40	40	首层梁板的浇筑混凝土2	39，40	42	
41	41	支二层部分脚手架	41	43	
42	42	二层柱墙的钢筋绑扎1	42	45，44	
43	43	二层柱墙的钢筋绑扎2	43	46	
44	44	二层柱墙的支模板1	43	47，46	
45	45	二层柱墙的支模板2	44，45	48	
46	46	二层柱墙的浇筑混凝土1	45	48，49	
47	47	二层柱墙的浇筑混凝土2	46，47	50	
48	48	二层梁板的支模板1	47	51，50	
49	49	二层梁板的支模板2	48，49	52	
50	50	二层梁板的钢筋绑扎1	49	53，52	
51	51	二层梁板的钢筋绑扎2	50，51	54	
52	52	二梁板的浇筑混凝土1	51	54	
53	53	二层梁板的浇筑混凝土2	52，53	55	
54	54	支三层部分脚手架	54	56	
55	55	三层柱墙的钢筋绑扎1	55	58，57	
56	56	三层柱墙的钢筋绑扎2	56	59	

序号	代码	分部分项工程名称	紧前工序	紧后工序	备注
57	57	三层柱墙的支模板1	56	60，59	
58	58	三层柱墙的支模板2	57，58	61	
59	59	三层柱墙的浇筑混凝土1	58	61，62	
60	60	三层柱墙的浇筑混凝土2	59，60	63	
61	61	三层梁板的支模板1	60	64，63	
62	62	三层梁板的支模板2	61，62	65	
63	63	三层梁板的钢筋绑扎1	62	66，65	
64	64	三层梁板的钢筋绑扎2	63，64	67	
65	65	三层梁板的浇筑混凝土1	64	67	
66	66	三层梁板的浇筑混凝土2	65，66	68	
67	67	支四层部分脚手架	67	69	
68	68	四层柱墙的钢筋绑扎1	68	71，70	
69	69	四层柱墙的钢筋绑扎2	69	72	
70	70	四层柱墙的支模板1	69	73，72	
71	71	四层柱墙的支模板2	70，71	74	
72	72	四层柱墙的浇筑混凝土1	71	74，75	
73	73	四层柱墙的浇筑混凝土2	72，73	76	
74	74	四层梁板的支模板1	73	77，76	
75	75	四层梁板的支模板2	74，75	78	
76	76	四层梁板的钢筋绑扎1	75	79，78	
77	77	四层梁板的钢筋绑扎2	76，77	80	
78	78	四层梁板的浇筑混凝土1	77	80	
79	79	四层梁板的浇筑混凝土2	78，79	81	
80	80	主体工程验收	80	83	
81	81	装饰装修工程			
82	82	四层室外抹灰	81	84，86	
83	83	四层室外涂料	83	87，85	
84	84	拆四层脚手架	84	88，90	
85	85	四层室内抹灰	83	88	
86	86	四层室内涂料	84	89	
87	87	三层室外抹灰	86，85	91，89	
88	88	三层室外涂料	88，87	92，90	
89	89	拆三层脚手架	89，85	93	
90	90	三层室内抹灰	88	93	
91	91	三层室内涂料	89	94	
92	92	二层室外抹灰	91，90	94，96	
93	93	二层室外涂料	93，92	95，97	
94	94	拆二层脚手架	94	98	
95	95	二层室内抹灰	93	97，98	
96	96	二层室内涂料	96，94	99	
97	97	首层室外抹灰	96，95	101，99	

序号	代码	分部分项工程名称	紧前工序	紧后工序	备注
98	98	首层室外涂料	97，98	100，102	
99	99	拆首层脚手架	99	105	
100	100	首层室内抹灰	98	102，103	
101	101	首层室内涂料	101，99	104	
102	102	地下一层室内抹灰	101	104	
103	103	地下一层室内涂料	103，102	105	

确定施工过程的逻辑主要考虑以下几点：

1) 同一时期施工的项目不宜过多，避免人力、物力过于分散。

2) 尽量做到均衡施工，使劳动力、施工机械和主要材料的供应在整个工期范围内达到均衡。

3) 尽量提前建设可供工程施工使用的永久性工程，以节省临时工程费用。

4) 急需和关键的工程先施工，以保证工程项目如期交工。对于某些技术复杂、施工周期较长、施工困难较多的工程，应安排提前施工，以利于整个工程项目按期交付使用。

5) 施工顺序必须与主要系统投入使用的先后次序吻合，安排好配套工程的施工时间，保证建成的工程迅速投入使用。

6) 注意季节对施工顺序的影响，使施工季节不导致工期拖延，不影响工程质量。

7) 安排一部分附属工程或零星项目做后备项目，调整主要项目的施工进度。

8) 注意主要工序和主要施工机械的连续施工。

（7）施工进度计划网络图

绘制施工进度计划图，首先选择施工进度计划表达形式，常用的有横道图和网络图。横道图比较简单直观，多年来广泛地用于表达施工进度计划，作为控制工程进度的主要依据。但由于横道图控制工程进度的局限性，随着计算机的广泛应用，更多采用网络计划图表示。全工地性的流水作业安排应以工程量大、工期长的工程为主导，组织若干条流水线。

（8）进度计划的检查和优化调整

施工进度计划方案编制好后，需要对其进行检查与优化调整，使进度计划更加合理，需检查调整的内容包括：

1) 各工作项目的施工顺序、平行搭接和技术间歇是否合理。

2) 总工期是否满足合同规定。

3) 主要工序的工人数能否满足连续、均衡施工的要求。

4) 主要机具、材料等的利用是否均衡和充分。

项目 2 ××大厦网络进度计划的编制

【知识目标】　掌握简单框架结构施工顺序和施工段的划分；掌握持续时间的计算方法；掌握双代号、单代号和时标网络图的绘制方法；会计算各类网络图的时间参数；掌握斑马梦龙网络进度计划软件的操作；能在完成的网络图上进行进一步优化。

【能力目标】　能结合规范和项目，合理划分项目 2 的分部分项工程和施工段；会采用定额计算法，利用定额和工程量一览表，计算出持续时间；能熟练绘制双代号、单代号和时标网络图；能利用斑马梦龙软件绘制网络进度计划。

【素质目标】　诚实、守信、认真负责的工作态度；整体思维的能力；信息的综合处理的能力；思考、分析和总结能力；团队合作意识；开拓创新能力。

项目概述：

（1）建设概况

1）本建筑物建设地点位于沈阳市；

2）本建筑物用地概貌属于平缓场地；

3）本建筑物为二类多层办公建筑；

4）本建筑物合理使用年限为 50 年；

5）本建筑物抗震设防烈度为 8 度；

6）本建筑物总建筑面积为 9603.6m²；

7）本建筑物建筑层数 6 层，地上 5 层，地下 1 层；

8）本建筑物檐口高度 21.5m；

9）本建筑物设计标高±0.000。

（2）结构概况

1）本工程为框架结构的办公楼，地上 5 层，地下 1 层，东西 60.4m、南北 26.5m；

2）基础采用混凝土筏板基础；

3）墙体，外墙：标高−0.400m～−0.100m 以下采用 250 厚混凝土；

4）本建筑物结构类型为框架-剪力墙结构。

（3）施工条件

施工场地已进行三通一平，材料、构件、加工品由施工方提供，施工的建设机械由施工方自行租赁，劳动力的投入按照进度计划实施，施工严格按照规范，现场管理按照文明工地要求进行管理，质量标准要求达到国家施工验收规范合格标准。

（4）施工组织

1）流水段的划分

该工程首先进行流水段的划分，根据图纸，以 5 轴和 6 轴之间的后浇带为界限，分为两个施工段。

2）地下主体部分施工过程

地下主体部分施工过程是基础土方开挖（支护），垫层施工，基础梁和基础筏板的钢筋绑扎，基础梁和基础筏板的支模板，基础梁和基础筏板的浇筑混凝土，地下一层柱墙的钢筋绑扎，地下一层柱墙的支模板，地下一层柱墙的浇筑混凝土，地下一层梁板的支模板，地下一层梁板的钢筋绑扎，地下一层梁板的浇筑混凝土，土方回填。

3）地上主体部分施工过程

地上主体部分施工过程是首层柱墙的钢筋绑扎，首层柱墙的支模板，首层柱墙的浇筑混凝土，首层梁板的支模板，首层梁板的钢筋绑扎，首层梁板的浇筑混凝土，二层柱墙的钢筋绑扎，二层柱墙的支模板，二层柱墙的浇筑混凝土，二层梁板的支模板，二层梁板的钢筋绑扎，二层梁板的浇筑混凝土，三层柱墙的钢筋绑扎，三层柱墙的支模板，三层柱墙的浇筑混凝土，三层梁板的支模板，三层梁板的钢筋绑扎，三层梁板的浇筑混凝土，四层柱墙的钢筋绑扎，四层柱墙的支模板，四层柱墙的浇筑混凝土，四层梁板的支模板，四层梁板的钢筋绑扎，四层梁板的浇筑混凝土。主体一次结构就此全部完成。

4）主体二次结构施工过程

主体二次结构的施工过程是地下一层墙体、构造柱施工，首层墙体、构造柱施工，二层墙体、构造柱施工，三层墙体、构造柱施工，四层墙体、构造柱施工，女儿墙施工，室外台阶、散水施工。

任务 1 用双代号网络图绘制施工进度计划

【知识目标】 掌握简单框架结构施工顺序和施工段的划分；掌握持续时间的计算方法；掌握双代号网络图的绘制方法；会计算双代号网络图的时间参数；

【能力目标】 能用手绘和软件完成双代号网络图的绘制，并能计算时间参数，完成优化工作。

【素质目标】 绘图能力；逻辑思维能力；软件操作能力；数据计算能力。

任务介绍：

首先我们用双代号网络图来完成项目 2 网络进度计划的绘制。

任务分析：

1. 工程网络进度计划

工程网络进度计划是除了项目 1 流水施工进度计划以外的另一种形式，有控制性计划和指导性计划，形式有图表（水平、垂直）型及网络图型，是施工组织设计核心内容。其内容应包括确定主要分部分项工程名称及施工顺序、确定各施工过程的持续时间、明确各施工过程间的衔接、穿插、平行、搭接等协作配合关系等。合理安排施工计划，可以组织有节奏、均衡、连续的施工，确保施工进度和工期，也是编制后续资源计划、施工场地布置设计的依据。

根据要求，参考《建筑工程施工质量验收统一标准》GB 50300—2013 中的附录 B 建筑工程的分部工程、分项工程划分，结合项目一具体情况，能确定基础、主体、屋面和装饰装修结构的施工顺序，能合理划分施工段，能合理确定具体的分部分项工程。

2. 网络计划技术的起源与发展

网络计划技术是一种科学的计划管理方法，它是随着现代科学技术和工业生产的发展而产生的。20 世纪 50 年代，为了适应科学研究和新的生产组织管理的需要，国外陆续出现了一些计划管理的新方法。1956 年，美国杜邦公司研究创立了网络计划技术的关键线路方法（缩写为 CPM），并试用于一个化学工程上，取得了良好的经济效果。1958 年美国海军武器部在研制"北极星"导弹计划时，应用了计划评审方法（缩写为 PERT）进行项目的计划安排、评价、审查和控制，获得了巨大成功。20 世纪 60 年代初期，网络计划技术在美国得到了推广，一切新建工程全面采用这种计划管理新方法，并开始将该方法引入日本和西欧其他国家。随着现代科学技术的迅猛发展、管理水平的不断提高，网络计划技术也在不断发展和完善。目前，它已广泛地应用于世界各国的工业、国防、建筑、运输和科研等领域，已成为发达国家盛行的一种现代生产管理的科学方法。

我国对网络计划技术的研究与应用起步较早，1965 年，著名数学家华罗庚教授首先在我国的生产管理中推广和应用这些新的计划管理方法，并根据网络计划统筹兼顾、全面规划的特点，将其称为统筹法。多年来，网络计划技术作为一门现代管理技术已逐渐被各级领导和广大科技人员所重视。改革开放以后，网络计划技术在我国的工程建设领域也得到迅速的推广和应用，尤其是在大中型工程项目的建设中，对其资源的合理安排、进度计划的编制、优化和控制等应用效果显著。目前，网络计划技术已成为我国工程建设领域中正在推行的项目法施工、工程建设监理、工程项目管理和工程造价管理等方面必不可少的现代化管理方法。

国家技术监督局和国家建设部先后颁布了中华人民共和国国家标准《网络计划技术》GB/T 13400.1、GB/T 13400.2、GB/T 13400.3 三个标准和中华人民共和国行业标准《工程网络计划技术规程》JGJ/T 121—2015，使工程网络计划技术在计划的编制与控制管理的实际应用中有了一个可遵循的、统一的技术标准，保证了计划的科学性，对提高工程项目的管理水平发挥了重大作用。

3. 网络计划技术的特点

网络计划技术的基本模型是网络图。网络图是用箭线和节点组成的，用来表示工作流程的有向、有序的网状图形。所谓网络计划，是用网络图表达任务构成、工作顺序，并加注时间参数的进度计划。与甘特横道计划相比，网络计划具有如下优点：

（1）网络图把工程实施过程中的各有关工作组成了一个有机的整体，能全面而明确地反映出各项工作之间的相互制约和相互依赖的关系；

（2）能进行各种时间参数的计算；

（3）能在名目繁多、错综复杂的计划中找出决定工程进度的关键工作和关键线路，便于计划管理者集中力量抓主要矛盾，确保进度目标的实现；

（4）能从许多可行方案中，比较、优选出最佳方案；

（5）可以合理地进行资源安排和配置，达到降低成本的目的；

（6）能够利用电子计算机，可以编程上机，并能够对计划的执行过程进行有效的监督与控制。

网络计划技术既是一种计划方法，又是一种科学的管理方法，它可以为项目管理者提供许多信息，有利于加强管理，取得好、快、省的全面效果。

网络计划的缺点是它不像横道图那么直观明了。但是，带有时间坐标的网络计划图可以弥补其不足。

4. 网络计划技术的分类

网络计划种类繁多，可以从不同的角度进行分类。

（1）按代号的不同区分

可以分为双代号网络计划和单代号网络计划。

（2）按有无时间坐标的限制区分

可以分为标注时间网络计划和时间坐标网络计划。

（3）按目标的多少区分

可以分为单目标网络计划和多目标网络计划。

（4）按编制对象区分

可以分为局部网络计划（以一个分部工程或一个施工段为对象编制的）、单位工程网络计划（以一个单位工程或单体工程为对象编制的）、综合网络计划（以一个建设项目为对象编制的）。

（5）按工作之间逻辑关系和持续时间的确定程度区分

可以分为确定型网络计划，即工作之间的逻辑关系及各工作的持续时间都是肯定的（如关键线路法：CPM）。非确定型网络计划，即工作之间的逻辑关系和各工作的持续时间之中有一项以上是不肯定的（如计划评审技术：PERT、图示评审技术：GERT 等）。本章只讨论确定型网络计划。

双代号网络图是以箭线及其两端节点的编号表示工作的网络图，如图 2-1 所示。从下图中可以看出双代号网络图由箭线、节点、线路三个基本要素组成。

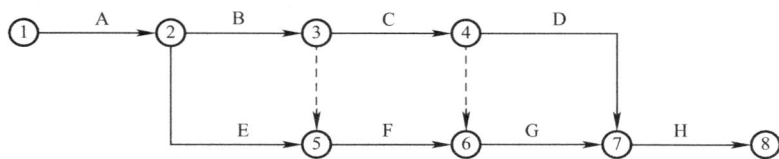

图 2-1　双代号网络图

5. 基本要素

（1）箭线

1）在双代号网络图中，每一条箭线表示一项工作。箭线的箭尾节点表示该工作的开始，箭头节点表示该工作的结束。工作的名称标注在箭线的上方，完成该项工作所需要的持续时间标注在箭线的下方。如

图 2-2 所示。由于一项工作需用一条箭线和其箭尾和箭头处两个圆圈中的号码来表示，故称为双代号表示法。

2）在双代号网络图中，任意一条实箭线都要占用时间、消耗资源（有时只占时间，不消耗资源，如混凝土的养护）。在建筑工程中，一条箭线表示项目中的一个施工过程，它可以是一道工序、一个分项工程、一个分部工程或一个单位工程，其粗细程度、大小范围的划分根据计划任务的需要来确定。

3）在双代号网络图中，为了正确地表达图中工作之间的逻辑关系，往往需要应用虚箭线，其表示方法如图 2-3 所示。

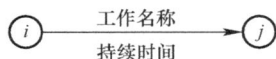

图 2-2　双代号表示法　　　图 2-3　虚工作

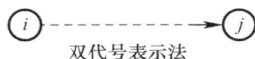

虚箭线是实际工作中并不存在的一项虚拟工作，故它们既不占用时间，也不消耗资

源，一般起着工作之间的联系、区分和断路三个作用。联系作用是指应用虚箭线正确表达工作之间相互依存的关系；区分作用是指双代号网络图中每一项工作都必须用一条箭线和两个代号表示，若两项工作的代号相同时，应使用虚工作加以区分，如图 2-4 所示；断路作用是用虚箭线断掉多余联系（即在网络图中把无联系的工作连接上了时，应加上虚工作将其断开）。

4）在无时间坐标限制的网络图中，箭线的长度原则上可以任意画，其占用的时间以下方标注的时间参数为准。箭线可以为直线、折线或斜线，但其行进方向均应从左向右，如图 2-5 所示。在有时间坐标限制的网络图中，箭线的长度必须根据完成该工作所需持续时间的大小按比例绘制。

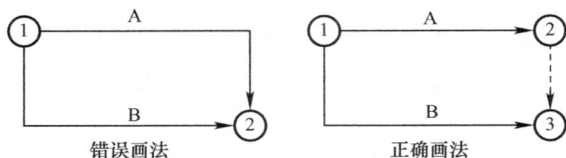

图 2-4　虚工作的区分作用　　　　　　　　图 2-5　箭线表达方式

5）在双代号网络图中，各项工作之间的关系如图所示。通常将被研究的对象称为本工作，用 $i-j$ 工作表示，紧排在本工作之前的工作称为紧前工作，紧排在本工作之后的工作称为紧后工作，与之平行进行的工作称为平行工作。

（2）节点

节点是网络图中箭线之间的连接点。在双代号网络图中，节点既不占用时间、也不消耗资源，是个瞬时值，即它只表示工作的开始或结束的瞬间，起着承上启下的衔接作用。网络图中有三种类型的节点：

1）起点节点

网络图的第一个节点叫"起点节点"，它只有外向箭线，一般表示一项任务或一个项目的开始，如图 2-6 所示。

2）终点节点

网络图的最后一个节点叫"终点节点"，它只有内向箭线，一般表示一项任务或一个项目的完成，如图 2-7 所示。

3）中间节点

网络图中既有内向箭线，又有外向箭线的节点称为中间节点，如图 2-8 所示。

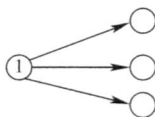

图 2-6　起点节点示意图　　　图 2-7　终点节点示意图　　　图 2-8　中间节点示意图

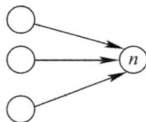

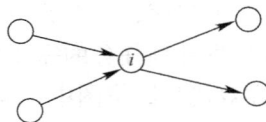

4）在双代号网络图中，节点应用圆圈表示，并在圆圈内编号。一项工作应当只有唯一的一条箭线和相应的一对节点，且要求箭尾节点的编号小于其箭头节点的编号。例如图 2-9 中，应有：$i<j<k$。网络图节点的编号顺序应从小到大，可不连续，但不允许重复。

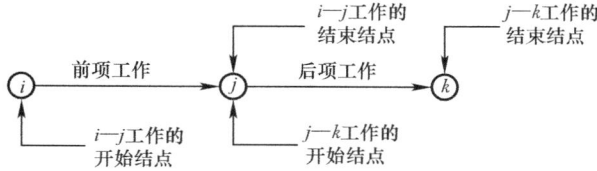

图 2-9 箭尾节点和箭头节点

（3）线路

网络图中从起点节点开始，沿箭头方向顺序通过一系列箭线与节点，最后达到终点节点的通路称为线路。线路上各项工作持续时间的总和称为该线路的计算工期。一般网络图有多条线路，可依次用该线路上的节点代号来记述，其中最长的一条线路被称为关键线路，位于关键线路上的工作称为关键工作。

6. 逻辑关系

网络图中工作之间相互制约或相互依赖的关系称为逻辑关系，它包括工艺关系和组织关系，在网络中均应表现为工作之间的先后顺序。

（1）工艺关系

生产性工作之间由工艺过程决定的、非生产性工作之间由工作程序决定的先后顺序叫工艺关系。

（2）组织关系

工作之间由于组织安排需要或资源（人力、材料、机械设备和资金等）调配需要而规定的先后顺序关系叫组织关系。

网络图必须正确地表达整个工程或任务的工艺流程和各工作开展的先后顺序及它们之间相互依赖、相互制约的逻辑关系，因此，绘制网络图时必须遵循一定的基本规则和要求。

7. 绘图规则

（1）双代号网络图必须正确表达已定的逻辑关系。

（2）双代号网络图中，严禁出现循环回路。

所谓循环回路是指从网络图中的某一个节点出发，顺着箭线方向又回到了原来出发点的线路。如图 2-10 所示。

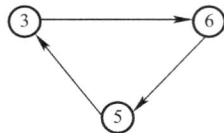

（3）双代号网络图中，在节点之间严禁出现带双向箭头或无箭头的连线。如图 2-11 所示。

图 2-10 循环线路示意图　　　图 2-11 箭线的错误画法

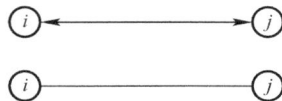

（4）双代号网络图中，严禁出现没有箭头节点或没有箭尾节点的箭线。如图 2-12 所示。

（5）当双代号网络图的某些节点有多条外向箭线或多条内向箭线时，为使图形简洁，可使用母线法绘制（但应满足一项工作用一条箭线和相应的一对结点表示），如图 2-13 所示。

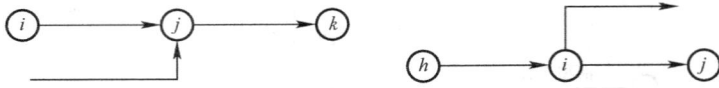

图 2-12　没有箭头和箭尾节点的箭线

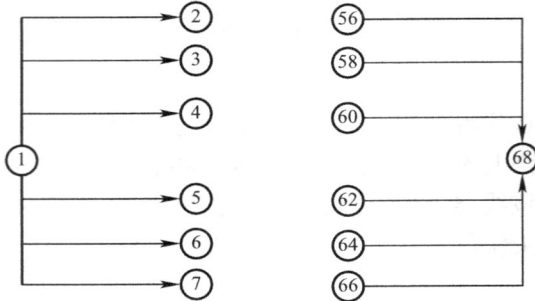

图 2-13　母线表示方法

（6）绘制网络图时，箭线不宜交叉；当交叉不可避免时，可用过桥法或指向法。如图 2-14 所示。

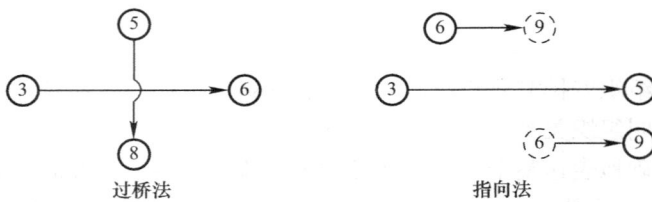

过桥法　　　　　　　　　　　　　　指向法

图 2-14　箭线交叉的表示方法

（7）双代号网络图中应只有一个起点节点和一个终点节点（多目标网络计划除外）；而其他所有节点均应是中间节点。如图 2-15 所示。

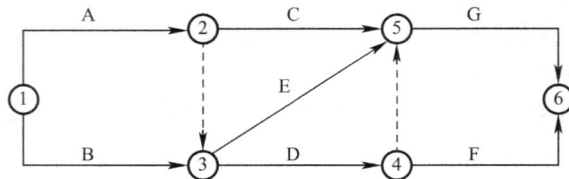

图 2-15　一个起点节点、一个终点节点的网络图

任务 2　双代号网络图时间参数的计算

【知识目标】　掌握双代号网络图 6 个时间参数的计算方法。
【能力目标】　能在绘制完成的双代号网络图上进行的 6 个时间参数的计算；
【素质目标】　信息的综合处理的能力；思考、分析和总结能力；公式应用及计算能力。

任务介绍：

能在绘制完成的项目 2 各分部的双代号网络图上记性 2 个时间参数的计算。

任务分析：

能计算出各分项工程的持续时间，并在图上计算出 6 个时间参数。

双代号网络计划时间参数计算的目的在于通过计算各项工作的时间参数，确定网络计划的关键工作、关键线路和计算工期，为网络计划的优化、调整和执行提供明确的时间参数。双代号网络计划时间参数的计算方法很多，一般常用的有：按工作计算法和按节点计算法进行计算；在计算方式上又有分析计算法、表上计算法、图上计算法、矩阵计算法和电算法等。本节只介绍按工作计算法在图上进行计算的方法（图上计算法）。

1. 时间参数的概念及其符号

（1）工作持续时间 D_{i-j}

工作持续时间是对一项工作规定的从开始到完成的时间。在双代号网络计划中，工作 $i-j$ 的持续时间用 D_{i-j} 表示。

（2）工期（T）

工期泛指完成任务所需要的时间，一般有以下三种：

1）计算工期：根据网络计划时间参数计算出来的工期，用 T_C 表示。

2）要求工期：任务委托人所要求的工期，用 T_r 表示。

3）计划工期：在要求工期和计算工期的基础上综合考虑需要和可能而确定的工期，用 T_p 表示。网络计划的计划工期 T_p 应按下列情况分别确定：

当已规定了要求工期 T_r 时，

$$T_p \leqslant T_r \tag{2-1}$$

当未规定要求工期时，可令计划工期等于计算工期，

$$T_p = T_C \tag{2-2}$$

（3）网络计划中工作的六个时间参数

1）最早开始时间（ES_{i-j}）

是指在各紧前工作全部完成后，本工作有可能开始的最早时刻。工作 $i-j$ 的最早开始时间用 ES_{i-j} 表示。

2）最早完成时间（EF_{i-j}）

是指在各紧前工作全部完成后，本工作有可能完成的最早时刻。工作 $i-j$ 的最早完成时间用 EF_{i-j} 表示。

3）最迟开始时间（LS_{i-j}）

是指在不影响整个任务按期完成的前提下，工作必须开始的最迟时刻。工作 $i-j$ 的最迟开始时间用 LS_{i-j} 表示。

4）最迟完成时间（LF_{i-j}）

是指在不影响整个任务按期完成的前提下，工作必须完成的最迟时刻。工作 $i-j$ 的最迟完成时间用 LF_{i-j} 表示。

5）总时差（TF_{i-j}）

是指在不影响总工期的前提下，本工作可以利用的机动时间。工作 $i-j$ 的总时差用 TF_{i-j} 表示。

$$\frac{ES_{i-j} \mid LS_{i-j} \mid TF_{i-j}}{EF_{i-j} \mid LF_{i-j} \mid FF_{i-j}}$$

$$\underset{i}{\bigcirc} \xrightarrow[\text{持续时间}]{\text{工作名称}} \underset{j}{\bigcirc}$$

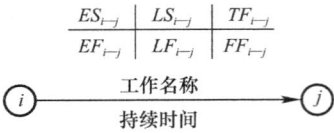

图 2-16　工作时间参数标注形式

6）自由时差（FF_{i-j}）

是指在不影响其紧后工作最早开始的前提下，本工作可以利用的机动时间。工作 $i-j$ 的自由时差用 FF_{i-j} 表示。

按工作计算法计算网络计划中各时间参数，其计算结果应标注在箭线之上，如图 2-16 所示。

2. 双代号网络计划时间参数计算

按工作计算法在网络图上计算六个工作时间参数，必须在清楚计算顺序和计算步骤的基础上，列出必要的公式，以加深对时间参数计算的理解。时间参数的计算步骤为：

（1）最早开始时间和最早完成时间的计算

综上所述，工作最早时间参数受到紧前工作的约束，故其计算顺序应从起点节点开始，顺着箭线方向依次逐项计算。

1）以网络计划的起点节点为开始结点的工作的最早开始时间为零。如网络计划起点节点的编号为 1，则：

$$ES_{i-j} = 0 \quad (i = 1) \tag{2-3}$$

2）顺着箭线方向依次计算各个工作的最早完成时间和最早开始时间。

最早完成时间等于最早开始时间加上其持续时间：

$$EF_{i-j} = ES_{i-j} + D_{i-j} \tag{2-4}$$

最早开始时间等于各紧前工作的最早完成时间 EF_{h-i} 的最大值：

$$ES_{i-j} = \text{Max}[EF_{h-i}] \tag{2-5}$$

或

$$ES_{i-j} = \text{Max}[ES_{h-i} + D_{h-i}] \tag{2-6}$$

（2）确定计算工期 T_C

计算工期等于以网络计划的终点节点为箭头节点的各个工作的最早完成时间的最大值。当网络计划终点节点的编号为 n 时，按式（2-7）计算工期：

$$T_C = \text{Max}[EF_{i-n}] \tag{2-7}$$

当无要求工期的限制时，取计划工期等于计算工期，即取：$T_P = T_C$。

（3）最迟开始时间和最迟完成时间的计算

工作最迟时间参数受到紧后工作的约束，故其计算顺序应从终点节点起，逆着箭线方向依次逐项计算。

1）以网络计划的终点节点（$j = n$）为箭头节点的工作的最迟完成时间等于计划工期 T_P，即：

$$LF_{i-n} = T_P \tag{2-8}$$

2）逆着箭线方向依次计算各个工作的最迟开始时间和最迟完成时间。

最迟开始时间等于最迟完成时间减去其持续时间：

$$LS_{i-j} = LF_{i-j} - D_{i-j} \tag{2-9}$$

最迟完成时间等于各紧后工作的最迟开始时间 LS_{j-k} 的最小值：

$$LF_{i-j} = \text{Min}[LS_{j-k}] \tag{2-10}$$

或

$$LF_{i-j} = \mathrm{Min}[LF_{j-k} - D_{j-k}] \tag{2-11}$$

（4）计算工作总时差

总时差等于其最迟开始时间减去最早开始时间，或等于最迟完成时间减去最早完成时间：

$$TF_{i-j} = LS_{i-j} - ES_{i-j} \tag{2-12}$$

$$TF_{i-j} = LF_{i-j} - EF_{i-j} \tag{2-13}$$

（5）计算工作自由时差

当工作 $i-j$ 有紧后工作 $j-k$ 时，其自由时差应为：

$$FF_{i-j} = ES_{j-k} - EF_{i-j} \tag{2-14}$$

或

$$FF_{i-j} = ES_{j-k} - ES_{i-j} - D_{i-j} \tag{2-15}$$

以网络计划的终点节点（$j=n$）为箭头节点的工作，其自由时差 FF_{i-n} 应按网络计划的计划工期 T_P 确定，即：

$$FF_{i-n} = T_\mathrm{P} - EF_{i-n} \tag{2-16}$$

3. 关键工作和关键线路的确定

（1）关键工作

总时差最小的工作是关键工作。

（2）关键线路

自始至终全部由关键工作组成的线路为关键线路，或线路上总的工作持续时间最长的线路为关键线路。网络图上的关键线路可用双线或粗线标注。

【例 2-1】　已知网络计划的资料表 2-1，试绘制双代号网络计划；若计划工期等于计算工期，试计算各项工作的六个时间参数并确定关键线路，标注在网络计划上。

网络计划资料表　　　　　　　　　　　　　表 2-1

工作名称	A	B	C	D	E	F	H	G
紧前工作	/	/	B	B	A、C	A、C	D、F	D、E、F
持续时间（天）	4	2	3	3	5	6	5	3

【解】　（1）根据表 2-1 中网络计划的有关资料，按照网络图的绘图规则，绘制双代号网络图如图 2-17 所示。

（2）计算各项工作的时间参数，并将计算结果标注在箭线上方相应的位置。

1）计算各项工作的最早开始时间和最早完成时间

从起点节点（①节点）开始顺着箭线方向依次逐项计算到终点节点（⑥节点）。

a. 以网络计划起点节点为开始节点的各工作的最早开始时间为零：

$ES_{1-2} = ES_{1-3} = 0$

b. 计算各项工作的最早开始和最早完成时间：

$EF_{1-2} = ES_{1-2} + D_{1-2} = 0 + 2 = 2$

$EF_{1-3} = ES_{1-3} + D_{1-3} = 0 + 4 = 4$

$ES_{2-3} = ES_{2-4} = EF_{1-2} = 2$

$EF_{2-3} = ES_{2-3} + D_{2-3} = 2 + 3 = 5$

$EF_{2-4} = ES_{2-4} + D_{2-4} = 2 + 3 = 5$

$$ES_{3-4} = ES_{3-5} = Max[EF_{1-3}, EF_{2-3}] = Max[4,5] = 5$$

$$EF_{3-4} = ES_{3-4} + D_{3-4} = 5 + 6 = 11$$

$$EF_{3-5} = ES_{3-5} + D_{3-5} = 5 + 5 = 10$$

$$ES_{4-6} = ES_{4-5} = Max[EF_{3-4}, EF_{2-4}] = Max[11,5] = 11$$

$$EF_{4-6} = ES_{4-6} + D_{4-6} = 11 + 5 = 16$$

$$EF_{4-5} = 11 + 0 = 11$$

$$ES_{5-6} = Max[EF_{3-5}, EF_{4-5}] = Max[10,11] = 11$$

$$EF_{5-6} = 11 + 3 = 14$$

将以上计算结果标注在图 2-18 中的相应位置。

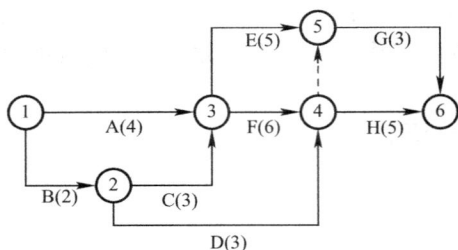

图 2-17　双代号网络计划计算实例　　　　图 2-18　双代号网络计划计算实例

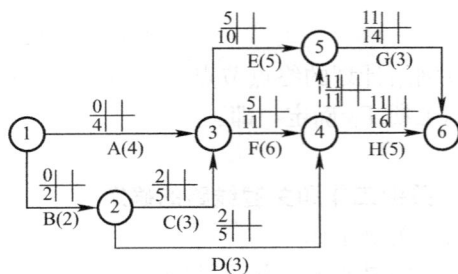

2）确定计算工期 T_C 及计划工期 T_P

计算工期：$T_C = Max[EF_{5-6}, EF_{4-6}] = Max[14,16] = 16$

已知计划工期等于计算工期，即：

计划工期：

$$T_P = T_C = 16$$

3）计算各项工作的最迟开始时间和最迟完成时间

从终点节点（⑥节点）开始逆着箭线方向依次逐项计算到起点节点（①节点）。

a 以网络计划终点节点为箭头节点的工作的最迟完成时间等于计划工期：

$$LF_{4-6} = LF_{5-6} = 16$$

b 计算各项工作的最迟开始和最迟完成时间：

$$LS_{4-6} = LF_{4-6} - D_{4-6} = 16 - 5 = 11$$

$$LS_{5-6} = LF_{5-6} - D_{5-6} = 16 - 3 = 13$$

$$LF_{3-5} = LF_{4-5} = LS_{5-6} = 13$$

$$LS_{3-5} = LF_{3-5} - D_{3-5} = 13 - 5 = 8$$

$$LS_{4-5} = LF_{4-5} - D_{4-5} = 13 - 0 = 13$$

$$LF_{2-4} = LF_{3-4} = Min[LS_{4-5}, LS_{4-6}] = Min[13,11] = 11$$

$$LS_{2-4} = LF_{2-4} - D_{2-4} = 11 - 3 = 8$$

$$LS_{3-4} = LF_{3-4} - D_{3-4} = 11 - 6 = 5$$

$$LF_{1-3} = LF_{2-3} = Min[LS_{3-4}, LS_{3-5}] = Min[5,8] = 5$$

$$LS_{1-3} = LF_{1-3} - D_{1-3} = 5 - 4 = 1$$

$$LS_{2-3} = LF_{2-3} - D_{2-3} = 5 - 3 = 2$$

64

$$LF_{1-2}=\text{Min}[LS_{2-3},LS_{2-4}]=\text{Min}[2,8]=2$$
$$LS_{1-2}=LF_{1-2}-D_{1-2}=2-2=0$$

4）计算各项工作的总时差：TF_{i-j}

可以用工作的最迟开始时间减去最早开始时间或用工作的最迟完成时间减去最早完成时间：

$$TF_{1-2}=LS_{1-2}-ES_{1-2}=0-0=0$$

或

$$TF_{1-2}=LF_{1-2}-EF_{1-2}=2-2=0$$
$$TF_{1-3}=LS_{1-3}-ES_{1-3}=1-0=1$$
$$TF_{2-3}=LS_{2-3}-ES_{2-3}=2-2=0$$
$$TF_{2-4}=LS_{2-4}-ES_{2-4}=8-2=6$$
$$TF_{3-4}=LS_{3-4}-ES_{3-4}=5-5=0$$
$$TF_{3-5}=LS_{3-5}-ES_{3-5}=8-5=3$$
$$TF_{4-6}=LS_{4-6}-ES_{4-6}=11-11=0$$
$$TF_{5-6}=LS_{5-6}-ES_{5-6}=13-11=2$$

将以上计算结果标注在图 2-19 中的相应位置。

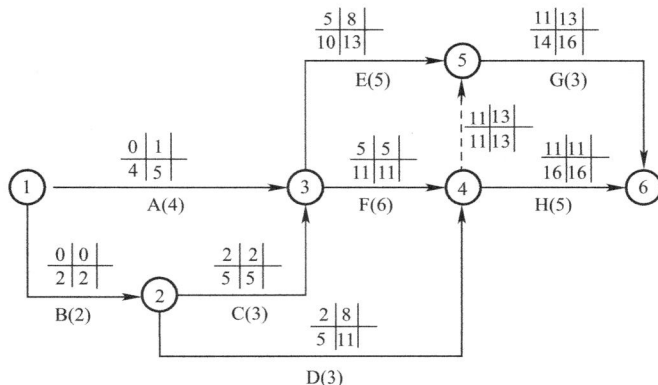

图 2-19　双代号网络计划计算实例

5）计算各项工作的自由时差：TF_{i-j}

等于紧后工作的最早开始时间减去本工作的最早完成时间：

$$FF_{1-2}=ES_{2-3}-EF_{1-2}=2-2=0$$
$$FF_{1-3}=ES_{3-4}-EF_{1-3}=5-4=1$$
$$FF_{2-3}=ES_{3-5}-EF_{2-3}=5-5=0$$
$$FF_{2-4}=ES_{4-6}-EF_{2-4}=11-5=6$$
$$FF_{3-4}=ES_{4-6}-EF_{3-4}=11-11=0$$
$$FF_{3-5}=ES_{5-6}-EF_{3-5}=11-10=1$$
$$FF_{4-6}=T_{\text{P}}-EF_{4-6}=16-16=0$$
$$FF_{5-6}=T_{\text{P}}-EF_{5-6}=16-14=2$$

将以上计算结果标注在图 2-20 中的相应位置。

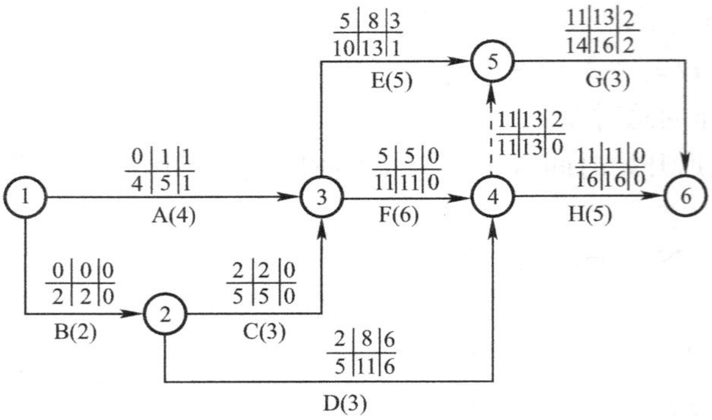

图 2-20　双代号网络计划计算实例

（3）确定关键工作及关键线路。

在图 2-21 中，最小的总时差是 0，所以，凡是总时差为 0 的工作均为关键工作。该例中的关键工作是：①—②，②—③，③—④，④—⑥（或关键工作是：B、C、F、H）。

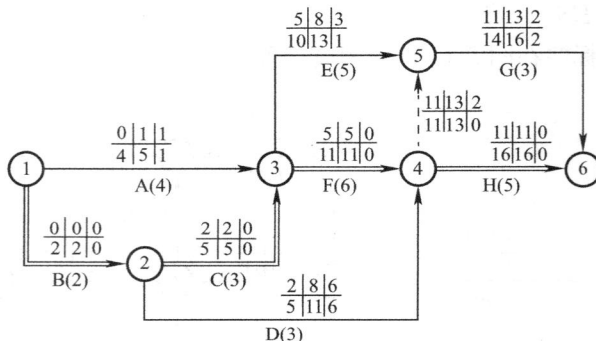

图 2-21　双代号网络计划计算实例

在图 2-21 中，自始至终全由关键工作组成的关键线路是：①—②—③—④—⑥。关键线路用双箭线进行标注。

任务 3　用双代号时标网络图绘制施工进度计划

【知识目标】　掌握流水节拍的计算方法；掌握流水施工都包括哪些参数；掌握流水施工的方式及判断方式。

【能力目标】　知道流水施工有哪些参数；知道流水施工包括的几种方式及判断方法；会计算工期、流水步距、平行搭接时间、技术与组织间歇时间；会计算各个分项工程的流水节拍；

【素质目标】　信息的综合处理的能力；思考、分析和总结能力；公式应用及计算能力。

任务介绍：

选择合适的方法计算地基与基础、主体结构、屋面工程、装饰装修工程各分部分项工程流水节拍。

任务分析：

在划分完分部分项工程以后，接下来我们要利用项目1工程量清单，结合合适的方法来计算分部分项工程列表中的分项工程的流水节拍及其他相关的参数，并在此基础上完成流水施工方式的选择。

1. 双代号时标网络计划的特点

双代号时标网络计划是以水平时间坐标为尺度编制的双代号网络计划，其主要特点有：

1）时标网络计划兼有网络计划与横道计划的优点，它能够清楚地表明计划的时间进程，使用方便；

2）时标网络计划能在图上直接显示出各项工作的开始与完成时间，工作的自由时差及关键线路；

3）在时标网络计划中可以统计每一个单位时间对资源的需要量，以便进行资源优化和调整；

4）由于箭线受到时间坐标的限制，当情况发生变化时，对网络计划的修改比较麻烦，往往要重新绘图。但在使用计算机以后，这一问题已较容易解决。

2. 双代号时标网络计划的一般规定

1）时间坐标的时间单位应根据需要在编制网络计划之前确定，可为：季、月、周、天等；

2）时标网络计划应以实箭线表示工作，以虚箭线表示虚工作，以波形线表示工作的自由时差；

3）时标网络计划中所有符号在时间坐标上的水平投影位置，都必须与其时间参数相对应。节点中心必须对准相应的时标位置；

4）虚工作必须以垂直方向的虚箭线表示，有自由时差时加波形线表示。

3. 时标网络计划的编制

时标网络计划宜按各个工作的最早开始时间编制。在编制时标网络计划之前，应先按已确定的时间单位绘制出时标计划表，见表2-2。

时标计划表   表 2-2

日历（时间单位）	1	2	3	4	5	6	7	8	9	10	11	12	13	14	15	16
网络计划（时间单位）																

双代号时标网络计划的编制方法有两种：

（1）间接法绘制

先绘制出时标网络计划，计算各工作的最早时间参数，再根据最早时间参数在时标计划表上确定节点位置，连线完成，某些工作箭线长度不足以到达该工作的完成节点时，用波形线补足。

（2）直接法绘制

根据网络计划中工作之间的逻辑关系及各工作的持续时间，直接在时标计划表上绘制时标网络计划。绘制步骤如下：

1）将起点节点定位在时标表的起始刻度线上。

2）按工作持续时间在时标计划表上绘制起点节点的外向箭线。

3）其他工作的开始节点必须在其所有紧前工作都绘出以后，定位在这些紧前工作最早完成时间最大值的时间刻度上，某些工作的箭线长度不足以到达该节点时，用波形线补足，箭头画在波形线与节点连接处。

4）用上述方法从左至右依次确定其他节点位置，直至网络计划终点节点定位，绘图完成。

【例 2-2】 已知网络计划的资料见表 2-3，试用直接法绘制双代号时标网络计划。

网络计划资料表   表 2-3

工作名称	A	B	C	D	F	G	I	H
紧前工作	—	A	A	B	B、C	D、F	G、H	F
持续时间（天）	3	3	3	8	4	4	2	2

【解】 （1）第一步：根据逻辑关系绘制双代号网络图，如图 2-22 所示。

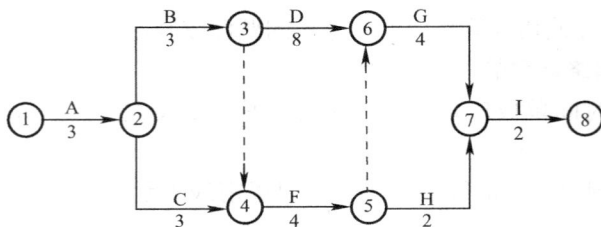

图 2-22 绘制完成的双代号网络图

（2）根据节点计算法，计算节点的最早时间和工期 T，如图 2-23 所示。

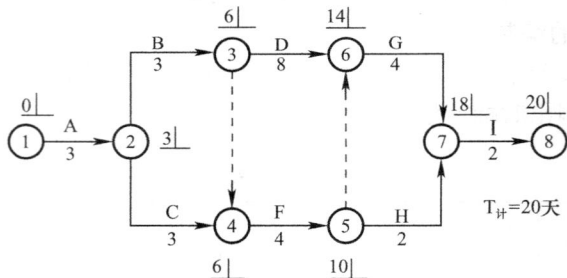

图 2-23 节点计算法计算工期

（3）根据工期绘制时间坐标，如图 2-24 所示。

（4）确定从左至右确定节点位置，如图 2-25 所示。

（5）连接箭线，绘制成双代号时标网络图如图 2-26 所示。

（6）关键线路和计算工期的确定

1）时标网络计划关键线路的确定。时标网络计划关键线路的确定应自终点节点逆箭线方向朝起点节点逐次进行判定：从终点到起点不出现波形线的线路即为关键线路。关键线路是：①—②—③—⑥—⑦—⑧，用双箭线表示，如图 2-27 所示。

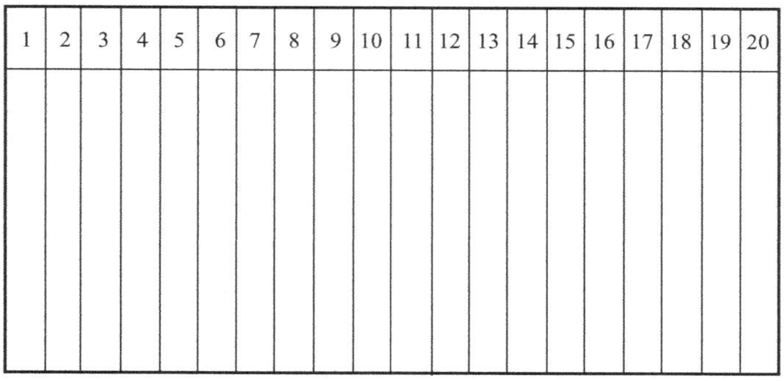

图 2-24 双代号时标网络计划

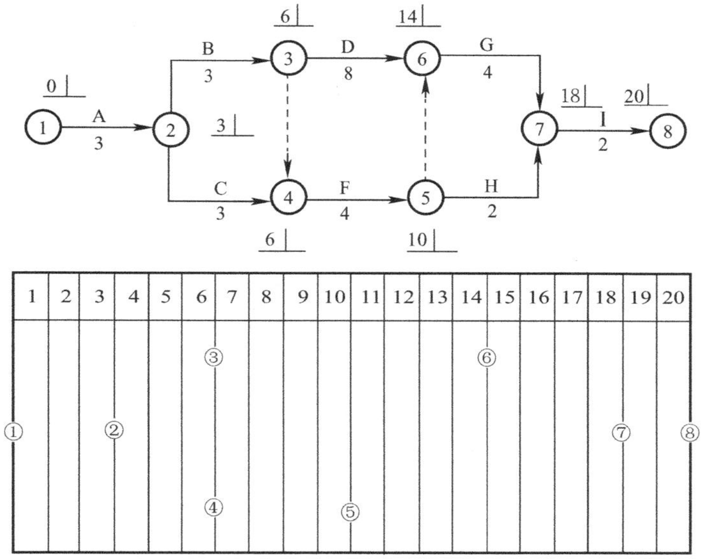

图 2-25 双代号时标网络计划

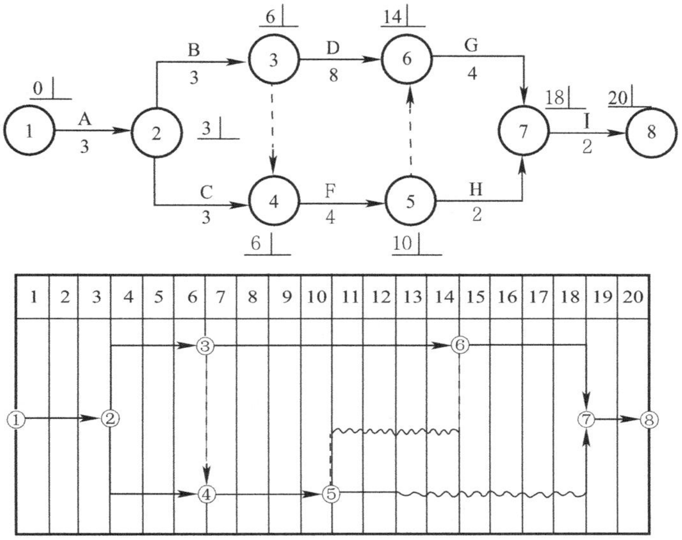

图 2-26 绘制箭线

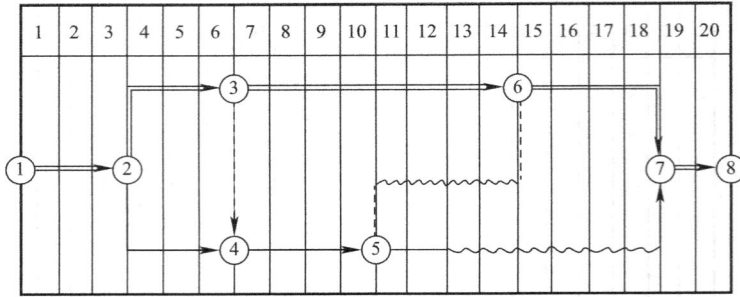

图 2-27 双代号时标网络计划

2）时标网络计划的计算工期，应是终点节点与起点节点所在位置之差。图 2-27 中，计算工期 $T_C = 20 - 0 = 20$ 天。

4. 时标网络计划时间参数的确定

在时标网络计划中，六个工作时间参数的确定步骤如下：

（1）最早时间参数的确定

按最早开始时间绘制时标网络计划，最早时间参数可以从坐标中直接确定：

1）最早开始时间 ES_{i-j}

每条实箭线左端箭尾节点（i 节点）中心所对应的时标值，即为该工作的最早开始时间。

2）最早完成时间 EF_{i-j}

如箭线右端无波形线，则该箭线右端节点（j 节点）中心所对应的时标值为该工作的最早完成时间；如箭线右端有波形线，则实箭线右端末所对应的时标值即为该工作的最早完成时间。

（2）自由时差的确定

时标网络计划中各工作的自由时差值应为表示该工作的箭线中波形线部分在坐标轴上的水平投影长度。

（3）总时差的确定

时标网络计划中工作的总时差的计算应自右向左进行，且符合下列规定：

1）以终点节点（$j=n$）为箭头节点的工作的总时差 TF_{i-n} 应按网络计划的计划工期 T_P 计算确定，即：

$$TF_{i-n} = T_P - EF_{i-n} \tag{2-17}$$

2）其他工作的总时差等于其紧后工作 $j-k$ 总时差的最小值与本工作的自由时差之和，即：

$$TF_{i-j} = \mathrm{Min}[TF_{j-k}] + FF_{i-j} \tag{2-18}$$

（4）最迟时间参数的确定

时标网络计划中工作的最迟开始时间和最迟完成时间可按式 2-19、式（2-20）计算：

$$LS_{i-j} = ES_{i-j} + TF_{i-j} \tag{2-19}$$

$$LF_{i-j} = EF_{i-j} + TF_{i-j} \tag{2-20}$$

工作的最迟开始时间和最迟完成时间为：

$$LS_{1-2} = ES_{1-2} + TF_{1-2} = 0 + 1 = 1$$

$$LF_{1-2} = EF_{1-2} + TF_{1-2} = 3 + 1 = 4$$
$$LS_{1-3} = ES_{1-3} + TF_{1-3} = 0 + 1 = 1$$
$$LF_{1-3} = EF_{1-3} + TF_{1-3} = 4 + 1 = 5$$

由此类推，可计算出各项工作的最迟开始时间和最迟完成时间。由于所有工作的最早开始时间、最早完成时间和总时差均为已知，故计算容易，此处不再一一列举。

任务 4 采用单代号网络图绘制施工进度计划

【知识目标】 掌握简单框架结构施工顺序和施工段的划分；掌握持续时间的计算方法；掌握单代号网络图的绘制方法；会计算单代号网络图的时间参数。

【能力目标】 能用手绘和软件完成单代号网络图的绘制，并能计算时间参数，完成优化工作。

【素质目标】 绘图能力；逻辑思维能力；软件操作能力；数据计算能力。

任务介绍：

首先我们用单代号网络图来完成项目 2 网络进度计划的绘制。

1. 单代号网络图的特点

单代号网络图与双代号网络图相比，具有以下特点：

（1）工作之间的逻辑关系容易表达，且不用虚箭线，故绘图较简单；

（2）网络图便于检查和修改；

（3）由于工作的持续时间表示在节点之中，没有长度，故不够形象直观；

（4）表示工作之间逻辑关系的箭线可能产生较多的纵横交叉现象。

2. 单代号网络图的基本符号

（1）节点

单代号网络图中的每一个节点表示一项工作，节点宜用圆圈或矩形表示。节点所表示的工作代号、工作名称、持续时间等应标注在节点内，如图 2-28 所示。

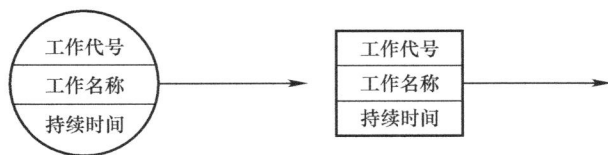

图 2-28 单代号网络图中工作的表示方法

单代号网络图中的节点必须编号。编号标注在节点内，其号码可间断，但严禁重复。箭线的箭尾节点编号应小于箭头节点的编号。一项工作必须有唯一的一个节点及相应的一个编号。

（2）箭线

单代号网络图中的箭线表示紧邻工作之间的逻辑关系，既不占用时间、也不消耗资源。箭线应画成水平直线、折线或斜线。箭线水平投影的方向应自左向右，表示工作的行进方向。工作之间的逻辑关系包括工艺关系和组织关系，在网络图中均表现为工作之间的先后顺序。

（3）线路

单代号网络图中，各条线路应用该线路上的节点编号从小到大依次表述。

3. 单代号网络图的绘图规则

（1）单代号网络图必须正确表达已定的逻辑关系。

（2）单代号网络图中，严禁出现循环回路。

（3）单代号网络图中，严禁出现双向箭头或无箭头的连线。

（4）单代号网络图中，严禁出现没有箭尾节点的箭线和没有箭头节点的箭线。

（5）绘制网络图时，箭线不宜交叉，当交叉不可避免时，可采用过桥法或指向法绘制。

（6）单代号网络图只应有一个起点节点和一个终点节点；当网络图中有多项起点节点或多项终点节点时，应在网络图的两端分别设置一项虚工作，作为该网络图的起点节点（S_t）和终点节点（F_{in}），如图 2-29 所示。

单代号网络图

图 2-29　单代号网络图

单代号网络图的绘图规则大部分与双代号网络图的绘图规则相同，故不再赘述。

4. 单代号网络计划时间参数的计算

单代号网络计划时间参数的计算应在确定各项工作的持续时间之后进行。时间参数的计算顺序和计算方法基本上与双代号网络计划时间参数的计算相同。单代号网络计划时间参数的标注形式如图 2-30 所示。

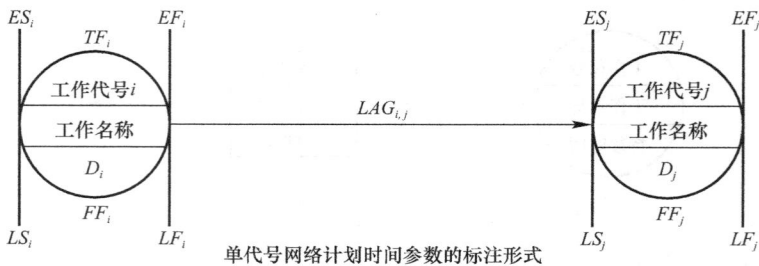

单代号网络计划时间参数的标注形式

图 2-30　单代号网络计划时间参数的标注形式

单代号网络计划时间参数的计算步骤如下：

（1）计算最早开始时间和最早完成时间

网络计划中各项工作的最早开始时间和最早完成时间的计算应从网络计划的起点节点开始，顺着箭线方向依次逐项计算。

1）网络计划的起点节点的最早开始时间为零。如起点节点的编号为 1，则：

$$ES_i = 0 \quad (i = 1) \tag{2-21}$$

2）工作的最早完成时间等于该工作的最早开始时间加上其持续时间：

$$EF_i = ES_i + D_i \tag{2-22}$$

3）工作的最早开始时间等于该工作的各个紧前工作的最早完成时间的最大值。如工作 j 的紧前工作的代号为 i，则：

$$ES_j = \text{Max}[EF_i] \tag{2-23}$$

或

$$ES_j = \text{Max}[ES_i + D_i] \tag{2-24}$$

式中　ES_i——工作 j 的各项紧前工作的最早开始时间。

4）网络计划的计算工期 T_C

T_C 等于网络计划的终点节点 n 的最早完成时间 EF_n，即：

$$T_C = EF_n \tag{2-25}$$

（2）计算相邻两项工作之间的时间间隔 $LAG_{i,j}$

相邻两项工作 i 和 j 之间的时间间隔 $LAG_{i,j}$，等于紧后工作 j 的最早开始时间 ES_j 和本工作的最早完成时间 EF_i 之差，即：

$$LAG_{i,j} = ES_j - EF_i \tag{2-26}$$

（3）计算工作总时差 TF_i

工作 i 的总时差 TF_i 应从网络计划的终点节点开始，逆着箭线方向依次逐项计算。

1）网络计划终点节点的总时差 TF_n，如计划工期等于计算工期，其值为零，即：

$$TF_n = 0 \tag{2-27}$$

2）其他工作 i 的总时差 TF_i 等于该工作的各个紧后工作 j 的总时差 TF_j 加该工作与其紧后工作之间的时间间隔 $LAG_{i,j}$ 之和的最小值，即：

$$TF_i = \text{Min}[TF_j + LAG_{i,j}] \tag{2-28}$$

（4）计算工作自由时差 FF_i

1）工作 i 若无紧后工作，其自由时差 FF_i 等于计划工期 T_P 减该工作的最早完成时间 EF_n，即：

$$FF_n = T_P - EF_n \tag{2-29}$$

2）当工作 i 有紧后工作 j 时，其自由时差 FF_i 等于该工作与其紧后工作 j 之间的时间间隔 $LAG_{i,j}$ 最小值，即：

$$FF_i = \text{Min}[LAG_{i,j}] \tag{2-30}$$

（5）计算工作的最迟开始时间和最迟完成时间

1）工作 i 的最迟开始时间 LS_i 等于该工作的最早开始时间 ES_i 加上其总时差 TF_i 之和，即：

$$LS_i = ES_i + TF_i \tag{2-31}$$

2）工作 i 的最迟完成时间 LF_i 等于该工作的最早完成时间 EF_i 加上其总时差 TF_i 之和，即：

$$LF_i = EF_i + TF_i \tag{2-32}$$

（6）关键工作和关键线路的确定

1）关键工作：总时差最小的工作是关键工作。

2）关键线路的确定按以下规定：从起点节点开始到终点节点均为关键工作，且所有工作的时间间隔为零的线路为关键线路。

【例 2-3】 已知单代号网络计划如图 2-31 所示，若计划工期等于计算工期，试计算单代号网络计划的时间参数，将其标注在网络计划上；并用双箭线标示出关键线路。

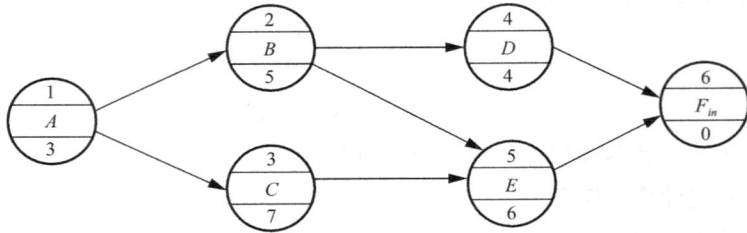

图 2-31   单代号网络计划计算示例

【解】 （1）计算最早开始时间和最早完成时间

$ES_1 = 0 \quad EF_1 = ES_1 + D_1 = 0 + 3 = 3$

$ES_2 = EF_1 = 3 \quad EF_2 = ES_2 + D_2 = 3 + 5 = 8$

$ES_3 = EF_1 = 3 \quad EF_3 = ES_3 + D_3 = 3 + 7 = 10$

$ES_4 = EF_2 = 8 \quad EF_4 = ES_4 + D_4 = 8 + 4 = 12$

$ES_5 = \mathrm{Max}[EF_2, EF_3] = \mathrm{Max}[8,10] = 10 \quad EF_5 = ES_5 + D_5 = 10 + 5 = 15$

$ES_6 = \mathrm{Max}[EF_4, EF_5] = \mathrm{Max}[12,15] = 15 \quad EF_6 = ES_6 + D_6 = 15 + 0 = 15$

已知计划工期等于计算工期，故有：$T_P = T_C = EF_6 = 15$

（2）计算相邻两项工作之间的时间间隔 $LAG_{i,j}$

$LAG_{1,2} = ES_2 - EF_1 = 3 - 3 = 0$

$LAG_{1,3} = ES_3 - EF_1 = 3 - 3 = 0$

$LAG_{2,4} = ES_4 - EF_2 = 8 - 8 = 0$

$LAG_{2,5} = ES_5 - EF_2 = 10 - 8 = 2$

$LAG_{3,5} = ES_5 - EF_3 = 10 - 10 = 0$

$LAG_{4,6} = ES_6 - EF_4 = 15 - 12 = 3$

$LAG_{5,6} = ES_6 - EF_5 = 15 - 15 = 0$

（3）计算工作的总时差 TF_i

已知计划工期等于计算工期：$T_P = T_C = 15$，故终点节点⑥节点的总时差为零，即：

$$TF_6 = 0$$

其他工作总时差为：

$TF_5 = TF_6 + LAG_{5,6} = 0 + 0 = 0$

$TF_4 = TF_6 + LAG_{4,6} = 0 + 3 = 3$

$TF_3 = TF_5 + LAG_{3,5} = 0 + 0 = 0$

$TF_2 = \mathrm{Min}[(TF_4 + LAG_{2,4}), (TF_5 + LAG_{2,5})] = \mathrm{Min}[(3+0), (0+2)] = 2$

$TF_1 = \mathrm{Min}[(TF_2 + LAG_{1,2}), (TF_3 + LAG_{1,3})] = \mathrm{Min}[(2+0), (0+0)] = 0$

（4）计算工作的自由时差 FF_i

已知计划工期等于计算工期：$T_P = T_C = 15$，故终点节点⑥节点的自由时差为：

$$FF_6 = T_P - EF_6 = 15 - 15 = 0$$

$$FF_5 = LAG_{5,6} = 0$$

$$FF_4 = LAG_{4,6} = 3$$

$$FF_3 = LAG_{3,5} = 0$$

$$FF_2 = \mathrm{Min}[LAG_{2,4}, LAG_{2,5}] = \mathrm{Min}[0, 2] = 0$$

$$FF_1 = \mathrm{Min}[LAG_{1,2}, LAG_{1,3}] = \mathrm{Min}[0, 0] = 0$$

（5）计算工作的最迟开始时间 LS_i 和最迟完成时间 LF_i

$$LS_1 = ES_1 + TF_1 = 0 + 0 = 0 \quad LF_1 = EF_1 + TF_1 = 3 + 0 = 3$$

$$LS_2 = ES_2 + TF_2 = 3 + 2 = 5 \quad LF_2 = EF_2 + TF_2 = 8 + 2 = 10$$

$$LS_3 = ES_3 + TF_3 = 3 + 0 = 3 \quad LF_3 = EF_3 + TF_3 = 10 + 0 = 10$$

$$LS_4 = ES_4 + TF_4 = 8 + 3 = 11 \quad LF_4 = EF_4 + TF_4 = 12 + 3 = 15$$

$$LS_5 = ES_5 + TF_5 = 10 + 0 = 10 \quad LF_5 = EF_5 + TF_5 = 15 + 0 = 15$$

$$LS_6 = ES_6 + TF_6 = 15 + 0 = 15 \quad LF_6 = EF_6 + TF_6 = 15 + 0 = 15$$

将以上计算结果标注在图 2-32 中的相应位置。

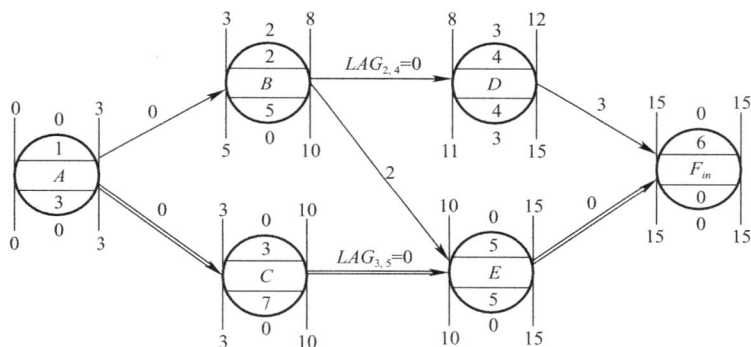

图 2-32　单代号网络计划时间参数计算结果 1

（6）关键工作和关键线路的确定

根据计算结果，总时差为零的工作：A、C、E 为关键工作；

从起点节点①节点开始到终点节点⑥节点均为关键工作，且所有工作之间时间间隔为零的线路：①－③－⑤－⑥为关键线路，用双箭线标示在图 2-33 中。

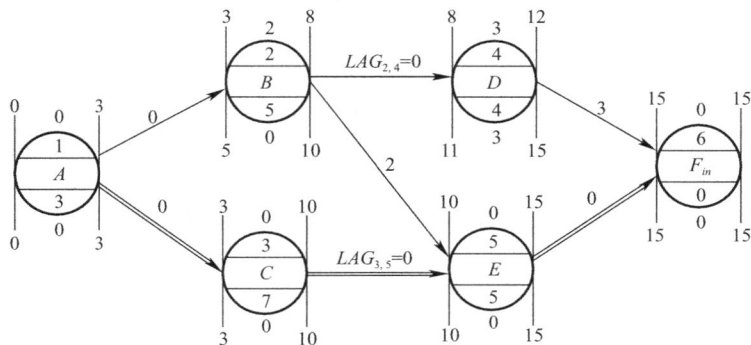

图 2-33　单代号网络计划时间参数计算结果 2

任务 5　网络图的检查与优化

【知识目标】　掌握如何检查网络计划以及如何优化。

【能力目标】　能判断出绘制完成的网络进度计划是否合理；不合理的地方进一步进行优化。

【素质目标】　信息的综合处理的能力；思考、分析和总结能力；公式应用及计算能力。

任务介绍：

在完成的项目 2 的网络进度计划的基础上检查和优化。

任务分析：

根据网络图的要求，对完成的网络图进行检查，不合理的地方进行反复优化。

将正式网络计划报请有关部门审批后，即可组织实施。在计划执行过程中，由于资源、环境、自然条件等因素的影响，往往会造成工程实际进度与计划进度产生偏差，如果这种偏差不能及时纠正，必将影响工程进度目标的实现。因此，在计划执行过程中采取相应措施来进行管理，对保证计划目标的顺利实现具有重要意义。

网络计划执行中的管理工作主要有以下几个方面：

（1）检查并掌握工程实际进展情况；

（2）分析产生进度偏差的主要原因；

（3）确定相应的纠偏措施或调整方法。

1. 网络计划的检查

（1）网络计划的检查方法

1）计划执行中的跟踪检查

在网络计划的执行过程中，必须建立相应的检查制度，定时定期地对计划的实际执行情况进行跟踪检查，收集反映工程实际进度的有关数据。

2）收集数据的加工处理

收集反映工程实际进度的原始数据量大面广，必须对其进行整理、统计和分析，形成与计划进度具有可比性的数据，以便在网络图上进行记录。根据记录的结果可以分析判断进度的实际状况，及时发现进度偏差，为网络图的调整提供信息。

3）实际进度检查记录的方式

① 当采用时标网络计划时，可采用实际进度前锋线记录计划实际执行状况，进行工程实际进度与计划进度的比较。

实际进度前锋线是在原时标网络计划上，自上而下地从计划检查时刻的时标点出发，用点划线依此将各项工作实际进度达到的前锋点连接而成的折线。通过实际进度前锋线与原进度计划中各工作箭线交点的位置可以判断实际进度与计划进度的偏差。

例如，图 2-34 是一份时标网络计划用前锋线进行检查记录的实例。图 2-34 有两条前锋线，分别记录了第 6 天和第 12 天两次检查的结果。

② 当采用无时标网络计划时，可在图上直接用文字、数字、适当符号或列表记录计划的实际执行状况，进行工程实际进度与计划进度的比较。

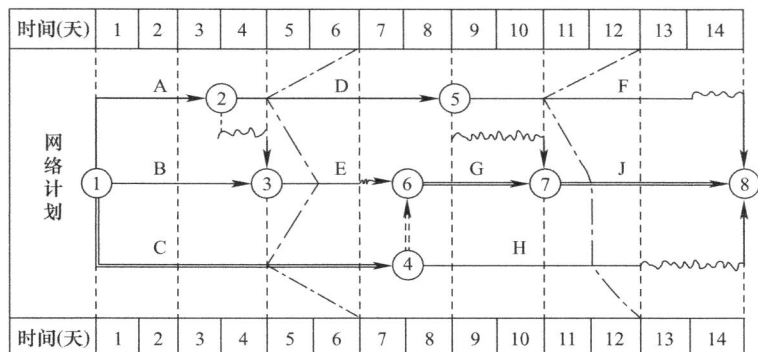

图 2-34 双代号时标网络计划

（2）网络计划检查的主要内容

① 关键工作进度；

② 非关键工作的进度及时差利用情况；

③ 实际进度对各项工作之间逻辑关系的影响；

④ 资源状况；

⑤ 成本状况；

⑥ 存在的其他问题。

（3）对检查结果进行分析判断

通过对网络计划执行情况检查的结果进行分析判断，可为计划的调整提供依据。一般应进行如下分析判断：

1）对时标网络计划宜利用绘制的实际进度前锋线，分析计划的执行情况及其发展趋势，对未来的进度做出预测、判断，找出偏离计划目标的原因及可供挖掘的潜力所在。

2）对无时标网络计划宜按表 2-4 记录的情况对计划中未完成的工作进行分析判断。

网络计划检查结果分析表 表 2-4

工作编号	工作名称	检查时尚需作业时间	到计划最迟完成时尚有时间	原有总时差	尚有总时差	原有自由时差	尚有自由时差	情况判断

2. 网络计划的调整

（1）网络计划调整的内容

1）调整关键线路的长度；

2）调整非关键工作时差；

3）增、减工作项目；

4）调整逻辑关系；

5）重新估计某些工作的持续时间；

6）对资源的投入作相应调整。

（2）网络计划调整的方法

调整关键线路的方法：

1）当关键线路的实际进度比计划进度拖后时，应在尚未完成的关键工作中，选择资源强度小或费用低的工作缩短其持续时间，并重新计算未完成部分的时间参数，将其作为一个新计划实施。

2）当关键线路的实际进度比计划进度提前时，若不拟提前工期，应选用资源占用量大或者直接费用高的后续关键工作，适当延长其持续时间，以降低其资源强度或费用；当确定要提前完成计划时，应将计划尚未完成的部分作为一个新计划，重新确定关键工作的持续时间，按新计划实施。

（3）非关键工作时差的调整方法

非关键工作时差的调整应在其时差的范围内进行，以便更充分地利用资源、降低成本或满足施工的需要。每一次调整后都必须重新计算时间参数，观察该调整对计划全局的影响。可采用以下几种调整方法：

1）将工作在其最早开始时间与最迟完成时间范围内移动；

2）延长工作的持续时间；

3）缩短工作的持续时间。

（4）增、减工作项目时的调整方法

增、减工作项目时应符合下列规定：

1）不打乱原网络计划总的逻辑关系，只对局部逻辑关系进行调整；

2）在增减工作后应重新计算时间参数，分析对原网络计划的影响。当对工期有影响时，应采取调整措施，以保证计划工期不变。

（5）调整逻辑关系

逻辑关系的调整只有当实际情况要求改变施工方法或组织方法时才可进行。调整时应避免影响原定计划工期和其他工作的顺利进行。

（6）调整工作的持续时间

当发现某些工作的原持续时间估计有误或实现条件不充分时，应重新估算其持续时间，并重新计算时间参数，尽量使原计划工期不受影响。

（7）调整资源的投入

当资源供应发生异常时，应采用资源优化方法对计划进行调整，或采取应急措施，使其对工期的影响最小。

网络计划的调整，可以定期进行，亦可根据计划检查的结果在必要时进行。

案例 2：××钢结构厂房网络进度计划编制

1. 工程概况

（1）建设概况

1）本建筑物为"钢结构厂房"；

2）本建筑物建设地点位于某市；

3）本建筑物用地概貌属于平缓场地；

4）本建筑物为二类厂房建筑；

5）本建筑物合理使用年限为 5 年；

6）本建筑物抗震设防烈度为 8 度；

7）本建筑物结构类型为门式钢架结构体系；

8）本建筑物总建筑面积为 831m²；

9）本建筑物建筑层数一层；

10）本建筑物檐口高度 6.600m；

11）本建筑物设计标高±0.000；

12）要求质量标准：达到国家施工验收规范合格标准。

（2）结构概况

1）本工程为一层门式钢架结构，双坡单跨，跨度为 18m，基本柱距 6.6m；

2）基础采用混凝土独立基础；

3）墙体：外墙：标高 1.200 以下采用 240mm 厚 MU10 粉煤灰蒸压砖，标高 1.200 以上采用 200mm 厚彩钢复合板；内墙：均为蒸压加气混凝土砌块；

4）屋面为坡屋面彩钢板。

（3）装饰装修概况

1）室内外装修：抹灰，涂料；

2）地面装修：水泥砂浆地面。

（4）施工条件

施工场地已进行三通一平，材料、构件、加工品由建设方提供，施工的建设机械由施工方自行租赁，劳动力的投入按照进度计划实施，施工严格按照规范，现场管理按照文明工地要求进行管理。

（5）施工组织

1）流水段的划分

该工程首先进行流水段的划分，根据图纸，以 2 轴和 6 轴为界限，分为 3 个施工段，1 号轴线和 2 号轴线为第一个施工段，6 号轴线和 7 号轴线为第二个施工段，2 号轴线到 6 号轴线是第三个施工段。

注：流水段的划分只针对主体结构，基础工程、土方工程不进行流水段的划分。

2）地下主体部分施工过程

地下主体施工过程是独立基础和基槽土方开挖，垫层施工，基础梁和独立基础的钢筋绑扎，基础梁和独立基础的支模板，基础梁和独立基础的浇筑混凝土，土方回填。

3）地上主体部分施工过程

地上主体施工过程是首层的钢柱吊装，钢梁的吊装，檩条隅撑的安装，墙梁的安装及其附属构件的组装及安装。主体一次结构就此全部完成。

4）主体二次结构施工过程

主体二次结构的施工过程是一层 1.2m 砌体墙的施工，屋面及墙面钢板的安装。主体二次结构就此全部完成。

2. 进度计划编制一般编制的方法

（1）根据施工经验直接安排的方法

这种方法是根据经验资料及有关计算，直接在进度计划表上画出进度线。其一般步骤是：先安排主导施工过程并最大限度地搭接，形成施工进度计划的初步方案。总的原则应使每个施工过程尽可能早地投入施工。

（2）按工艺组合组织流水的施工方法

这种方法就是先按各施工过程（即工艺组合流水）初排流水进度线，然后将各工艺组合最大限度地搭接起来。

本案例使用工艺组合组织流水的施工方法编制。

3. 网络进度计划编制步骤

（1）施工过程划分

在编制施工进度计划时，首先划分出各施工项目的细目，列出工程项目一览表。划分列表时注意以下事项：

① 施工过程划分的粗细程度，主要根据单位工程施工进度计划的客观作用，控制性进度计划一般粗些，指导性进度计划一般细些；

② 施工过程的划分要结合所选择的施工方案；

③ 注意适当简化施工进度计划内容，避免施工过程项目划分过细、重点不突出，适当合并，简明清晰。如：工程量过小者不列（防潮层）；较小量的同一构件几个项目合并（圈梁）；同一工种同时或连续施工的几个项目合并；

④ 不占工期的间接施工过程不列（如构件运输）；

⑤ 设备安装单独列项；

⑥ 所有施工过程应大致按施工顺序先后排列，所采用的施工项目名称可参考现行定额手册（表 2-5）上的项目名称按施工的先后顺序列项。

施工过程划分过程表　　　　　　　　　　　　表 2-5

序号	施工过程	单位	工程量	备注
1	平整场地			
2	基坑开挖			先进行机械开挖，在开挖到距地平面 200mm 处再进行人工开挖
3	沟槽开挖			
4	垫层施工			
5	独立基础和基础梁绑钢筋＋预埋螺栓			将独立基础、基础梁和预埋螺栓的工程量分别给出
6	独立基础和基础梁支模板			将独立基础和基础梁的工程量分别给出
7	独立基础和基础梁浇混凝土			将独立基础和基础梁的工程量分别给出
8	回填			
9	钢柱施工 A			先对钢架的钢柱进行吊装，然后再对山墙柱进行吊装
10	钢柱施工 B			先对钢架的钢柱进行吊装，然后再对山墙柱进行吊装
11	钢柱施工 C			对钢架的钢柱进行吊装
12	钢梁施工（隔撑的安装）A			先对钢架的钢梁进行安装
13	钢梁施工（隔撑的安装）B			先对钢架的钢梁进行安装

序号	施工过程	单位	工程量	备注
14	钢梁施工（隅撑的安装）C			对钢架的钢梁进行安装
15	钢梁（GL）、屋梁（WL）、斜梁（XL）及梁（L）的安装 A			
16	钢梁（GL）、屋梁（WL）、斜梁（XL）及梁（L）的安装 B			
17	钢梁（GL）、屋梁（WL）、斜梁（XL）及梁（L）的安装 C			
18	刚性支杆（GXG）安装 A			
19	刚性支杆（GXG）安装 B			
20	水平支撑（SC）的安装 A			
21	水平支撑（SC）的安装 B			
22	屋面檩条安装 A			
23	屋面檩条安装 B			
24	屋面檩条安装 C			
25	柱间支承（ZC）A			
26	柱间支承（ZC）B			
27	山墙柱间支撑（SQC）A			
28	山墙柱间支撑（SQC）B			
29	山墙 QLT、LT、XLTA			
30	山墙 QLT、LT、XLTB			
31	墙 QLT、LT、XLT			
32	屋面板安装			
33	墙面板安装			
34	门窗安装			

（2）施工过程工程量计算

根据施工图和定额工程量计算规则，按工程的施工顺序，分别计算施工项目的实物工程量，逐项填入表中。计算填表时应注意以下问题：

1）工程数量的计算单位，应与相应的定额或合同文件中的计量单位一致。如模板工程以平方米为计量单位；绑扎钢筋以吨为单位计算；混凝土以立方米为计量单位等。这样，在计算劳动量、材料消耗量及机械台班时就可直接套用施工定额，不再进行换算。

2）注意采用的施工方法。计算工程量，应与采用的施工方法相一致，以便计算的工程量与施工的实际情况相符合。例如：挖土时是否放坡，是否加工作面，放坡和工作面尺寸是多少；开挖方式是单独开挖、条形开挖，还是整片开挖等，不同的开挖方式，土方相差量很大。

3）正确取用预算文件中的工程量。如果编制单位工程施工进度计划时，已编制出预算文件（施工图预算或施工预算），则工程量可以从预算文件中抄出并汇总。但是，施工进度计划中某些施工过程与预算文件的内容不同或有出入（如计算单位、计算规划、采用的定额等），则应根据施工实际情况加以修改、调整或重新计算（表2-6）。

施工过程工程量计算表   表 2-6

序号	施工过程	单位	工程量	备注
1	平整场地	m²	763.232	
2	基坑开挖	m³	172.9	先进行机械开挖，在开挖到 距地平面 200mm 处再进行人工开挖
3	沟槽开挖	m³	38.811	
4	垫层施工	m³	4.72	
5	独立基础和基础梁绑钢筋＋预埋螺栓	t	2.49	将独立基础、基础梁和预埋螺栓 的工程量分别给出
6	独立基础和基础梁支模板	m²	221.32	将独立基础和基础梁的工程量分别给出
7	独立基础和基础梁浇混凝土	m³	47.859	将独立基础和基础梁的工程量分别给出
8	回填	m³	163.852	
9	钢柱施工 A	t	2.27＋0.952＝ 3.222	先对钢架的钢柱进行吊装， 然后再对山墙柱进行吊装
10	钢柱施工 B	t	2.27＋0.952＝ 3.222	先对钢架的钢柱进行吊装， 然后再对山墙柱进行吊装
11	钢柱施工 C	t	3.405	对钢架的钢柱进行吊装
12	钢梁施工（隅撑的安装）A	t	1.862（0.11）	先对钢架的钢梁进行安装
13	钢梁施工（隅撑的安装）B	t	1.862（0.11）	先对钢架的钢梁进行安装
14	钢梁施工（隅撑的安装）C	t	2.794（0.331）	对钢架的钢梁进行安装
15	钢梁（GL）、屋梁（WL）、 斜梁（XL）及梁（L）的安装 A	t	0.362	
16	钢梁（GL）、屋梁（WL）、 斜梁（XL）及梁（L）的安装 B	t	0.362	
17	钢梁（GL）、屋梁（WL）、 斜梁（XL）及梁（L）的安装 C	t	1.446	
18	刚性支杆（GXG）安装 A	t	0.133	
19	刚性支杆（GXG）安装 B	t	0.133	
20	水平支撑（SC）的安装 A	t	0.146	
21	水平支撑（SC）的安装 B	t	0.146	
22	屋面檩条安装 A	t	0.738	
23	屋面檩条安装 B	t	0.738	
24	屋面檩条安装 C	t	2.71	
25	柱间支承（ZC）A	t	0.069	
26	柱间支承（ZC）B	t	0.069	
27	山墙柱间支撑（SQC）A	t	0.035	
28	山墙柱间支撑（SQC）B	t	0.035	
29	山墙 QLT、LT、XLTA	t	0.04＋0.048＋ 0.027＝0.115	
30	山墙 QLT、LT、XLTB	t	0.04＋0.048＋ 0.027＝0.115	
31	墙 QLT、LT、XLT	t	3.659＋0.064＋ 0.168＝3.891	
32	屋面板安装	m²	734.4	
33	墙面板安装	m²	178.428	
34	门窗安装	m²	115.74	

（3）施工过程计算劳动量和机械台班数

确定了施工过程及其工程量之后，即可套用定额（当地实际采用的劳动定额及机械台班定额），以确定劳动量和机械台班量。

在套用国家或地方颁发的定额时，需注意结合本单位工人的技术等级、实际操作水平、施工机械情况和施工现场条件等因素，确定定额的实际水平，使计算出来的劳动量、机械台班量符合实际需要。

有些采用新技术、新材料、新工艺或特殊施工方法的施工过程，定额中尚未编入，这时可参考类似施工过程的定额、经验资料，按实际情况确定。

劳动量及机械台班量的计算

1）当某一施工过程是由两个或两个以上不同分项工程合并而成时，其总劳动量应按式（2-33）计算。

$$P_{总} = \sum_{i=1}^{n} P_1 + P_2 + \cdots\cdots + P_n \qquad (2\text{-}33)$$

2）当某一施工过程是由同一种、但不同做法、不同材料的若干个分项工程合并组成时，应先按式（2-33）计算其综合产量定额，在求其劳动量。

$$\bar{S} = \frac{\sum_{i=1}^{n} Q_i}{\sum_{i=1}^{n} P_i} = \frac{Q_1 + Q_2 + \cdots\cdots + Q_n}{P_1 + P_2 + \cdots\cdots + P_n} = \frac{Q_1 + Q_2 + \cdots\cdots + Q_n}{\dfrac{Q_1}{S_1} + \dfrac{Q_2}{S_2} + \cdots\cdots + \dfrac{Q_n}{S_n}} \qquad (2\text{-}34)$$

$$\bar{H} = \frac{1}{S} \qquad (2\text{-}35)$$

式中　　　$\bar{S}$——某施工过程综合产量定额，$m^3/$工日、$m^2/$工日、$m/$工日、$t/$工日等；

$\bar{H}$——某施工过程综合时间定额，工日$/m^3$、工日$/m^2$、工日$/m$、t等；

$\sum_{i=1}^{n} Q_i$——总工程量，m^3、m^2、m、t等；

$\sum_{i=1}^{n} P_i$——总劳动量，工日；

Q、$Q_2\cdots\cdots Q_n$——同一施工过程的各项工程量；

S_1、$S_2\cdots\cdots S_n$——与 Q、$Q_2\cdots\cdots Q_n$ 相对应的产量定额。

下面以施工过程（基坑、基槽开挖）为例，使用建设工程劳动定额计算（表2-7、表2-8）。

持续时间及劳动量估算表　　　　　　　　　　　　表2-7

工程名称：钢结构厂房

项目编码		清单编号	施工过程	基坑、基槽开挖		工作班组	力工
工程量（m³）		211.71	持续时间（d）	4		班组人数	23人
	定额编号	定额名称	细目	定额	工程量	单位	劳动量
综合	AB0021	基坑开挖	二类土，坑底面积小于等于5m²，深度小于3m	0.456	172.9	m³	78.84
	AB0006	基槽开挖	二类土，底宽小于0.8m，深度小于1.5m	0.345	38.81	m³	13.39
			合计				92

施工过程（分项工程名称）持续时间表　　　　　　　　表 2-8

序号	施工过程（分项工程名称）	单位	工程量	持续时间（工日）	劳动量（工日）	备注
1	平整场地	m²	763.232	1	13	
2	基坑、基槽开挖	m³	172.9＋38.81	4	92	
3	垫层施工	m³	4.72	1	3	
4	独立基础和基础梁绑钢筋＋预埋螺栓	t	2.49	2	10	
5	独立基础和基础梁支模板	m²	221.32	2	40	
6	独立基础和基础梁浇混凝土	m³	47.859	1	11	
7	回填	m³	163.852	1	12	
8	钢柱施工 A	t	2.27	2	24	
9	钢柱施工 B	t	2.27	2	24	
10	钢柱施工 C	t	3.405	2	24	
11	钢梁施工（隔撑的安装）A	t	2.224（0.11）	0.5	1	含安装钢梁（GL）、屋梁（WL）、斜梁（XL）及梁（L）
12	钢梁施工（隔撑的安装）B	t	2.224（0.11）	0.5	1	含安装钢梁（GL）、屋梁（WL）、斜梁（XL）及梁（L）
13	钢梁施工（隔撑的安装）C	t	4.24（0.331）	1	2	含安装钢梁（GL）、屋梁（WL）、斜梁（XL）及梁（L）
14	刚性支杆（GXG）＋水平支撑＋屋面檩条安装 A	t	0.133＋0.146＋0.738	1	3	
15	刚性支杆（GXG）＋水平支撑＋屋面檩条安装 B	t	0.133＋0.146＋0.738	1	3	
16	屋面檩条安装 C	t	2.71	1	4	
17	柱间支承（ZC）	t	0.138＋0.07＝0.208	1	1	含山墙柱间支承（SQC）
18	墙 QLT、LT、XLT	t	0.23＋3.891＝4.121	2	6	先做山墙部分
19	砌筑工程	m³	33.88	2	20	
20	屋面板、墙面板安装	m²	734.4＋178.428	2	10	
21	门窗安装	m²	115.74	2		
22	散水	m³	9.46	1	3	

（4）施工过程的工期的确定

施工过程的持续时间的确定方法主要使用定额法。施工期限根据合同工期确定，同时还要考虑工程特点、施工方法、施工管理水平、施工机械化程度及施工现场条件等因素。

根据工作项目所需要的劳动量或机械台班数，及该工作项目每天安排的工人数或配备的机械台数，计算各工作项目持续时间。有时，根据施工组织要求，如组织流水施工时，也可采用倒排方式安排进度，即先确定各工作项目持续时间，依次确定各工作项目所需要的工人数和机械台数（表 2-9）。

施工过程（分部分项工程名称）工期表　　　　表 2-9

序号	施工过程（分部分项工程名称）	劳动量（工日）	人数	工期
1	平整场地	13	13	1
2	基坑、基槽开挖	92	23	4
3	垫层施工	3	3	1
4	独立基础和基础梁绑钢筋＋预埋螺栓	10	5	2
5	独立基础和基础梁支模板	40	20	2
6	独立基础和基础梁浇混凝土	11	11	1
7	回填	12	12	1
8	钢柱施工 A	24	12	2
9	钢柱施工 B	24	12	2
10	钢柱施工 C	24	12	2
11	钢梁施工（隔撑的安装）A	1	2	0.5
12	钢梁施工（隔撑的安装）B	1	2	0.5
13	钢梁施工（隔撑的安装）C	2	2	1
14	刚性支杆（GXG）＋水平支撑＋屋面檩条安装 A	3	3	1
15	刚性支杆（GXG）＋水平支撑＋屋面檩条安装 B	3	3	1
16	屋面檩条安装 C	4	4	1
17	柱间支承（ZC）	1	1	1
18	墙 QLT、LT、XLT	6	3	2
19	砌筑工程	20	10	2
20	屋面板、墙面板安装	10	5	2
21	门窗安装			2
22	散水	3	3	1

（5）施工过程的逻辑关系

确定施工过程的逻辑主要考虑以下几点：

1）同一时期施工的项目不宜过多，避免人力、物力过于分散。

2）尽量做到均衡施工，使劳动力、施工机械和主要材料的供应在整个工期范围内达到均衡。

3）尽量提前建设可供工程施工使用的永久性工程，以节省临时工程费用。

4）急需和关键的工程先施工，以保证工程项目如期交工。对于某些技术复杂、施工周期较长、施工困难较多的工程，应安排提前施工，以利于整个工程项目按期交付使用。

5）施工顺序必须与主要系统投入使用的先后次序吻合，安排好配套工程的施工时间，保证建成的工程迅速投入使用。

6）注意季节对施工顺序的影响，使施工季节不导致工期拖延，不影响工程质量。

7）安排一部分附属工程或零星项目做后备项目，调整主要项目的施工进度。

8）注意主要工序和主要施工机械的连续施工。

施工过程（分部分项工程名称）逻辑关系表 表 2-10

代码	施工过程（分部分项工程名称）	紧前工序	紧后工序	工期	备注
1	平整场地		2	1	
2	基坑、基槽开挖	1	3	4	先进行机械开挖，在开挖到距地平面 200mm 处再进行人工开挖
3	垫层施工	2	4	1	
4	独立基础和基础梁绑钢筋＋预埋螺栓	3	5	2	
5	独立基础和基础梁支模板	4	6	2	将独立基础、基础梁和预埋螺栓 的工程量分别给出
6	独立基础和基础梁浇混凝土	5	7	1	将独立基础和基础梁的 工程量分别给出（养护 7 天）
7	回填	6	8	1	将独立基础和基础梁的工程量分别给出
8	钢柱施工 A	7	11，9	2	
9	钢柱施工 B	8	12，10	2	先对钢架的钢柱进行吊装， 然后再对山墙柱进行吊装
10	钢柱施工 C	9	13	2	先对钢架的钢柱进行吊装， 然后再对山墙柱进行吊装
11	钢梁施工（隔撑的安装）A	8	14，12	0.5	对钢架的钢柱进行吊装
12	钢梁施工（隔撑的安装）B	9，11	15，13	0.5	先对钢架的钢梁进行安装
13	钢梁施工（隔撑的安装）C	10，12	16，19	1	先对钢架的钢梁进行安装
14	刚性支杆（GXG）＋水平支撑＋屋面檩条安装 A	11	15	1	对钢架的钢梁进行安装
15	刚性支杆（GXG）＋水平支撑＋屋面檩条安装 B	12，14	17	1	
16	屋面檩条安装 C	13，17	18	1	
17	柱间支承（ZC）	15	16	1	
18	墙 QLT、LT、XLT	16，19	20	2	
19	砌筑工程	13，17	18	2	
20	屋面板、墙面板安装	18	21	2	
21	门窗安装	20	22	2	
22	散水	21		1	

（6）施工进度计划网络图

绘制施工进度计划图，首先选择施工进度计划表达形式，常用的有横道图和网络图。横道图比较简单直观，多年来广泛地用于表达施工进度计划，作为控制工程进度的主要依据。但由于横道图控制工程进度的局限性，随着计算机的广泛应用，更多采用网络计划图（图 2-35、图 2-36）表示。全工地性的流水作业安排应以工程量大、工期长的工程为主导，组织若干条流水线。

（7）时标网络计划

（8）进度计划的检查和优化调整

施工进度计划方案编制好后，需要对其进行检查与优化调整，使进度计划更加合理，需检查调整的内容包括：

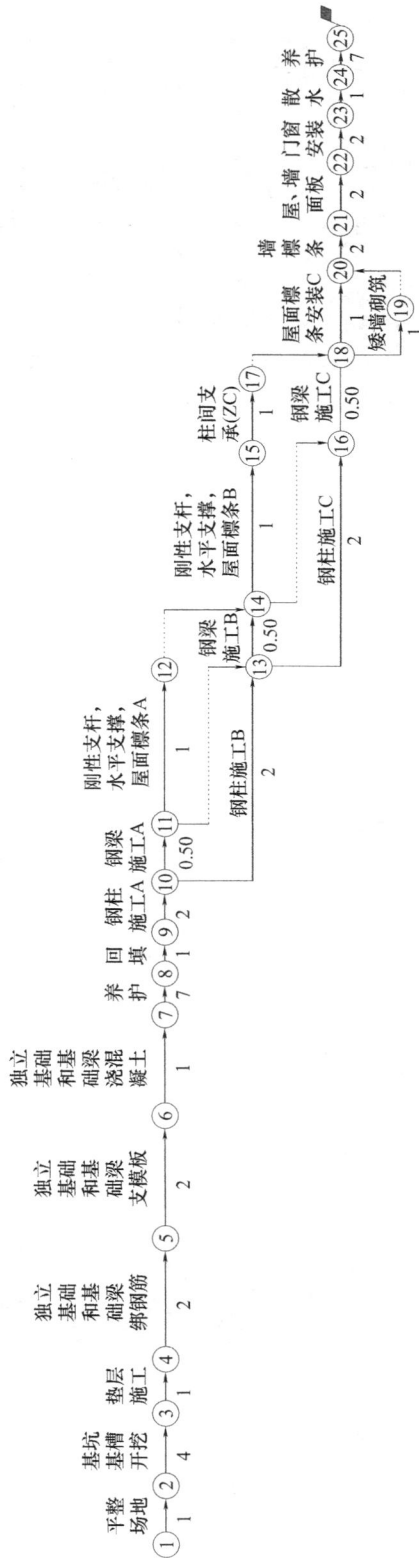

图 2-35 双代号网络进度计划

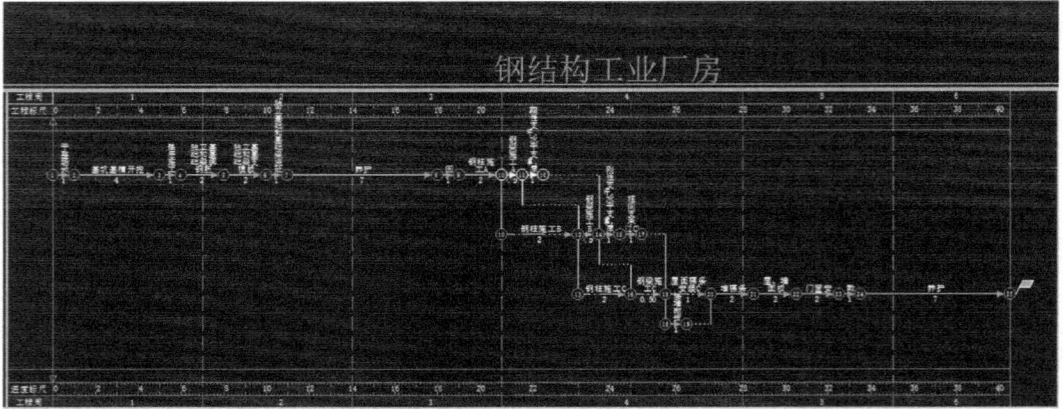

图 2-36　网络图

1）各工作项目的施工顺序、平行搭接和技术间歇是否合理。

2）总工期是否满足合同规定。

3）主要工序的工人数能否满足连续、均衡施工的要求。

4）主要机具、材料等的利用是否均衡和充分。

（9）计划在 BIM5D 中实现（图 2-37、图 2-38）

1）实现漫游。

2）实现虚拟建造。

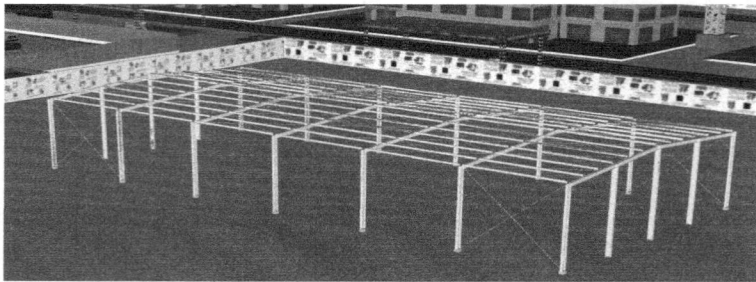

图 2-37　BIM5D-1

图 2-38　BIM5D-2

项目3 ××单位工程施工组织设计的编制

【知识目标】　掌握单位工程施工组织设计文件的编制过程及内容。

【能力目标】　能根据工作页要求能独立完成工程概况、施工方案、施工进度计划、资源需用量计划及施工平面布置图的绘制。

【素质目标】　自主学习的能力；独立工作的能力；应变处理、评价选择、开拓创新能力；团队合作意识。

项目概述：

项目 3 为辽宁城市建设职业技术学院生态节能实验楼项目，本工程为辽宁城市建设职业技术学院-生态节能实验楼工程，位于沈阳市沈北新区，总建筑面积 5100.16m²，结构形式为框架结构。工程主体地下一层，地上三层，长 49.418m，宽 46.158m，最高 18.6m，外形为三角形。基础采用为筏板基础，具体的施工工艺和要求要求详见建筑设计说明及相关图纸。

任务 1　编写工程概况

【知识目标】　掌握工程概况的内容；掌握工程概况的依据；掌握工程概况的编制方法。

【能力目标】　能独立完成封面、目录、编制依据和工程概况的编写；能够编写读懂施工图纸和工程合同，分析提炼出相关信息；能够独立完成工程概况的编制；能够熟练应用 office 软件完成相关文件。

【素质目标】　自主学习的能力；独立工作的能力；应变处理、评价选择、开拓创新能力；团队合作意识。

任务介绍：

单位工程施工组织设计是进行单位工程施工组织的文件，是计划书，也是指导书。如果说施工组织总设计是对群体工程而言的，相当于一个战役的战略部署，则单位工程施工组织设计就是每场战斗的战术安排。施工组织总设计要解决的是全局性的问题，而单位工程施工组织设计则是针对具体工程、解决具体的问题。也就是针对一个具体的拟建单位工程，从施工准备工作到整个施工的全过程进行规划，实行科学管理和文明施工，使投入到施工中的人力、物力和财力及技术能最大限度地发挥作用，使施工能有条不紊地进行，从而实现项目的质量、工期和成本目标。

工程概况是单位施工组织设计的第一步，是指在施工项目的基本情况，其主要内容包括：建设项目的特征、建设单位、设计单位、监理单位、工程地点、工程造价、施工条件、开竣工日期、建筑面积、结构形式等。

项目经理部，现已经收集好相关图纸和文件，请根据相关资料根据要求，熟悉项目的施工图纸及相关文件，编制某生态节能实验楼工程的工程概况。

任务分析：

根据要求，参考《建筑施工组织设计规范》GB/T 50502—2009 中的工程概况的编制原则，能编制本工程的工程概况。

1. 工程概况的编制

单位工程施工组织设计工程概况，是对拟建工程的特点、建设地区特点、施工环境及施工条件等所作的简洁明了的文字描述。在描述时也可加入拟建工程的平面图、剖面图及表格进行补充说明。通过对建筑结构特点、建设地点特征、施工条件的描述，能找出施工中的关键问题，以便选择施工方案、组织物资供应和配备技术力量提供依据。

（1）编制依据

1）招标文件及图纸

例如：×××工程的招标文件及答疑记录；×××设计研究院的设计图纸。

2）工程应用的质量规范、标准

例如：建设部颁发的《建设工程施工现场管理规定》；《建筑施工组织设计规范》GB/T 50502—2009；《建筑施工组织设计规范》GB/T 50502—2009；城乡建设环境保护部颁发的《全国建筑安装工程统一劳动定额》；《全国统一建筑安装工程工期定额》；《建设工程工程量清单计价规范》GB 50500—2003；公司有关技术管理、质量管理、安全管理、文明施工的文件等。

A. 国家标准

例如：《建筑地基基础工程施工质量验收规范》GB 50202—2012；《混凝土强度检验评定标准》GBT-50107—2010；《混凝土质量控制标准》GB-50164—2011；《砌体结构工程施工质量验收规范》GB 50203—2011；《混凝土结构工程施工质量验收规范》GB 50204—2015；《钢结构工程施工质量验收规范》GB 50205—2001；《屋面工程技术规范》GB 50345—2012；《地下防水工程质量验收规范》GB/T 50208—2012；《建筑地面工程施工质量验收规范》GB 50209—2010；《建筑装饰装修工程施工质量验收标准》GB 50210—2018 等。

B. 建筑工程行业标准

例如：《混凝土泵送施工技术规程》JGJ/T 10—2011；《混凝土小型空心砌块建筑技术规程》JGJ/T 14—2011；《钢筋焊接及验收规程》JGJ 18—2012；《建筑涂饰工程施工及验收规程》JGJ/T 29—2015；《建筑施工安全检查标准》JGJ 59—2011；《施工现场临时用电安全技术规范》JGJ 46—2012；《施工现场机械设备检查技术规程》JGJ 160—2016；《建筑机械使用安全技术规程》JGJ 33—2012；《建筑施工扣件式钢管脚手架安全技术规范》JGJ 130—2011。

3）其他

例如：类似工程施工经验资料；施工现场实际情况。

（2）编制内容

工程概况应包括工程主要情况、各专业设计简介和工程施工条件等。

1）工程主要情况应包括下列内容：

① 工程名称、性质和地理位置；

② 工程的建设、勘察、设计、监理和总承包等相关单位的情况；

③ 工程承包范围和分包工程范围；

④ 施工合同、招标文件或总承包单位对工程施工的重点要求；

⑤ 其他应说明的情况。

对于上述内容通常以表格的形式对工程的内容进行具体的介绍，可参考表 3-1。

工程建设概况一览表　　　　　　　　　　　　　　　表 3-1

工程名称		工程地址	
工程类别		占地总面积	
建设单位		勘察单位	
设计单位		监理单位	
质量监督部门		总包单位	
质量要求		承包范围	
合同工期		主要分包单位	
总投资额		分包工程	
工程主要功能或用途			

2）各专业设计简介应包括下列内容（表 3-2～表 3-4）：

建筑设计概况一览表　　　　　　　　　　　　　　　表 3-2

占地面积			首层建筑面积		总建筑面积	
层数	地上		层高	首层	地上面积	
	地下			标准层	地下面积	
				地下	防火等级	
装饰装修	外檐					
	楼地面					
	墙面					
	顶棚					
	楼梯					
	电梯厅	地面：		墙面：		顶棚：
防水	地下	防水等级：		防水材料：		
	屋面	防水等级：		防水材料：		
	厕浴间					
	阳台					
	雨篷					
保温节能						
绿化						
环境保护						
其他需要说明的事项：						

结构概况一览表　　　　　　　　　　　　　　　表 3-3

地基基础	埋深		持力层		承载力标准值		
	桩基	类型：		桩长：	桩径：		间距：
	箱、筏	底板厚度：			顶板厚度：		
	条基						
	独立						
主体	结构形式			主要柱网间距			
	主要结构尺寸		梁：	板：	柱：		墙：
结构安全等级		抗震等级设防			人防等级		
混凝土强度等级及抗渗要求		基础		墙体		其他	
		梁		板			
		柱		楼梯			
钢筋		类别：					
特殊结构		（钢结构、网架、预应力）					
其他需说明的事项：							

结机电及设备安装概况一览表 表 3-4

给水	冷水		排水	污水	
	热水			雨水	
	消防			中水	
强电	高压		弱电	电视	
	低压			电话	
	接地			安全监控	
	防雷			楼宇自控	
				综合布线	
中央空调系统					
通风系统					
采暖供热系统					
消防系统	火灾报警系统				
	自动喷水灭火系统				
	消火栓系统				
	防、排烟系统				
	气体灭火系统				
电梯	人梯：台		货梯：台	消防梯：台	自动扶梯：台
其他需说明的事项：					

① 建筑设计简介应依据建设单位提供的建筑设计文件进行描述，包括建筑规模、建筑功能、建筑特点、建筑耐火、防水及节能要求等，并应简单描述工程的主要装修做法；

② 结构设计简介应依据建设单位提供的结构设计文件进行描述，包括结构形式、地基基础形式、结构安全等级、抗震设防类别、主要结构构件类型及要求等；

③ 机电及设备安装专业设计简介应依据建设单位提供的各相关专业设计文件进行描述，包括给水、排水及采暖系统、通风与空调系统、电气系统、智能化系统、电梯等各个专业系统的做法要求。

对于上述内容通常以表格的形式对工程的内容进行具体的介绍。

3）项目主要施工条件应包括下列内容：

① 项目建设地点气象状况。

说明项目建设地点的气温、雨、雪、风和雷电等气象变化情况以及冬、雨季的期限和冬季土的冻结深度等情况。

② 项目施工区域地形和工程水文地质状况。

说明项目施工区域水准点和绝对标高；地质构造、土的性质和类别、地基土的承载力、地震级别和烈度等情况；河流流量和水质、最高洪水和枯水期的水位等情况；地下水位的高低变化情况，含水层的厚度、流向、流量和水质等情况。

③ 项目施工区域地上、地下管线及相邻的地上、地下建（构）筑物情况。

说明施工区域地上、地下的各类管线埋置位置和深度，以及相邻的地上、地下建

（构）筑物位置、结构情况。

④ 与项目施工有关的道路、河流等状况。

说明项目施工必经施工道路的路况情况、附近可利用河流的情况等。

⑤ 当地建筑材料、设备供应和交通运输等服务能力状况。

说明建设项目的主要材料、特殊材料和生产工艺设备供应条件和交通运输条件。

⑥ 当地供电、供水、供热和通信能力状况。

说明当地供电、供水、供热和通信情况。

⑦ 其他与施工有关的主要因素。

2. 施工部署

所谓施工部署就是从整个工程全局观点来考虑，如同作战的战略部署一样，这是施工中决策性的重要环节。

（1）单位工程施工部署

1）解决施工总体安排，总体控制进度计划及阶段性计划，施工日历天数、施工工艺流程，如何组织分层、分段流水作业及交叉作业施工；调配计划。

2）物资方面包括机械设备选型设备、三大工具配备、临时建筑规模和标准、主材的采购供应方式及储存方法等。

3）准备工作计划，特别是施工现场准备，如施工必需的生产及生活临建、机械设备的配备、调转及进场安装等。

（2）单位工程施工部署目标设定

工程施工目标应根据施工合同、招标文件以及本单位对工程管理目标的要求确定，包括进度、质量、安全、环境和成本等目标。各项目标应满足施工组织总设计中确定的总体目标。通常以表格形式表示，见表 3-5。

项目管理目标一览表 表 3-5

项目管理目标名称	目标值
项目施工成本	
工期	
质量目标	
安全目标	
环保施工、CI 目标	

（3）施工部署中的进度安排和空间组织应符合规定

1）工程主要施工内容及其进度安排应明确说明，施工顺序应符合工序逻辑关系；

2）施工流水段应结合工程具体情况分阶段进行划分；单位工程施工阶段的划分一般包括地基基础、主体结构、装修装饰和机电设备安装三个阶段。

（4）对于工程施工的重点和难点应进行分析

1）在组织管理中，应对组织管理组织机构形式和内容进行简单的介绍，总承包单位应明确项目管理组织机构形式，并宜采用框图的形式表示（图 3-1）。

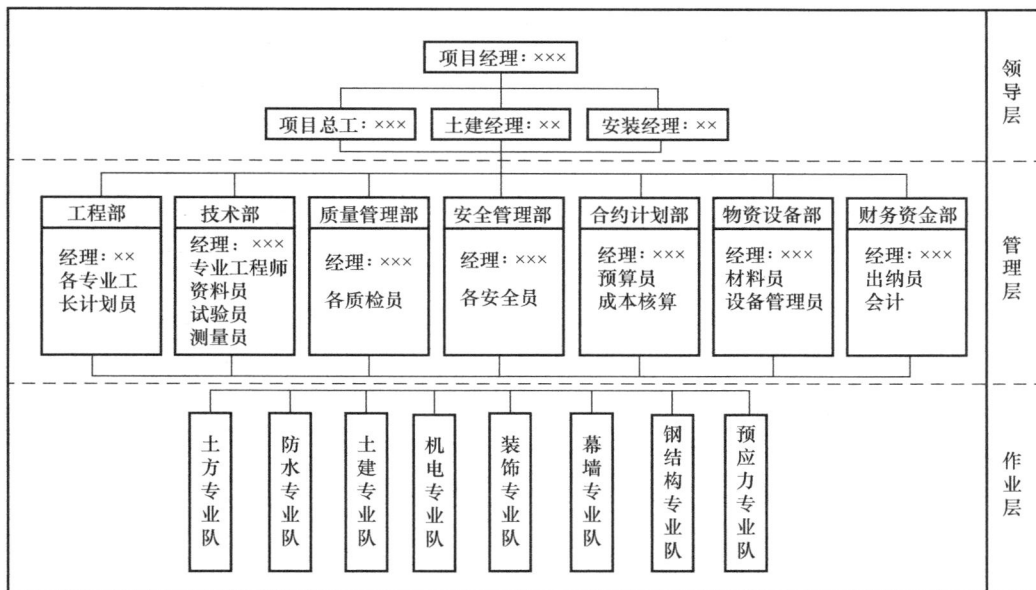

图 3-1 项目管理组织机构框图

在确定组织机构之后，确定项目经理部的工作岗位设置及其职责划分（表 3-6）。

项目管理人员职责及权限 表 3-6

序号	岗位名称		姓名	职称	职责和权限
	领导层	项目经理			
		土建副经理			
		机电副经理			
		项目总工			
	管理层	技术部 经理			
		钢筋工程师			
		混凝土工程师			
		试验员			
		测量员			
		资料员			

2）在施工技术方面，主要确定一下内容

① 各项资源供应方式

拟投入的施工力量来源，确定主要分包项目施工单位或对其资质和能力提出明确要求；施工机械设备，物资供应和临时设施提供方式等。可采用表 3-7～表 3-9 的形式表述。

劳务资源安排一览表 表 3-7

施工项目名称	专业施工队名称	资质要求	开始施工时间	建设工期	分包方式	分包商选择方式	责任人

工程用大宗物资供应安排一览表 表 3-8

物资名称	采购单位	拟选供应商	采购地点	要求进场时间	责任人

大型机械设备采购供应安排一览表 表 3-9

机械设备名称	拟选供应商	提供方式	要求进场时间	计划出场时间	责任人

② 施工流水段的划分及施工工艺流程

a. 施工流水段的划分

根据工期目标、设计和资源状况,合理地进行流水段的划分,流水段划分应分基础阶段、主体阶段和装饰装修阶段三个阶段,并应分别附流水段划分的平面图。

b. 施工工艺流程

根据工程建筑、结构设计情况以及工期、施工季节等因素,确定单位工程施工工艺总流程,并应有工艺总流程图。

在工艺总流程基础上,可对重要的分部分项工程细化确定分流程图。

③ 工程施工重点和难点分析(表 3-10、表 3-11)

组织管理重点分析及应对措施 表 3-10

序号	组织管理重点	具体分析	应对措施	责任人

施工技术难点分析及应对措施 表 3-11

序号	施工技术难点	具体分析	应对措施	责任人

分析工程设计情况、合同文本情况、当地环境情况等,从组织管理和施工技术两个方面提出重点和难点,并且提出简要的应对措施。建议用表格形式表述。

(5) 对于"四新"做出部署及管理要求

项目应用的新技术包括两方面:一是住建部推广应用的十项新技术,要积极推广应用,在施工部署时要充分予以考虑;二是根据前面分析的一些工程难点,需要开发新的技术来解决,在施工部署时要有所考虑。此部分内容不必叙述很多,建议采用表格格式(表 3-12)。

一施工中新技术 表 3-12

序号	新技术名称	应用部位	应用要点	责任人	应用时间

（6）对主要分包工程施工单位的选择要求及管理方式应进行简要说明

课后自测及相关实训：

1. 工程概况相关工作页。
2. 编制＊＊工程的工程概况。

任务 2 选择施工方案

【知识目标】 掌握单位工程施工组织设计的概念；掌握单位工程施工组织设计的内容；掌握编制单位工程施工组织设计的方法及技巧。

【能力目标】 能编写施工管理目标；能编制施工组织结构；能确定各分部工程的施工方案；会选择大型施工机械。

【素质目标】 自主学习能力；独立工作能力；应变处理工作能力；分析判断能力；评价选择能力；开拓创新能力。

任务介绍：

项目经理部，已经熟悉项目的相关文件，并且已经编制本工程的工程概况，为了工程的顺利开工，我们现在要针对该工程编写施工方案。

任务分析：

根据《建筑工程施工质量验收统一标准》GB 50300 中分部、分项工程的划分原则，对主要分部、分项工程制定施工方案。对脚手架工程、起重吊装工程、临时用水用电工程、季节性施工等专项工程所采用的施工方案应进行必要的验算和说明。

施工方案是单位工程施工组织设计的核心内容，施工方案选择是否合理，将直接影响到工程的施工质量、施工速度、工程造价及企业的经济效益，故必须引起足够的重视。因此，我们必须在若干个初步方案的基础上进行认真分析比较，力求选择一个最经济、最合理的施工方案。

3. 施工方案

（1）施工方案的内容

确定施工顺序和施工流向；流水工作段的划分；施工方法的选择；施工机械设备的选用等。

（2）编制施工方案的具体内容要求

1）对影响整个工程施工的分部分项工程、特殊过程、关键过程、本工程的难点部分等，应确定其施工方法，明确原则性施工要求。

① 基坑开挖工程：应确定采用什么机械，开挖流向并分段，土方堆放地点，是否需要降水、采用什么降水设备，垂直运输方案等；

② 钢筋工程：应确定钢筋加工形式、钢筋接头形式，钢筋的水平垂直运输方案等，特殊部位（梁柱接头钢筋密集部位、与大型预埋件交叉部位等）钢筋安装方案；

③ 模板工程：应确定各种构件采用何种材料的模板，配备数量，周转次数，模板的水平垂直运输方案，模板支拆顺序，特殊部位的支模要点等；

④ 混凝土工程：应确定混凝土运输机械、配合比配制要求，混凝土施工缝位置，混

凝土浇筑顺序，浇筑机械，并确定机械数量和机械布置位置等；

⑤ 结构吊装工程：应明确吊装构件重量、起吊高度、起吊半径，选择吊装机械、机械设置位置或行走线路等，并绘出吊装图，重大构件吊装方案应附验算书。

⑥ 脚手架工程：应确定采用何种架子系统（包括结构施工和装饰装修工程施工用架子），如何周转等，高大模板架子应附验算书；

⑦ 装饰装修工程，分别对各子分部工程施工要点进行说明：

a. 地面工程：说明各部位采用的材料，确定总体施工程序，特殊材料地面的施工流程，板块地面分格缝划分要点，不同材料地面在交界处的处理方法，特殊部位（如变形缝、沉降缝、门洞口部位、地漏、管道穿楼板部位等）地面施工要点，大面积楼地面防空鼓、开裂的措施，新材料地面施工要点；

b. 抹灰工程：确定总体施工程序，说明各抹灰部位的墙体材料以及提出相应的抹灰要点，特殊部位施工要点（如门窗洞口塞口处理方法、阳角护角方法、踢脚部位处理方法、散热器和密集管道等背面施工要点、外墙窗台、窗楣、雨篷、阳台、压顶等抹灰要点），不同材料基层接缝部位防开裂措施，装饰抹灰以及采用新材料抹灰的操作要点；

c. 门窗工程：说明门窗采用的材料，确定总体施工程序，门窗安装方法（先塞口、后塞口等）及相应措施，特种门窗工艺要点；

d. 吊顶工程：确定总体施工程序，吊顶分格缝划分要点（包括灯具、灯槽、排气口、新风口、烟感器、自动喷淋等的布置要点），不同材料吊顶在交界处的处理方法，特殊部位（如变形缝、管道穿越部位、灯具、排气口以及新风口等部位）吊顶施工要点，新材料吊顶工艺要点等。

e. 轻质隔墙工程：说明采用的隔墙材料，确定总体施工程序，不同材料隔墙施工或安装方法，特殊部位隔墙处理要点（底部、顶部、侧边、门窗洞口和其他预留洞口处、电线槽部位等），新材料隔墙工艺要点等。

⑧ 防水工程，分别对屋面、地下室、厨卫间等施工要点进行说明：

a. 屋面工程：说明屋面工程采用的材料，确定施工顺序，明确各排水坡度要求，防水材料铺贴或施工方法、卷材防水材料的搭接方法，特殊部位（变形缝、檐沟、水落口、伸出屋面管道部位、排气孔部位、上人孔、水平出入口部位等）防水节点和施工要点，刚性防水层分隔缝设置要点和处理方法、新材料的施工要点等；

b. 厨卫防水工程：说明采用的防水材料和地面材料，防渗漏的措施（地面标高要求、找坡要求、地漏处理要点、坐便器排污口等）。

⑨ 机电安装工程，分别对各子分部工程施工要点进行说明：

a. 室内给水系统工程：说明各部位采用的材料，确定总体施工程序，管道布置要点和敷设方法，管材间的连接方式，特殊部位（如穿墙、穿楼板等）施工要点，新材料的施工要点；

b. 电气照明安装工程：说明采用的配电柜、灯具、插座、开关、配线导线材质、型号规格等，确定总体施工程序，不同配电柜、灯具等安装方法，大（重）型灯具等施工要点，调试运行安排。

2）确定临时用水工程施工方案，综合考虑施工现场用水量、机械用水量、生活用水量、生活区生活用水量、消防用水量等，确定总用水量，选择水源，设计临时给水系统。

3）确定临时用电工程施工方案，计算用电量，并综合考虑全工地所使用的机械动力设备、其他电气工具及照明用电的数量等，确定总用电量，选择电源，设计临时用电系统。

4）季节性施工方案，应根据工程进度安排，确定施工的项目，提出防范措施。

4. 确定施工方式与施工顺序

（1）施工方式的确定

在组织多幢同类型房屋或将一幢房屋分成若干个施工区段进行施工时，可以采用依次施工、平行施工和流水施工三种组织方式，它们的特点如下。

1）依次施工组织方式

依次施工组织方式是将拟建工程项目的整个建造过程分解成若干个施工过程，按照一定的施工顺序，前一个施工过程完成后，后一个施工过程才开始施工；或前一个工程完成后，后一个工程才开始施工。它是一种最基本的、最原始的施工组织方式。依次施工组织方式具有以下特点：

① 由于没有充分地利用工作面去争取时间，所以工期长；

② 工作队不能实现专业化施工，不利于改进工人的操作方法和施工机具，不利于提高工程质量和劳动生产率；

③ 工作队及工人不能连续作业；

④ 单位时间内投入的资源量比较少，有利于资源供应的组织工作；

⑤ 施工现场的组织、管理比较简单。

2）平行施工组织方式

在拟建工程任务十分紧迫、工作面允许以及资源保证供应的条件下，可以组织几个相同的工作队，在同一时间、不同的空间上进行施工，这样的施工组织方式称为平行施工组织方式。

平行施工组织方式具有以下特点：

① 充分地利用了工作面，争取了时间，可以缩短工期；

② 工作队不能实现专业化生产，不利于改进工人的操作方法和施工机具，不利于提高工程质量和劳动生产率；

③ 工作队及其工人不能连续作业；

④ 单位时间投入施工的资源量成倍增长，现场临时设施也相应增加；

⑤ 施工现场组织、管理复杂。

3）流水施工组织方式

流水施工组织方式是将拟建工程项目的整个建造过程分解成若干个施工过程，也就是划分成若干个工作性质相同的分部、分项工程或工序；同时将拟建工程项目在平面上划分成若干个劳动量大致相等的施工段；在竖向上划分成若干施工层，按照施工过程分别建立相应的专业工作队；备专业工作队按照一定的施工顺序投入施工，完成第一个施工段上的施工任务后，在专业工作队的人数、使用的机具和材料不变的情况下，依次地、连续地投入到第二、第三……直到最后一个施工段的施工，在规定的时间内，完成同样的施工任务；不同的专业工作队在工作时间上最大限度地、合理地搭接起来；当第一施工层各个施工段上的相应施工任务全部完成后，专业工作队依次地、连续地投入到第二、第三……施工层，保证拟建工程项目的施工全过程在时间上、空间上，有节奏、连续、均衡地进行下去，直到完成全部施工任务。

与依次施工、平行施工相比较，流水施工组织方式具有以下特点：

① 科学地利用了工作面，争取了时间，工期比较合理；

② 工作队及其工人实现了专业化施工，可使工人的操作技术熟练，更好地保证工程质量，提高劳动生产率；

③ 专业工作队及其工人能够连续作业，使相邻的专业工作队之间实现了最大限度的、合理的搭接；

④ 单位时间投入施工的资源量较为均衡，有利于资源供应的组织工作；

⑤ 为文明施工和进行现场的科学管理创造了有利条件。

结合前面章节具体选择合适的施工组织方式。

（2）施工顺序的确定

施工顺序是指单位工程中各分部工程或各分项工程的先后顺序及其制约关系，它体现了施工步骤上的规律性。在组织施工时，应根据不同阶段，不同的工作内容，按其固有的、不可违背的先后次序展开。这对保证工程质量、保证工期，提高生产效益均有很大的作用。通常工程特点、施工条件、使用要求等对施工顺序会产生较大的影响。安排合理的施工顺序应考虑以下几点：

1）施工顺序确定的原则如下：

① 先场外、后场内，场外由远而近；

② 先全场、后单项，全场从平土开始；

③ 先地下、后地上，地下先深后浅；

④ 管线及道路工程先主干、后分支，排水先下游，其他先源头。

a. 先场外、后场内。对于与场内外有联系的一些工程，如道路工程、管线工程等，其施工应从场外开始，然后再逐步向场内延伸。这样完工一部分就有一部分可以利用，对施工就极其方便。正确的施工顺序，使修建道路所需的器材可以直接通过干道运抵施工地点，随着道路向场内延伸，修建好的部分道路即可加以利用，从而保证现场所需器材的顺利供应，既能充分发挥新建工程的效益，又能经济地解决运输问题，争取施工的时间。

b. 先全场、后单项。是说应该先完成全场性的工程，然后再完成各独立的建筑物和构筑物。所谓全场性工程，是指对于许多工程的施工或使用者有关的、其作业面遍及整个施工现场的那些公用工程，如场地平整，各种管道、电缆线的主干，场内的铁路和主要干道等。

c. 先地下、后地上。这是任何工程的施工都须严格遵循的重要原则。所谓先地下、后地上，就是说在施工时应先完成零点标高以下的工程，然后再完成零点标高以上的部分。从整个施工现场来看，零点标高以下的工程，大致包括如下的工作：铺设地下管网，修建专用线和现场内的铁路与公路。在地下工程的施工中，除遵守上述顺序外，还应贯彻先深后浅的原则，即先做深层的，再做浅层的。一层一层的做上来，只有在完成零点标高以下的工程之后，再进行地面以上工程的施工，地下工程按照先深后浅的程序施工，在许多情况下是属于施工工艺上的严格要求，而一般情况下也是最为合理的。

d. 管线及管道工程先主干、后分支，排水先下游，其他先源头。管线道路中的先主干、后分支的施工顺序，能使完成部分的工程得以迅速发挥作用。如果先进行分支、管线道路的施工，由于这些管线道路没有与干管、干线和干道接通，它们也就不能发挥工程的效益，上水道不能供水，下水道的水仍然排不出去，煤气、蒸汽、电力也没有来源，道路也不能充分利用。管线道路工程的施工必须要首先完成主干，道路也就从与附近干道连接处逐渐通向场内。

上面所讲的这些原则，一般是不允许打乱的，打乱了就会造成混乱，就可能损害工程质量，就必然会增加施工费用，形成浪费，延误工期，总而言之是会导致少慢差费。当然，遵循上述的施工顺序也并不是完全机械的。首先，由于施工条件不同，在特殊情况下变动上述的某一施工顺序也可能是必要的和合理的。比如在填土的地段，就可以先铺管子。其次，遵循上述顺序也并不意味着必须先施工的工程全部完工以后才能进行在顺序上应后施工的工程，先后施工工程之间的交叉和穿插作业是可以的，甚至是必要的。这里重要的是要掌握一个合理的交叉搭接的界限。这种合理的交叉搭接界限也是因条件不同而互异的。一般的原则是后一环节的工作必须要在前一环节提供了必要的工作条件后才能开始，而后一环节工作的开始既不应该影响前一环节工作，也不应该影响本身工作之连续与顺利进行。

2）施工顺序确定的依据

① 依据合同约定的施工顺序的安排，如重点工程、难点工程、控制工期的工程以及对后续影响较大的工程确定先开工；

② 按设计图纸或设计资料的要求确定施工顺序；

③ 按施工技术、施工规范与操作规程的要求确定施工顺序；

④ 按施工项目整体的施工组织与管理的要求确定施工顺序；

⑤ 结合施工机械情况和施工现场的实际情况确定施工顺序；

⑥ 依据本地资源和外购资源状况确定施工顺序；

⑦ 依据施工项目的地质、水文及本地气候变化，对施工项目的影响程度确定施工顺序。依据上述几点通盘考虑，动态地确定合理的施工顺序，在不增加资源条件下，加快施工进度。

施工顺序，有空间上的顺序，也有时间上的顺序。这两种顺序的安排都受到多方面的影响，只有对具体工程和具体条件加以分析，掌握其变化规律才能安排得合理。

所谓空间顺序，是指同一工程内容（如同一分部、分项工程）的前后、左右、上下的施工顺序，即施工的方向或流向。任何工程的施工都得从某一个地方开始，然后向一定的方向推移。有时，这种顺序要受到工程结构或施工工艺的影响，常是比较固定的。

所谓时间顺序，是指不同工程内容（如单位工程中各不同分部分项工程）施工的先后顺序，在一个单位工程中，任何分部、分项工程同它相邻的分部、分项工程的施工总是有些宜于先施工，有些则宜于后施工，这中间，有一些是由于施工工艺的要求而经常固定不变的。另外有一些则施工的先后并不受工艺的限制而有很大的灵活性。比如，任何建筑物或构筑物的施工都必须先处理地基基础，然后才能做上层建筑；就结构与装修来说则总是先做结构，然后再做装修。这是任何工程都必须遵守的不变的施工顺序。即使在实行立体交叉平行流水作业的情况下，从整个建筑对象看，在一特定时间各项工作是同时并进的，但从一个局部看，仍然没有改变先地基基础后上层建筑，先结构后装修的基本顺序。但是，除了这类不变的顺序以外，另一些施工顺序就可以有多种不同的考虑，作不同的安排，这时需要从以下几点出发：

① 技术上合理，能做到保证质量，便利施工和成品保护；

② 经济上节约，减少工料消耗，避免剔凿修补；

③ 进度上快速，为后续工序创造施工条件，充分利用工作面，凡能平行施工的都尽力组织平行施工。

3）施工顺序确定的因素

确定施工顺序时，一般应考虑以下因素：

① 遵循施工程序。

② 符合施工工艺，如预制钢筋混凝土柱的施工顺序为支模、绑钢筋、浇混凝土，而现浇钢筋混凝土柱的施工顺序为绑钢筋、支模板、浇混凝土。

③ 与施工方法一致。如单层工业厂房吊装工程的施工顺序，如采用分件吊装法，则施工顺序为吊柱→吊梁→吊屋盖系统。如采用综合吊装法，则施工顺序为第一节间吊柱、梁和屋盖→第二节间吊柱、梁和屋盖→最后节间吊柱、梁和屋盖。

④ 按照施工组织的要求。如一般安排室内外装饰工程施工顺序时，可按施工组织规定的先后顺序。

⑤ 考虑施工安全和质量。屋面采用三毡四油防水层施工时，外墙装饰一般安排在其后进行，为了保证质量，楼梯抹面最好安排在上一层的装饰工程全部完成后进行。

⑥ 考虑当天气候条件。如冬季室内施工时，先安装玻璃，后做其他装修工程。

例如某工程的施工顺序为：

基础施工阶段：主抓基础垫层、底板防水层、防水保护层三个工序的紧密衔接，避免由于工序衔接上懈怠等而引起的经济浪费。基础结构施工时，重点针对底板、外墙混凝土具有防水抗渗要求的特点，考虑满足设计及泵送混凝土施工工艺的要求，同时结合混凝土工序施工连接紧凑，不留设施工缝，以确保工程质量。

主体结构施工部署：主体结构施工程序为：投点放线→墙钢筋绑扎、预留、预埋→合模→混凝土浇筑→梁、板模板安装→钢筋绑扎、预留、预埋→梁、板混凝土浇筑→养护。

结构施工时，对于建筑装修所需的预埋件、预留筋等，全部到位。确保砌筑、粗装修、门窗等工序的提前插入。总之，在人力、工种安排许可的条件下，将尽早配备专业施工队插入装修施工。装修工程的施工顺序为：外装修由上到下，内装修由下到上。

3. 确定主要分项工程施工方法及施工机械

在单位工程施工组织设计中，对于施工过程来讲，不同的施工方法与施工机械，其施工效果和经济效益是不相同的。它直接影响施工进度、施工质量、工程成本及安全施工等。因此，正确选用施工方法和施工机械，在施工组织设计中占有相当重要的地位。

（1）施工方法的选择

1）选择施工方法时应遵循的原则

① 应根据工程特点，找出哪些项目是工程的主导项目，以便在选择施工方法时，有针对性地解决主导项目的施工问题；

② 所选择的施工方法应技术先进、经济合理、满足施工工艺要求及安全施工；

③ 符合国家颁发施工验收规范和质量检验评定标准的有关规定；

④ 要与所选择的施工机械及所划分的流水工作段相协调；

⑤ 相对于常规做法和工人熟悉的分项工程，只需提出施工中应注意的特殊问题，不必详细拟定施工方法。

2）施工方法的选择

在选择施工方法时，必须根据建筑结构的特点、抗震要求、工程量的大小、工期长短、资源供应状况、施工现场情况和周围环境因素，拟定出几个可行的方案，在此基础上进行技术经济分析比较，以确定最优的施工方案。通常施工方法选择内容有：

① 土石方工程

a. 计算土石方工程量，确定开挖或爆破方法，选择相应的施工机械。当采用人工开挖时应按工期要求确定劳动力数量，并确定如何分区分段施工。当采用机械开挖时应选择机械挖土的方式，确定挖掘机型号、数量和行走线路，以充分利用机械能力，达到最高的挖土效率。

b. 地形复杂的地区进行场地平整时，确定土石方调配方案。

c. 基坑深度低于地下水位时，应选择降低地下水位的方法，确定降低地下水所需设备。

d. 当基坑较深时，应根据土壤类别确定边坡坡度，土壁支护方法，确保安全施工。

② 基础工程

a. 基础需设施工缝时，应明确留设位置和技术要求。

b. 确定浅基础的垫层、混凝土和钢筋混凝土基础施工的技术要求或有地下室时防水施工技术要求。

c. 确定桩基础的施工方法和施工机械。

③ 砌筑工程

a. 应明确砖墙的砌筑方法和质量要求。

b. 明确砌筑施工中的流水分段和劳动力组合形式等。

c. 确定脚手架搭设方法和技术要求。

④ 混凝土及钢筋混凝土

a. 确定混凝土工程施工方案，如滑模法、爬升法或其他方法等。

b. 确定模板类型和支模方法。重点应考虑提高模板周转利用次数。节约人力和降低成本，对于复杂工程还需进行模板设计和绘制模板放样图或排列图。

c. 钢筋工程应选择恰当的加工、绑扎和焊接方法。如钢筋作现场预应力张拉时，应详细制订预应力钢筋的加工、运输、安装和检测方法。

d. 选择混凝土的制备方案，如采用商品混凝土，还是现场制备混凝土。确定搅拌、运输及浇筑顺序和方法，选择泵送混凝土和普通垂直运输混凝土机械。

e. 选择混凝土搅拌、振捣设备的类型和规格，确定施工缝的留设位置。

f. 如采用预应力混凝土应确定预应力混凝土的施工方法、控制应力和张拉设备。

⑤ 结构吊装工程

a. 据选用的机械设备确定结构吊装方法，安排吊装顺序、机械位置、开行路线及构件的制作、拼装场地。

b. 确定构件的运输、装卸、堆放方法，所需的机具、设备的型号、数量和对运输道路的要求。

⑥ 装饰工程

a. 围绕室内外装修，确定采用工厂化、机械化施工方法。

b. 确定工艺流程和劳动组织，组织流水施工。

c. 确定所需机械设备，确定材料堆放、平面布置和储存要求。

⑦ 现场垂直、水平运输

a. 确定垂直运输量（有标准层的要确定标准层的运输量），选择垂直运输方式，脚手架的选择及搭设方式。

b. 水平运输方式及设备的型号、数量，配套使用的专用工具、设备（如混凝土车、灰浆车、料斗、砖车、砖笼等），确定地面和楼层上水平运输的行驶路线。

c. 合理地布置垂直运输设施的位置，综合安排各种垂直运输设施的任务和服务范围，混凝土后台上料方式。

（2）施工机械的选择

在进行施工方法的选择时，必然要涉及施工机械的选择。施工机械选择得是否合理，则直接影响到施工进度、施工需求量、工程成本及安全施工。

1）选择施工机械考虑的主要因素

① 应根据工程特点，选择适宜主导工程的施工机械的，所选设备机械应在技术上可行在经济上合理；

② 在同一个建筑工地上所选择机械的类型、规格、型号应统一，以便于管理及维护；

③ 尽可能使所选机械一机多用，提高机械设备的生产效率；

④ 选择机械时，应考虑到施工企业工人的技术操作水平，尽量选用已有机械；

⑤ 各种辅助机械或运输工具应与主导机械的生产能力协调配套，以充分发挥主导机械的效率。如土方工程施工中常用汽车运土，汽车的载重量应为挖土机斗容光焕发量的整数倍，汽车的数量应保证挖空土连续工作。目前建筑工地常用的机械有土方机械、打桩机械、起重机械、混凝土的制作及运输机械等。

2）塔式起重机的选择

建筑工程上最常用的垂直运输起重机是塔式起重机。选择塔式起重机主要是选择类型及型号。

① 类型的选择

塔式起重机类型的选择应根据建筑物的结构平面尺寸、层数、高度、施工条件及场地周围的环境等因素综合考虑。对于低层建筑常选用一般的轨道式固定塔式起重机，对于中高层建筑，可选用附着式塔式起重机或爬升式塔式起重机，其起升高度随着建筑的施工高度而增加，如果建筑体积很大，建筑结构内部又有足够的空间可安装塔式起重机时，可选用内爬式起重机，以便充分发挥塔式起重机效率，但安装时要考虑建筑结构支撑塔重后的强度及稳定。

② 规格型号的选择

建筑工程上最常用的垂直运输起重机是塔式起重机。选择塔式起重机主要是选择类型及型号。

a. 类型的选择

塔式起重机类型的选择应根据建筑物的结构平面尺寸、层数、高度、施工条件及场院地周围的环境等因素综合考虑。对于低层建筑常选用一般的轨道式或固定式塔式起重机，对于中高层建筑，可选用附着式塔起重机或爬升式塔式起重机，其起升高度随着建筑的施工高度而增加，如果建筑体积很大，建筑结构内部又有足够空间可安装塔式起重机时，可选用内爬式起重机，以充分发挥塔式起重机的效率。但安装时要考虑建筑结构支撑塔重后的强度及稳定。

b. 规格型号的选择

塔式起重机规格型号的选择应根据拟建的建筑物所要吊装的材料及所吊装构件的主要吊装参数，通过查长起重机技术性能曲线表进行选择。主要吊装参数是指各构件的起重量 Q、起重高度 H 及起重半径 R。

（a）起重量

$$Q \geqslant Q_1 + Q_2 \tag{3-1}$$

式中　Q——起重机的起重量，kN；

　　　Q_1——构件的重量，kN；

　　　Q_2——索具的重量，kN。

（b）起重高度

$$H \geqslant H_1 + H_2 + H_3 + H_4 \tag{3-2}$$

式中　H——起重机的起重高度，m；

　　　H_1——建筑物总高度，m；

　　　H_2——建筑物顶层人员安全施工所需高度，m；

　　　H_3——构件高度，m；

　　　H_4——索具高度，m。

（c）起重半径

起重半径也称工作幅度，应根据建筑物所需材料的运输或构件安装的不同距离，选择最大的距离为起重半径。

课后自测及相关实训：

1. 施工方案相关工作页。
2. 选择××工程选择施工方案和施工方法。

任务 3　编制单位工程施工进度计划

【知识目标】　掌握单位工程施工进度计划编制的原则和方法；梦龙软件的使用方法。

【能力目标】　能够确定框架结构的施工顺序；能够合理划分施工段；能够确定具体的分部分项工程；能够运用软件编制施工进度计划。

【素质目标】　集体意识强；良好的职业道德修养和与他人合作的精神；协调同事之间、上下级之间的工作关系。

任务介绍：

项目经理部，已经编制好施工方案，现在我们可以根据已经编制好的施工方案和施工合同规定的开竣工日期，编制单位工程施工进度计划。为施工准备打好基础。

任务分析：

根据《建筑施工组织设计规范》GB/T 50502—2009 中的编写原则，按照分部（分项）工程或专项工程施工进度计划安排施工，并结合总承包单位的施工进度计划进行编制。施工进度计划可采用网络图或横道图表示，并附必要说明。

6. 单位工程施工进度计划的编制

单位工程施工进度是在确定的施工方案基础上，根据工期要求和各种资源供应条件按照施工顺序及组织要求编制而成的，是单位工程施工组织设计的重要内容之一。单位工程施工进度管理应按照项目施工的技术规律和合理的施工顺序，保证各工序在时间上和空间上顺利衔接。

（1）单位工程施工进度计划的作用和分类

1）工程施工进度计划的作用

① 单位工程施工进度计划是施工中各项活动在时间上的反映，是指导施工活动、保证施工顺利进行的重要的文件之一；

② 能确定各分部分项工程和各施工过程的施工顺序及其持续时间和相互之间的配合、制约关系；

③ 为劳动力、机械设备、物资材料在时间上的需要计划提供依据；

④ 保证在规定的工期内完成符合工程质量要求的施工任务；

⑤ 为编制季度、月生产作业计划提供依据。

2）单位工程施工进度计划的分类

单位工程施工时度计划按工程项目划分的粗细程序，可分为控制性施工进度计划与指导性施工进度计划两类。控制性施工进度计划是按分部工程项目进行编制的，不但对整个工程施工进度及竣工验收起的控制调节作用，同时还为指导性施工进度计划提供编制的依据；指导性施工进度计划是按分项工程（或施工过程）编制而成的，它不仅确定了各分项工程或施工过程的施工时间及相互搭接的配合关系，用以指导日常施工，而且也为整个工程所需的劳动力配置和数量、资源需要计划的编制提供了依据。

控制性施工进度计划主要用于工程结构复杂、规模大、工期长施工任务不明确、需要跨年度的工程施工；而指导性施工进度计划则用于施工任务明确，各项资源供应正常，规模较小的中小型工程的施工。需要编制控制性施工进度计划的单位工程，当各分部工程的施工条件基本落实之后，需要编制控制性施工进度计划的单位工程，当各分部工程的施工条件基本落实之后，在施工之前还应编制指导性施工进度计划。

（2）进度管理计划应包括内容

① 对项目施工进度计划进行逐级分解，通过阶段性目标的实现保证最终工期目标的完成；

② 建立施工进度管理的组织机构并明确职责，制定相应管理制度；

③ 针对不同施工阶段的特点，制定进度管理的相应措施，包括施工组织措施、技术措施和合同措施等；

④ 建立施工进度动态管理机制，及时纠正施工过程中的进度偏差，并制定特殊情况下的赶工措施；

⑤ 根据项目周边环境特点，制定相应的协调措施，减少外部因素对施工进度的影响。

（3）单位工程施工进度计划的表示方法

单位工程施工进度计划通常以图表形式来表示的。有水平表、垂直图表和网络图三种。常用的水平图表格见表 3-13。

序号	分部分项工程名称	工程量		定额	劳动量		机械名称	每天工作人数	每天工作人数	持续天数	施工进度			
		单位	数量		单位	数量								

水平图表，亦称横道图，由左、右两大部分所组成，表示左边部分列出了分部分项工程的名称、工程量、定额（劳动定额或时间定额）和劳动量、人数、持续时间等计算数据；是从规定的开工日起到竣工之日止的进度指示图表，用不同线条来形象地表现各个分部分项工程的施工进度和搭接关系。有时也在进度指示图表下方汇总每天的资源需要量，组成资源需求量动态曲线。施工进度表中的一格视其工期的长短可以代表 1 天或若干天。

（4）单位工程施工进度计划的编制

1）单位工程施工进度计划的编制依据

① 经过审批的建筑总平面图、地形图、全部工程施工图及水文、地质气象资料；

② 工程预算文件；

③ 建设单位（业主）或上级规定的开、竣工日期；

④ 单位工程的施工方案；

⑤ 劳动定额及机械台班定额；

⑥ 施工单位的劳动力资源能力；

⑦ 其他有关的要求和资料。

2）单位工程施工进度计划编制程序

① 熟悉并审查施工图纸，研究有关资料，调查施工条件

施工单位项目部技术负责人员在收到施工图及取得有关资料后，应组织工程技术人员及有关施工人员全面地熟悉和详细审查图纸。由建设、设计、监理、施工等单位有关工程技术人员进行图纸会审，由设计技术人员进行技术交底，在弄清设计意图的基础上，研究有关技术资料，同时进行施工现场的勘察，调查施工条件，为编制施工进度计划做好准备工作。

② 划分施工过程并计算工程量。编制施工进度计划时，应该按照所选的施工方案确定施工顺序，将分部工程或分项工程（施工过程）逐项填入进度表的分部分项工程名称栏中，其项目包括从准备工作起到交付使用时为止的所有土建施工内容。对于次要的、零星的分项工程则不列出，可并入"其他工程"，在计算劳动量时，给予适当的考虑即可。水、暖、电及设备一般另作一份相应专业的单位工程施工进度计划，在土建单位工程进度计划

中只列分部工程总称，不列详细施工过程名称。

编制单位工程施工进度计划时，应当根据施工图和建筑工程预算工程量的计算规则来计算工程量。若已编制的预算文件中所采用的预算定额和项目划分与施工过程项目一致时，就可以直接利用预算工程量；若项目不一致时，则应依据实际施工过程项目重新计算工程量 Q。计算工程量时应注意以下几个问题：

a. 注意工程量的计算单位。直接利用预算文件中的工程量时，应使各施工过程的工程量计算单位与所采用的施工定额的单位一致，以便以计算劳动量、材料量、机械台班数时可直接套用定额。

b. 工程量计算应结合所选用的施工方法和所制定的安全技术措施进行，以使计算的工程量与施工实际相符。

c. 工程量计算时应按照施工组织要求，分区、分层进行计算。

3）劳动量和机械台班数的确定

根据所划分的施工过程和选定的施工方法，查套施工定额，以确定劳动量及机械台班量。施工定额有两种形式，即时间定额 H 和产量定额 S。时间定额是指完成单位建筑产品所需的时间；产量定额是指在单位时间内所完成建筑产品的数量，二者互为倒数。

4）确定各施工过程的工作持续时间

各施工过程的工作持续时间的计算方法有经验估算法、定额计算法和倒进度法。

a. 经验估算法

此法是根据以前的施工经验并按照实际的施工条件估算各施工过程持续时间，这一方法是建立在大量施工实践基础上。一般适用于采用新工艺、新技术、新结构、新材料等无定额可查的工程。

b. 定额法

此法是根据施工过程所需的劳动量或机械台班数，以及配备的施工人数或机械台数，按式（3-3）确定其工作时间：

$$t_1 = \frac{P_i}{R_i N_1} \tag{3-3}$$

如果组织分段流水施工，也可用上式确定每个施工段的流水节拍数。在应用上式时，特别要注意施工班组人数、机械台班数和工作班制的选定。如对工作班制的确定，在一般发问下，当工期允许、劳动力和机械周转使用不紧迫，且施工也没有要求连续作业时，可采用一班制；当工期紧，机械周转紧张或某些工序必须连续作业时，可采用二班制甚至三班制。

c. 倒排进度法

这种方法是根据施工工期和施工经验，确定各施工过程的工作持续时间，再按劳动量选定工作制，便可确定施工人数或机械台数。

5）施工进度计划的编制

a. 根据施工经验直接安排方法

此法是根据施工经验资料和有关计算，直接在进度表上画出来。这种方法比较简单实用，步骤是：先安排主导施工过程的进度，并使其连续，然后再将其余施工过程与之配合搭接、平行安排。但如果施工过程较多时，则不一定能达能到最优计划方案。

b. 按工艺组合组织流水施工的方法

此法是将某些在工艺上有关系的施工过程归并为一个工艺组合，组织各工艺组合内部的流水施工，然后将各工艺组合最大限度地搭接起来，分别组织流水。

c. 用网络计划进行安排的方法

施工网络计划内的编制见项目2。

6）施工进度计划编制的检查与调整

施工进度计划初步方案编完后，应按合同约定的开、竣工日期、施工期间劳动力和材料均衡程度和机械负荷情况、施工顺序等进行全面的检查与合理的调整。

检查的内容：施工顺序是否符合建筑施工的客观规律，是否合理；施工进度计划安排的计划是否满足施工合同的要求；施工进计划中劳动力、材料、机械等资源供应、消耗是否均衡；主要工种工人是否连续作业，施工机械是否充分发挥效率。

调整的基本要求：调整应从全局出发，避免片面性；调整后的计划要满足各方的要求。

由于建筑施工的复杂性，每个施工过程这间不是独立的，所以，在施工进度计划的执行过程中，也要经常检查，实行动态调整。

7. 运用梦龙软件编制施工进度计划

（1）启动软件

1）双击网络计划编制系统的图标，计算机启动网络计划编制系统，出现如图3-2所示。鼠标光标放在不同的位置，有不同的内容提示，新建网络图、打开已有的网络图等等。

图3-2 启动软件

2）光标在新建按钮上单击，建立新的网络图，屏幕上出现一般属性提示，如图3-3所示。

3）填好基本情况后，确定，屏幕出现空的网络图编辑区，如图3-4所示，屏幕的上、下、左侧出现三个工具条，通过工具条的操作可实现网络图编辑的绝大部分操作。

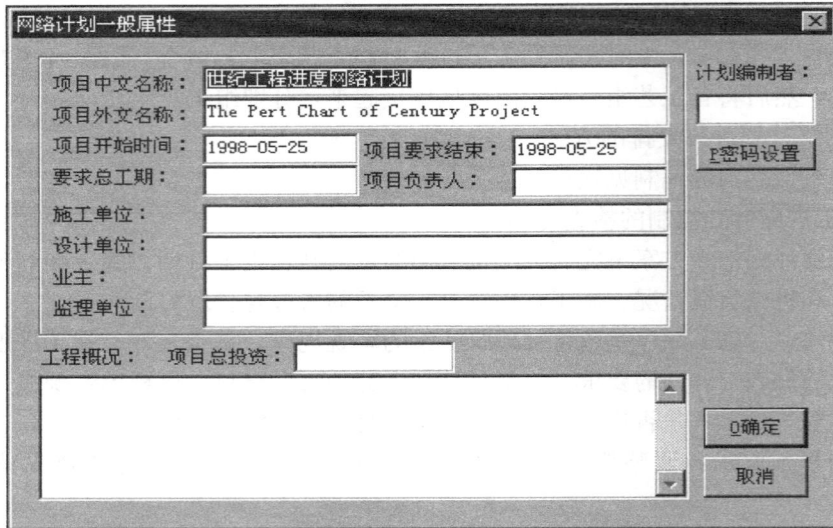

图 3-3 网络计划一般属性

图 3-4 网络计划编辑界面

① 上基本操作工具条，主要实现对文档操作，属性设置等内容的操作。

② 左状态操作条，设定网络图的编辑状态。

③ 下格式转换条，主要实现模式转换，各种网络图及横道图的转换。

（2）编辑网络图

1）用鼠标在右边的操作工具条上的'添加'按钮按一下，便可以使用'添加'功能来添加工作，然后我们用鼠标在屏幕一拖，就好像我们用一支铅笔在草稿纸上画图一样，这时屏幕上立刻会出现一个'工作信息卡'。如果我们给定一个持续时间，然后确定一下，第一项工作马上就完成了。很轻松，很自然。连续向后拖拉画出五个工作如图 3-5 所示，智能生成节点及其编号，自动建立紧前紧后关系，实时计算关键线路。

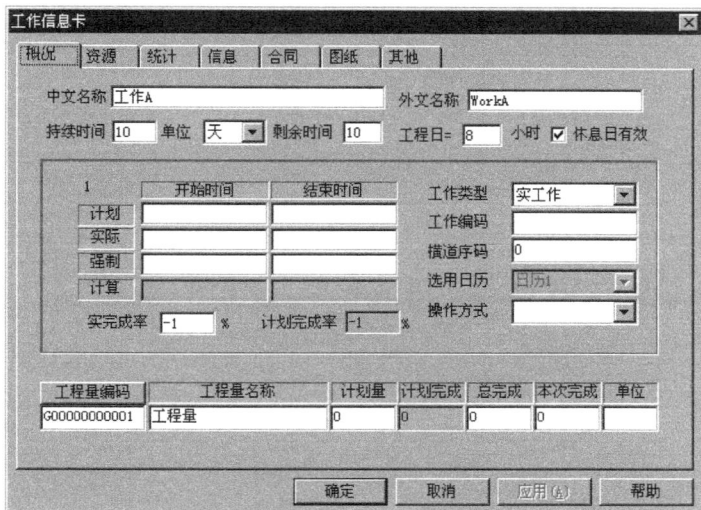

图 3-5　工作信息卡

2）传统编制网络图的做法是，先填表格，再输入紧前紧后关系，计算机才能计算。实际上，工作稍微一多，必须先画一张草图，否则很难列出工作的紧前紧后关系。输入工作紧前关系，还要记住工作的代号，这就使操作更加困难，如图 3-6 所示。

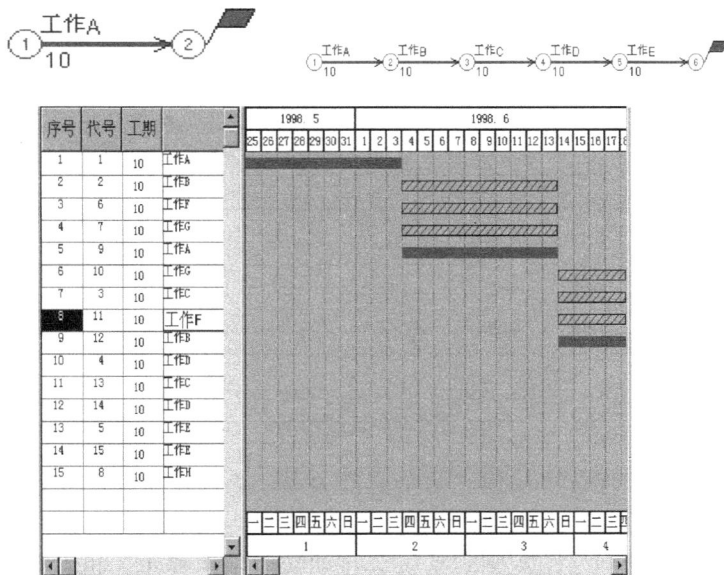

图 3-6　传统编制图的方法

111

3）完全拟人化的操作，整个操作过程，完全按人的逻辑思维进行，（加两个并行工作）如果加一个工作暂时不清楚连在哪里，先不连，放在一旁，待后序工作确定后，再进行连接。

4）单文档（一个项目）的复制功能：如果两个内容或几个内容完全一样（如两个同样房间的装修或多个楼层的装修等），复制结果如图所示，再将其连接如图 3-7 所示。

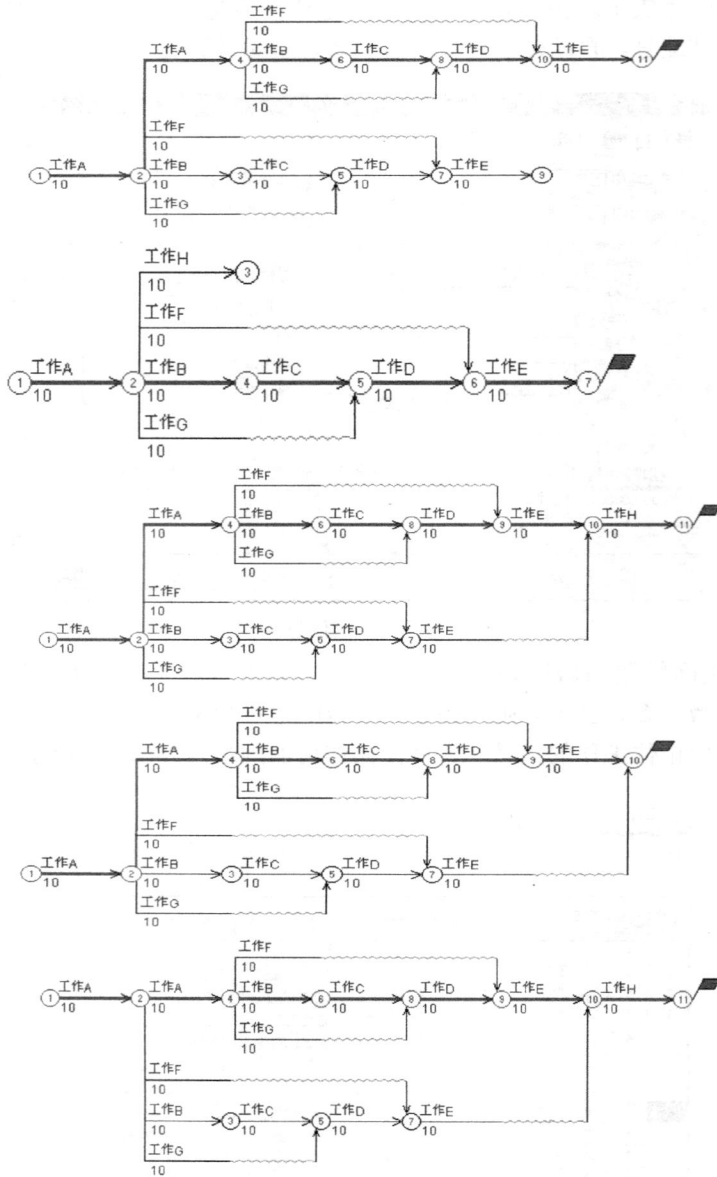

图 3-7　复制功能

5）画出最后一个工作，自动建立两个紧前关系，第一个工作的层次不合适，用鼠标按住调整。

6）如果添加不符合网络图规则，系统会自动实时给出提示，也就是说，只要能画在屏幕的网络图都是符合网络计划规则的，如图 3-8 所示。

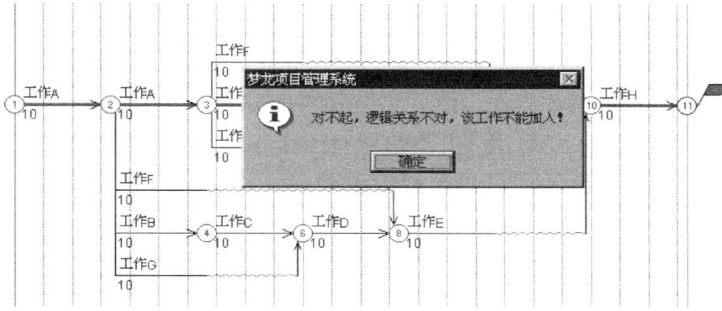

图 3-8　系统提示

（3）动态调整

1）插入多个工作，在实际当中经常会漏掉一些内容怎么办？插入三项串行工作和一个并行工作。既可向后插工作，也可向前插工作，还可加上并行工作，这时请大家注意光标的状态。

而用表格输入的办法来做这个工作，操作量很大，容易出错，如图 3-9。

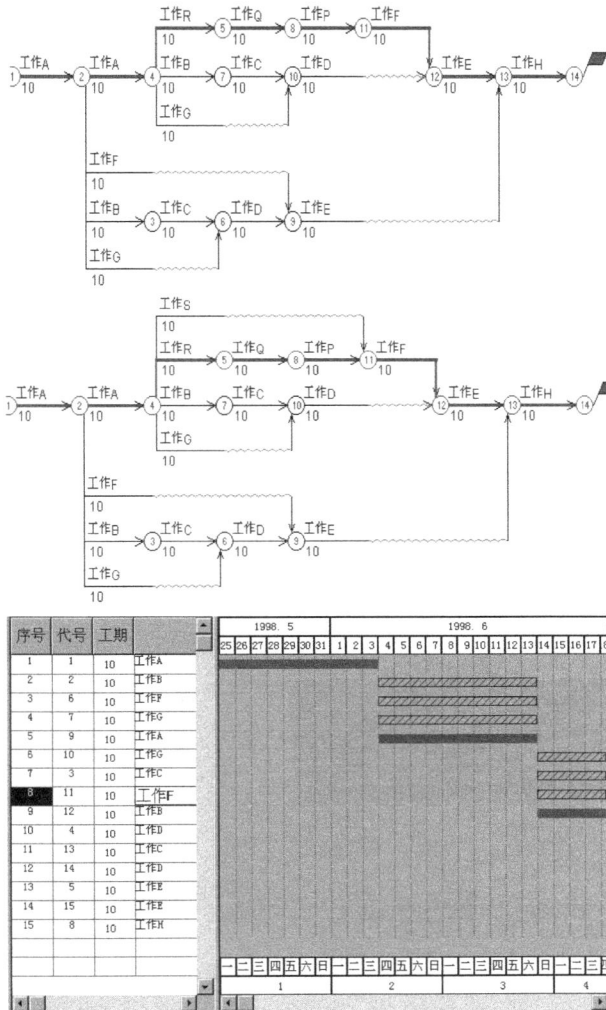

图 3-9　动态调整

2）删除工作。删除前面插入的四项工作，结果如图 3-10 所示；结果与插入前的图一样，从表面上看，就是应该这样。实际上删除过程经过三个步骤。（转到表格模式，首先记录该工作的紧前和紧后工作，然后删除该工作，最后再将其紧前和紧后工作连接）。如删除图中的工作 C，结果自动将工作 B 与工作 D 对接。并不是所有工作删除后都对接，不该对接的工作则不对接。如我们删除图中的工作 G，工作 A 与工作 D 就不会对接，如图。整个过程智能处理。

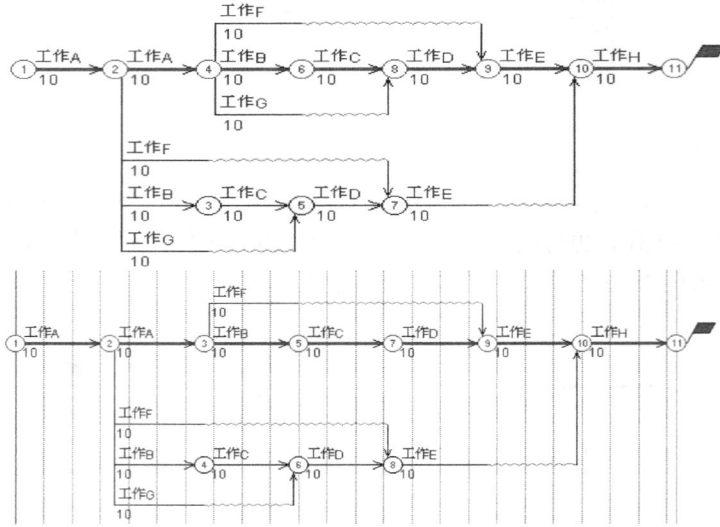

图 3-10　删除工作

3）修改工作。设置修改状态，光标移至要修改的工作上双击出现'工作信息卡'，修改时间，名称等如图 3-11 所示。如果只是修改工作的持续时间，可按 Shift 同时用鼠标拖动工作进行修改，关键线路会实时计算，非常直观。

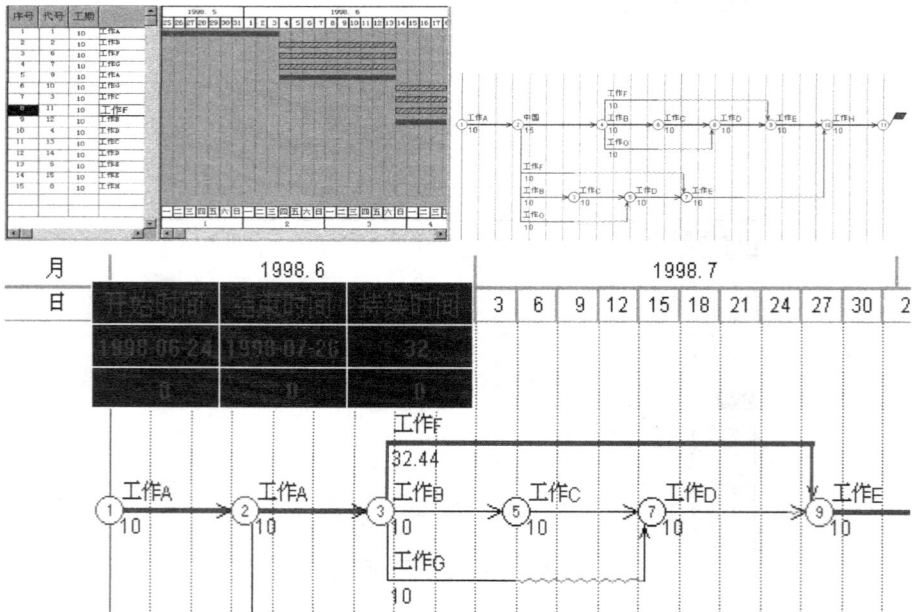

图 3-11　修改工作

4) 调整工作。调整不符合工艺要求的逻辑关系（左、右、上、下随意进行调整），任意复杂的关系均可通过调整完成。

比如将工作 G 的紧后改为工作 E，鼠标箭头向右时拖至节点 9，再将工作 G 的紧前改为工作 B，鼠标箭头向左时拖至节点 6，调整结果如图 3-12 所示。

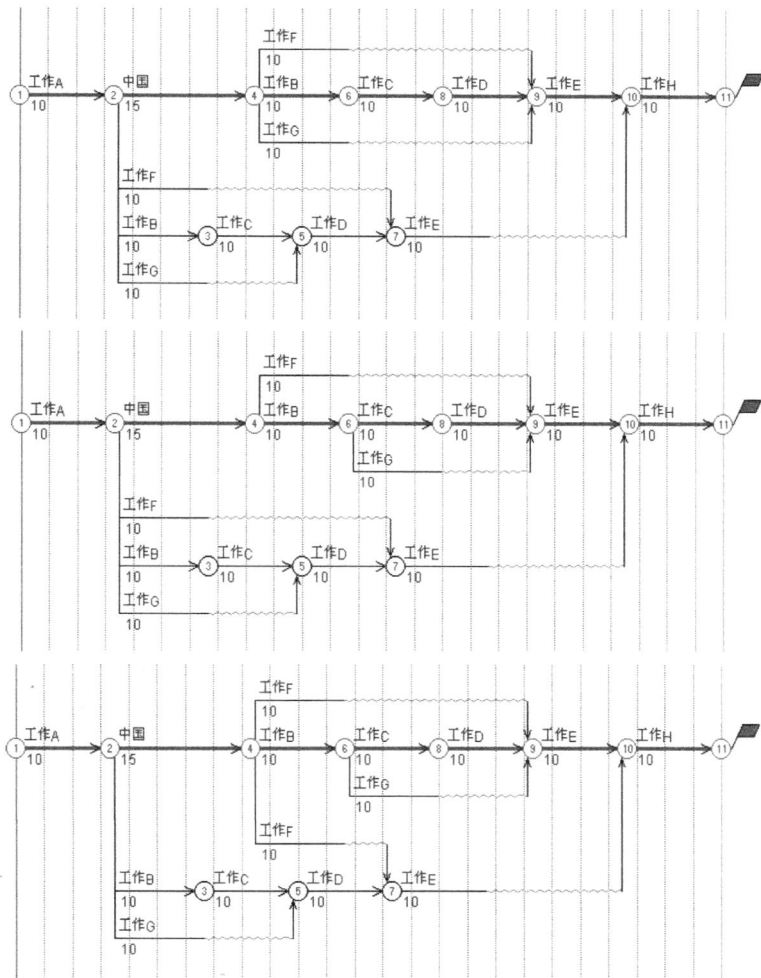

图 3-12 调整工作

同样我们可以将工作 F 的紧前改为工作"中国"，鼠标箭头向左时拖至节点 4，这样我们可以对网络图的关系进行任意调整。即使调整错误，系统也会智能地给出提示，如图 3-13。

5) 交换工作。如两个工作位置颠倒了，可用交换功能进行换位。不仅相邻的两个工作可进行交换，不相邻也可进行交换，所以网络图上任意两个工作都可以进行交换（做两次交换演示）如图 3-14 所示。

6) 网络加时标图及面向对象操作。用鼠标点一下网格开关，屏幕上会出现如图 3-15 所示，增加了标题栏、时间、进度标尺、边框等。

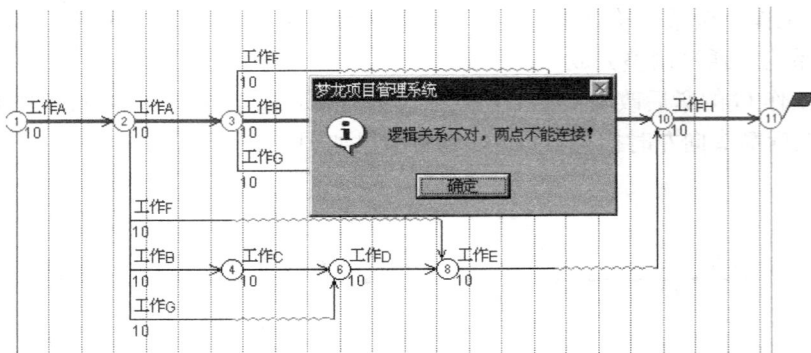

图 3-13 系统提示

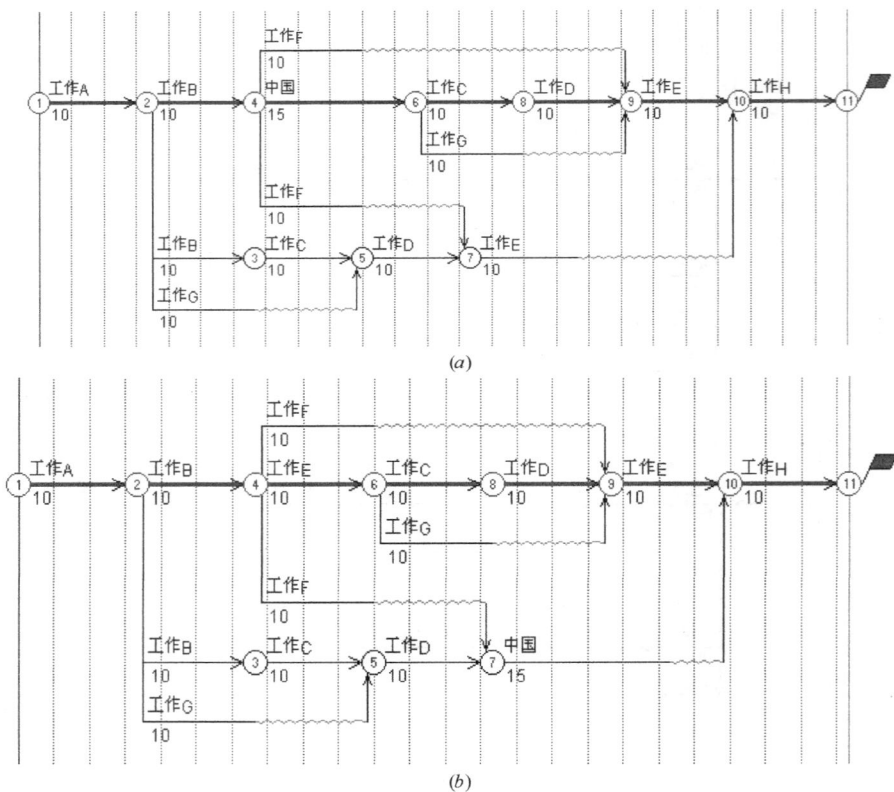

(a)

(b)

图 3-14 交换工作

　　面向对象操作,光标在不同的位置形状也不一样。如在'题目'栏上显示'T'字光标,此时按鼠标右键,弹出题目对话框,对'题目'名称或字体进行修改如图 3-15 所示。

　　进度标尺上的时标现在是三天一格,根据不同工作的要求,如果我们需要两天一格或一天一格怎么办?我们就用鼠标在'撑长网络'连续点击直到我们的要求为止。如果我们需要五天一格或十天一格,我们就用鼠标在'压缩网络'连续点击直到我们的要求为止。就好像按傻瓜相机的快门一样,自动处理,如图 3-16 所示。

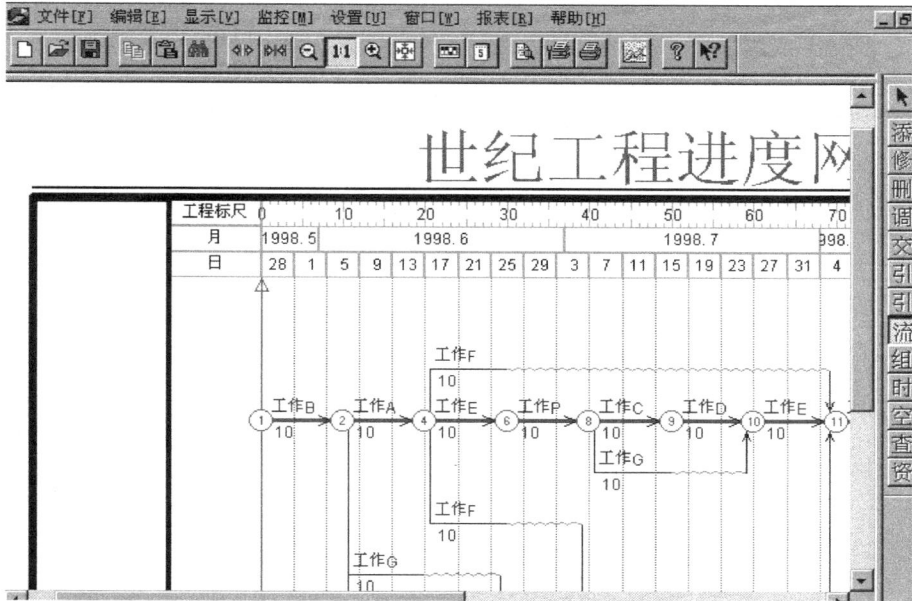

图 3-15　网络加时标图及面向对象操作

　　我们自己还可以进行调整，鼠标在时标用右键一点在屏幕上出现如图 3-16 所示，按照工作要求进行选择、修改，再确定。

　　如果某些工程的开工日期暂不能确定，可设定仅显示工程历（在按工程历显示刻度前打勾）。如图 3-17 所示。

　　7）中外文设置。打开'网络图属性'按照工作要求进行设置。如我们设置'标注字体'为'中外文'结果网络图在屏幕上就直接显示中文和外文两种名称（如遇到外资工程还可单独显示外文），如图 3-18 所示。

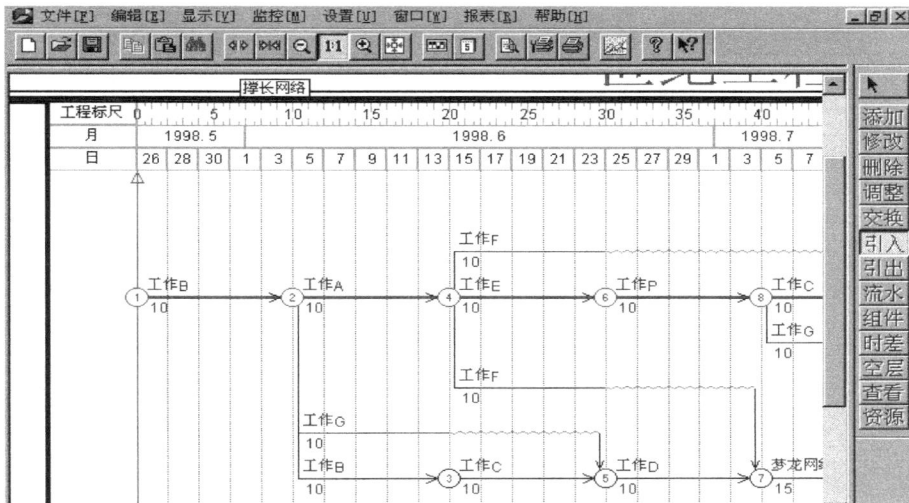

图 3-16　改变进度标尺时标（一）

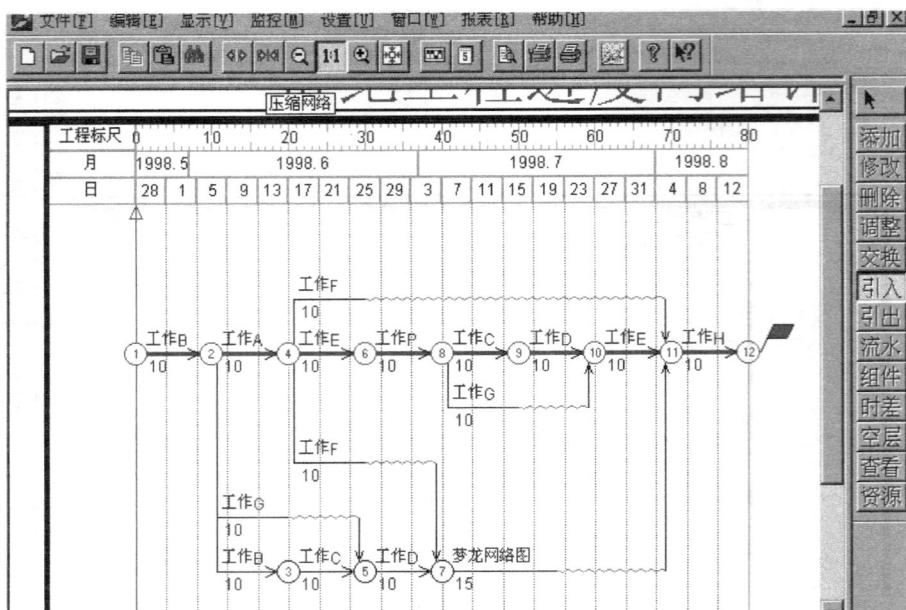

图 3-16　改变进度标尺时标（二）

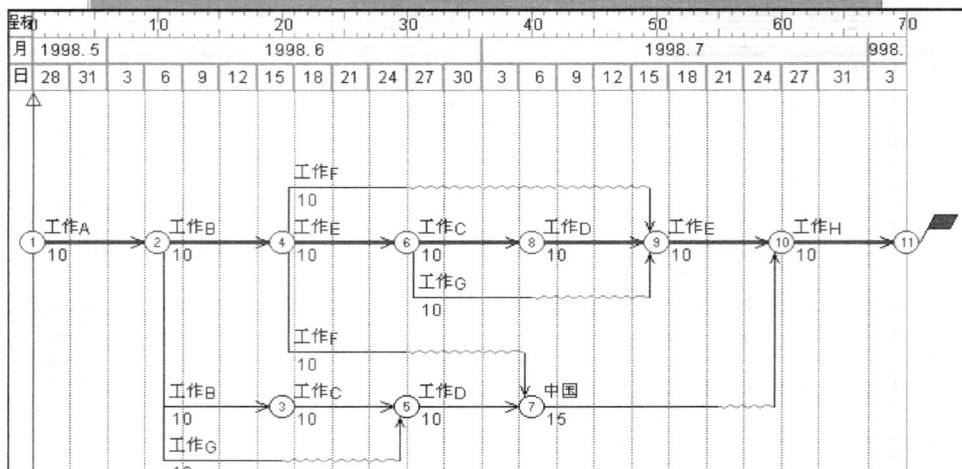

图 3-17　工作历的设置

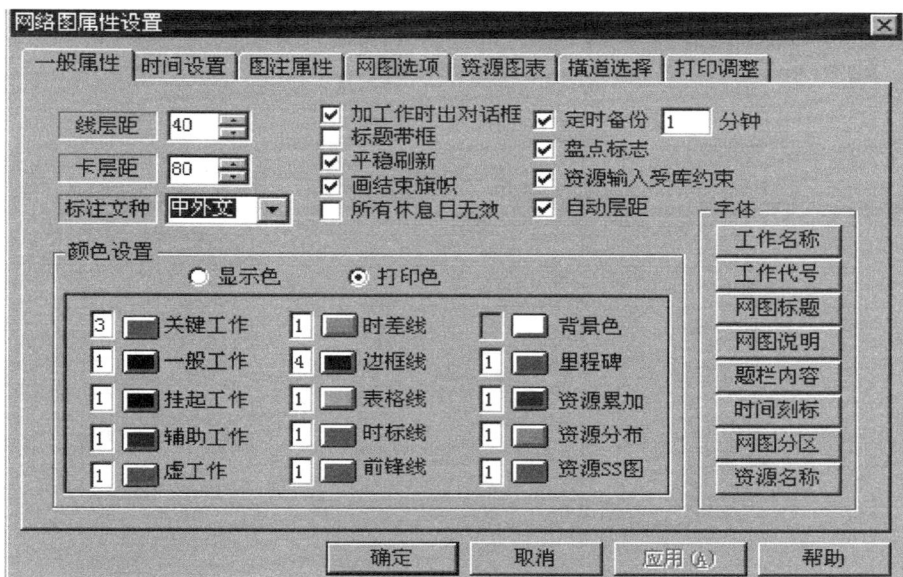

图 3-18 网络图属性设置

8）对于工作名称长而时间短的工作，软件有自动撑开、自动提出、名称竖起、平行等处理方式。还可分别对单个工作定义字体、颜色等。工作名称的位置可设定为居中、居左或居右等多种形式。这些都可在工作信息卡的"其他"中设置，见图 3-19 所示，整个网络图就是这样快速准确地完成了。

（4）网络图不同模式的转换功能

1）时标逻辑网络图。既能表示清楚时间坐标又能表示清楚逻辑关系的网络图是时标逻辑网络图。根据实际工作的要求，如果该部门或单位需要把时间坐标和逻辑必须表示得清清楚楚，那就使用时标逻辑网络图。把鼠标光标放在"时标逻辑网络图"上点击左键就在屏幕出现时标逻辑网络图，如图 3-20 所示。

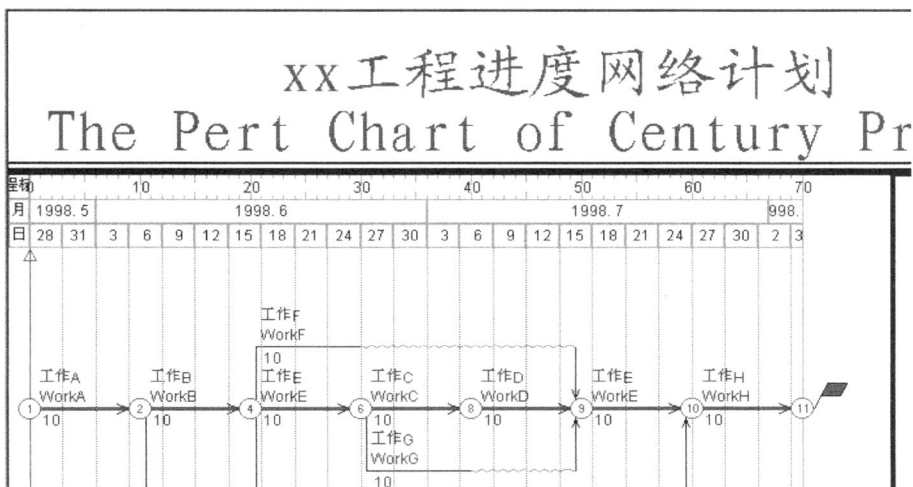

图 3-19 工作名设置（一）

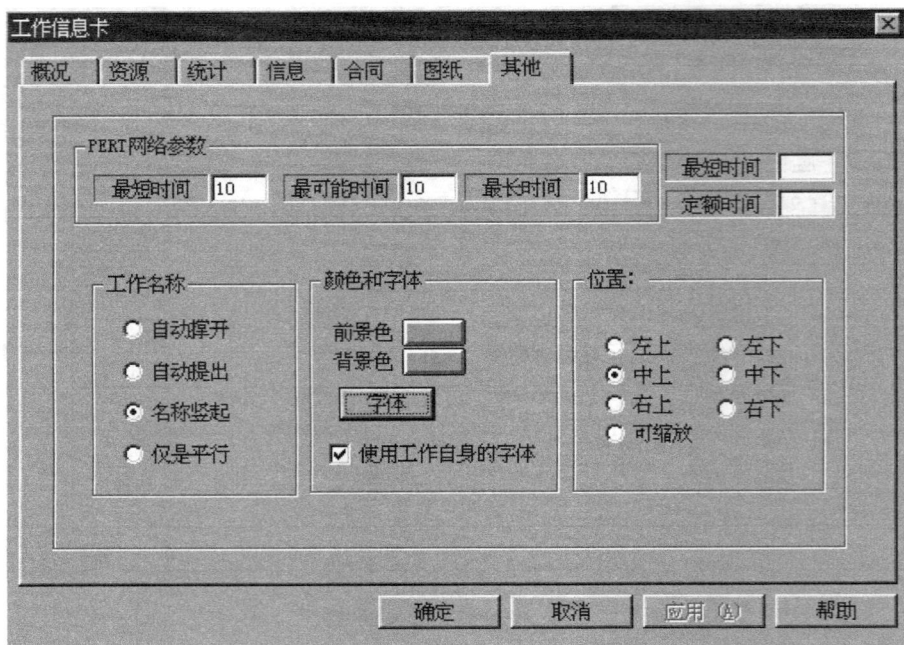

图 3-19 工作名设置（二）

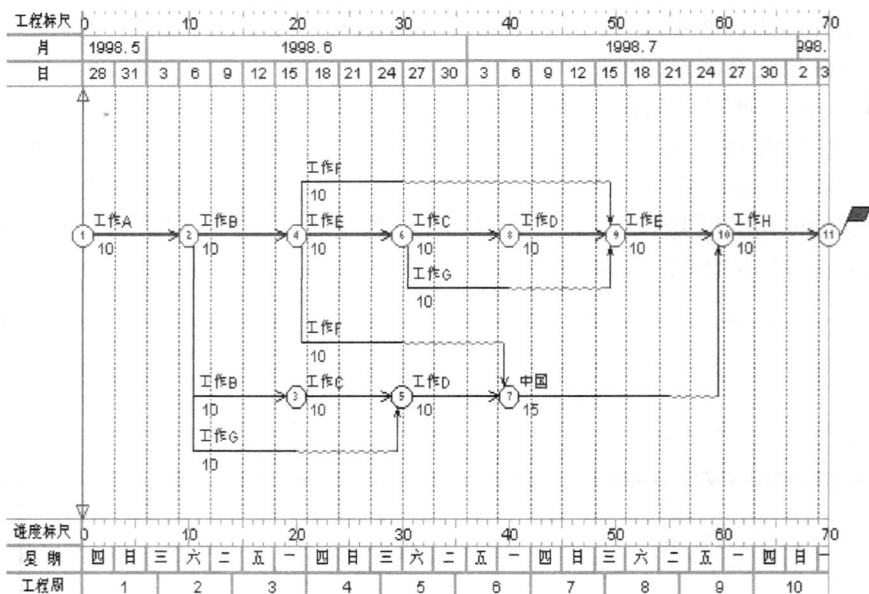

图 3-20 时标逻辑网络图

2）时标网络图。表示清楚时间坐标的网络图是时标网络图。根据实际工作的要求，如果该部门或单位需要把时间坐标表示得清清楚楚，那就使用时标网络图。把鼠标光标放在"时标网络图"上击左键就在屏幕出现时标网络。这里的时标网络图和时标逻辑网络网没有很大的区别，如图 3-21 为逻辑网络图。

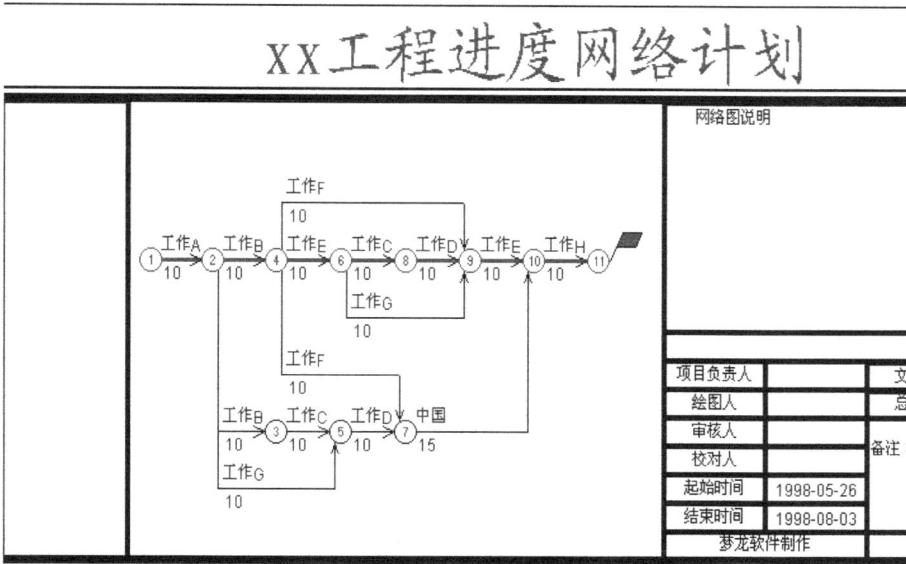

图 3-21　时标逻辑网络图

3）逻辑网络图。能表示清楚逻辑关系的网络图是逻辑网络图。根据实际工作的要求，如果该部门或单位需要必须把逻辑表示清楚，那就使用逻辑网络图。把鼠标光标放在"逻辑网络图"上击左键就在屏幕出现逻辑网络图，如图 3-22 所示。

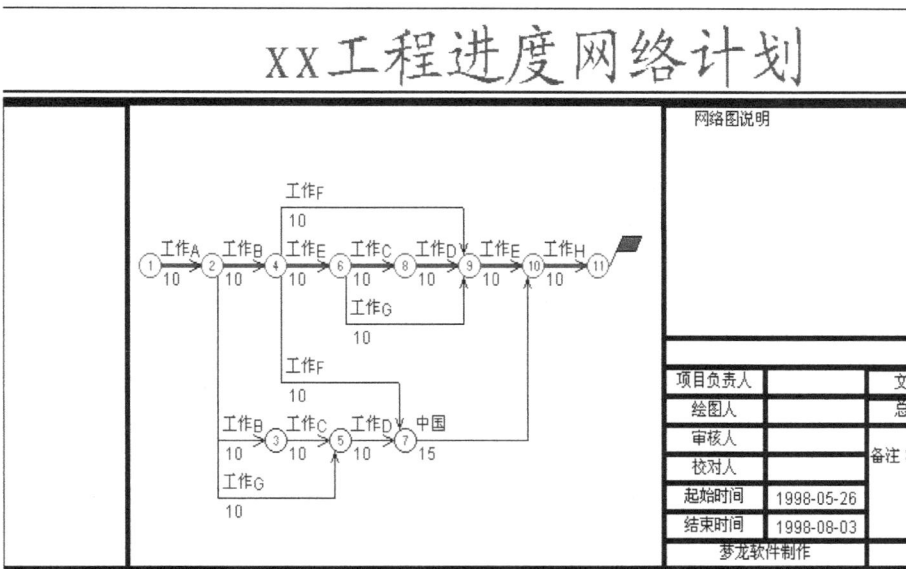

图 3-22　逻辑网络图

逻辑网络图没有时间坐标。所以逻辑网络图中的工作并不随时间的改变而改变。

4）梦龙单双混合网络图。梦龙单双混合网络图采用一种单、双混合的形式，以卡片的方式表现活动，用节点来表示活动间的关系的网络图。它集中了单、双网络图的优点，内容清楚、信息量大等，如图 3-23 所示。

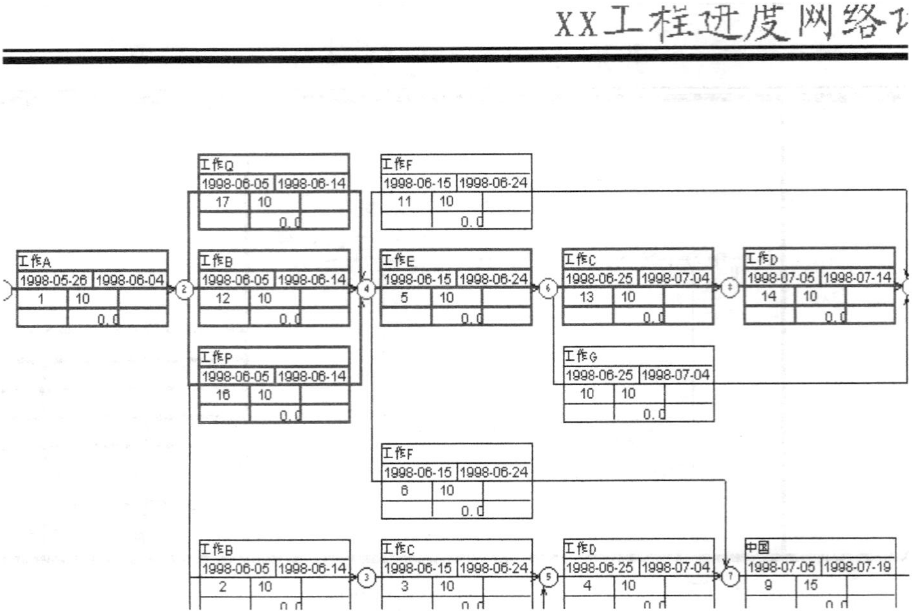

图 3-23 梦龙单双混合网络图

5）单代号网络图。单代号网络图虽然能用一个卡片表示每个工作的很多信息，但是关系连线太多，图面很凌乱（做三个紧前和三个紧后工作），就像一撮头发丝，而梦龙单代号则利用总线合并技术很好地解决了这个问题．如图 3-24 所示。

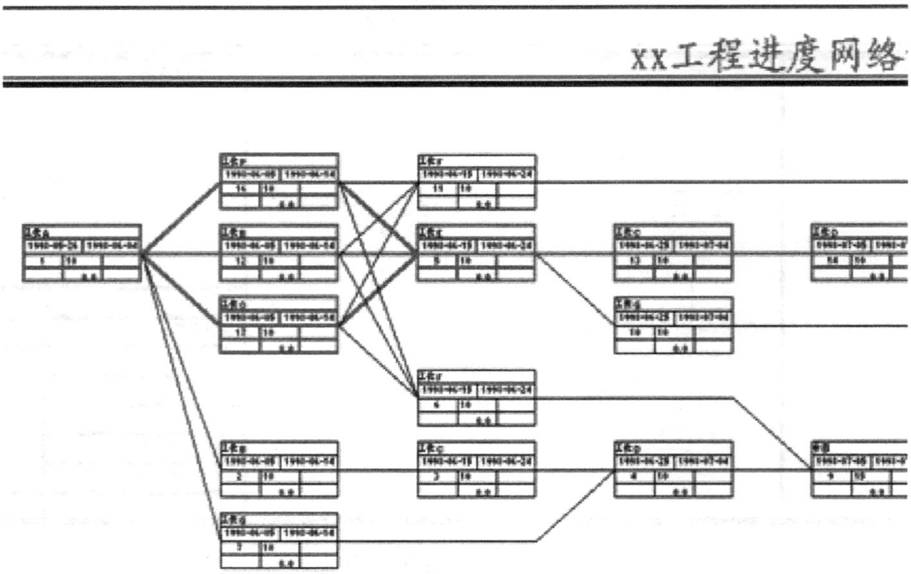

图 3-24 单代号网络图

6）梦龙单代号网络图

梦龙单代号网络图在传统单代号网络图基础上，采用先进总线集成技术，将某一活动的前驱工作和后继工作汇集成一条总线，使关系更加清楚明白，如图 3-25 所示。

图 3-25　梦龙单代号网络图

7）横道网络图

① 如果我们想使用横道网络图。把鼠标光标放在"横道网络图"开关上击左键，这时屏幕上会出现如图 3-26 所示的横道网络图。

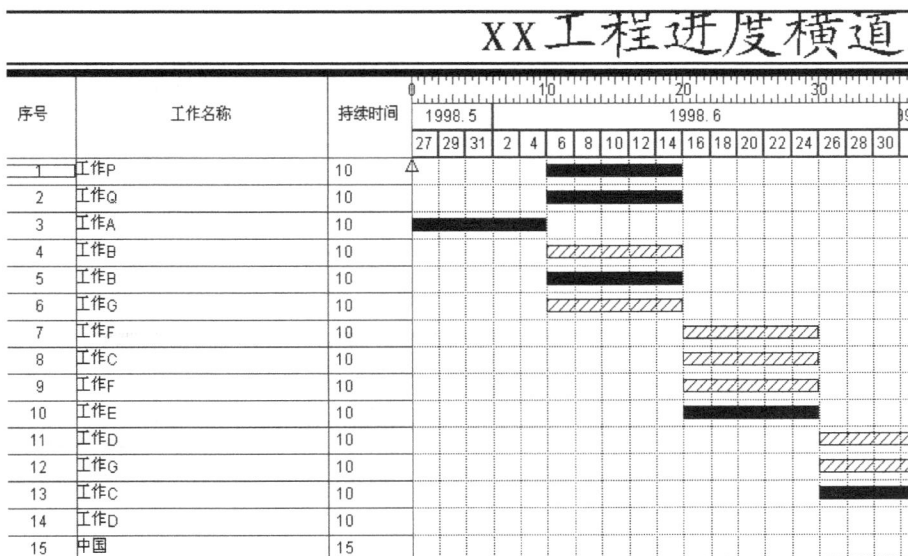

图 3-26　横道网络图

② 根据实际工作的需要，我们需要特定的工作信息怎么办？我们把鼠标光标放在横道网络图工作信息上击右键，这时屏幕上会出现如图所示"横道网络图"工作信息，我们可进行选择。选择要求的结果后确定，如图 3-27 所示。

ＸＸ工程进度横道图

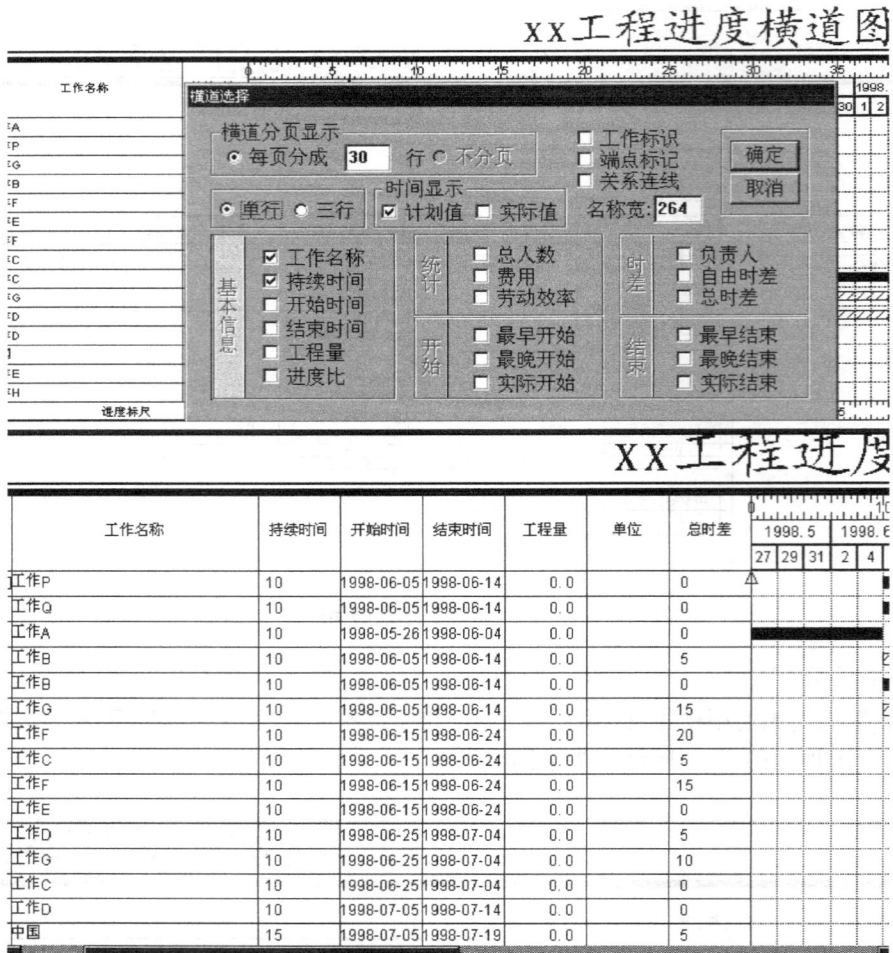

ＸＸ工程进度

工作名称	持续时间	开始时间	结束时间	工程量	单位	总时差	1998.5			1998.6	
							27	29	31	2	4
工作P	10	1998-06-05	1998-06-14	0.0		0					
工作Q	10	1998-06-05	1998-06-14	0.0		0					
工作A	10	1998-05-26	1998-06-04	0.0		0					
工作B	10	1998-06-05	1998-06-14	0.0		5					
工作G	10	1998-06-05	1998-06-14	0.0		0					
工作G	10	1998-06-05	1998-06-14	0.0		15					
工作F	10	1998-06-15	1998-06-24	0.0		20					
工作C	10	1998-06-15	1998-06-24	0.0		5					
工作F	10	1998-06-15	1998-06-24	0.0		15					
工作E	10	1998-06-15	1998-06-24	0.0		0					
工作D	10	1998-06-25	1998-07-04	0.0		5					
工作G	10	1998-06-25	1998-07-04	0.0		10					
工作C	10	1998-06-25	1998-07-04	0.0		0					
工作D	10	1998-07-05	1998-07-14	0.0		5					
中国	15	1998-07-05	1998-07-19	0.0		5					

图 3-27

③ 在横道网络图中我们还可以直接进行随意"添加"、"删除"、"修改"等，并且得到的结果和其他网络图结果一致。如图 3-28 所示。

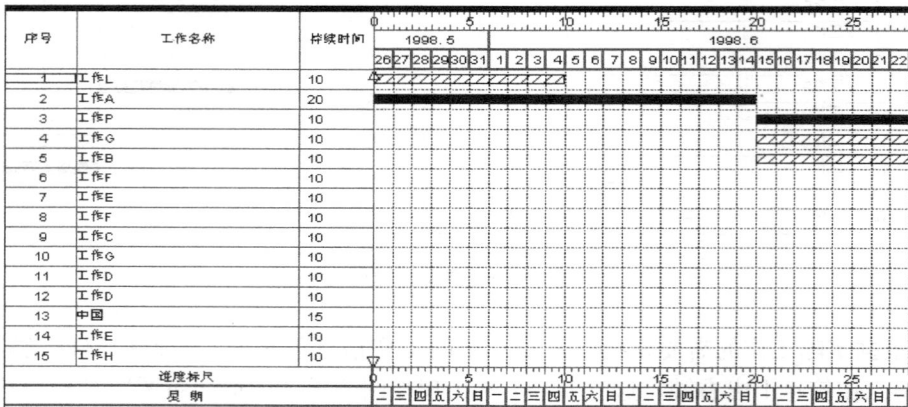

图 3-28

a. 添加一项工作 L，同时标逻辑网络图对比，结果是一样的。如图 3-29 所示。

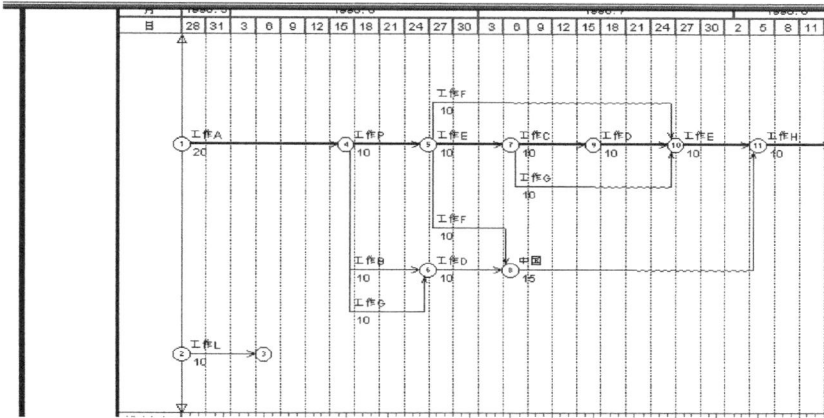

图 3-29

b. 我们还可以直接图形修改持续时间，鼠标光标放在工作 A 上会出现一个手形光标，且位置不同手形光标的形式不一样，手形光标揪着一拖，这时屏幕上会出现蓝色的修改信息。修改持续时间 20 天，然后同时标逻辑网络图对比，结果是一样的。如图 3-30 所示。

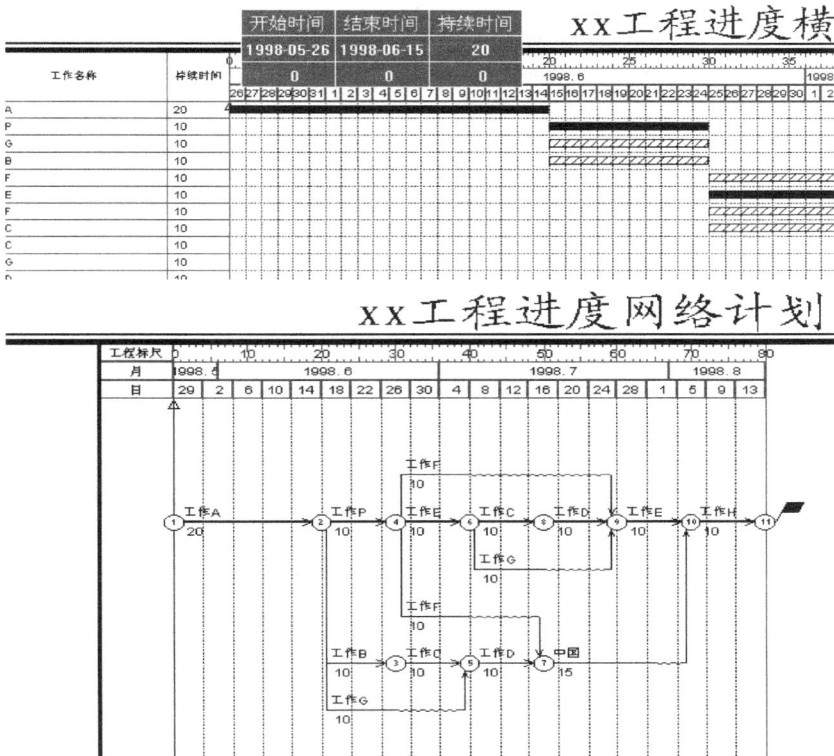

图 3-30

由于软件采用了几种网络图之间的同构异体技术，他们只是表现形式不同，而数据是一致的，所以修改其中一个，其他网络图都会跟着变化。

④ 根据实际工作的需要，各部门所需的横道网络图不一样，这样怎么办？在这种情况下，我们就可以应用横道网络图中的"过滤"功能。把鼠标光标放在横道网络图中的"过滤"功能击左键，便出现"过滤参数设置"卡在"过滤参数设置"卡上可以选择所需内容。如选择"关键工作"然后确定。屏幕上会出现如图 3-31 所示。

⑤ 有时我们需要对横道进行排序（如将土建工程工序排在一起，装饰工程工序排在一起），可利用编码优先级按给定的编码排序。如有四个码 A01. A02. B01. B02 若按编码位为 3 而优先级为 1 进行排序的话，则结果为 A01. B01. A02. B02。如图 3-32 所示。

（5）打开多个文档

1）我们现在再新建第二个文档，添加一项工作 A，置"引入"状态。打开第一个文档，将第一个网络图部分工作复制过来，先放在粘贴板上。在第二个文档中，在工作 A 上双击鼠标左键，屏幕上会出引入的三个来源①粘贴板②磁盘文件③网络图库供我们选择。如图 3-33 所示。

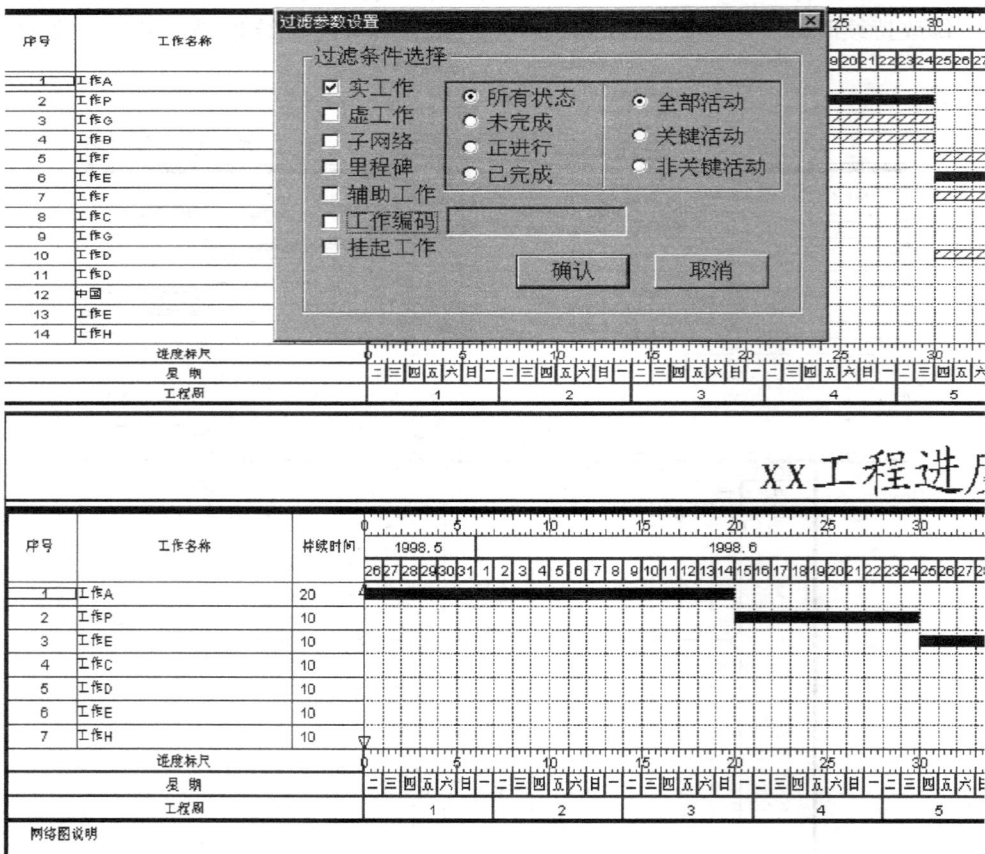

图 3-31

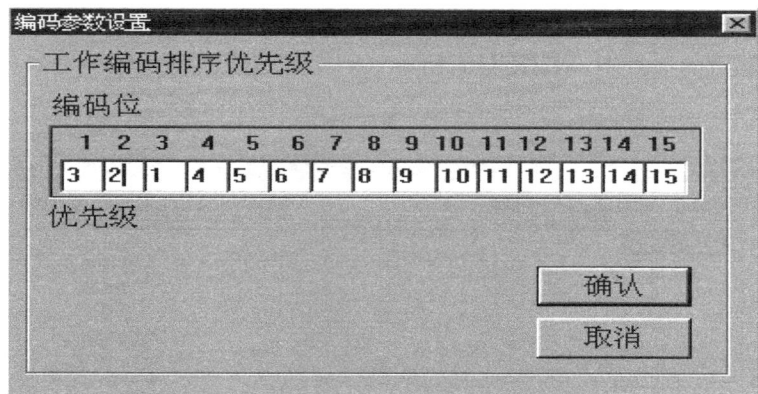

图 3-32

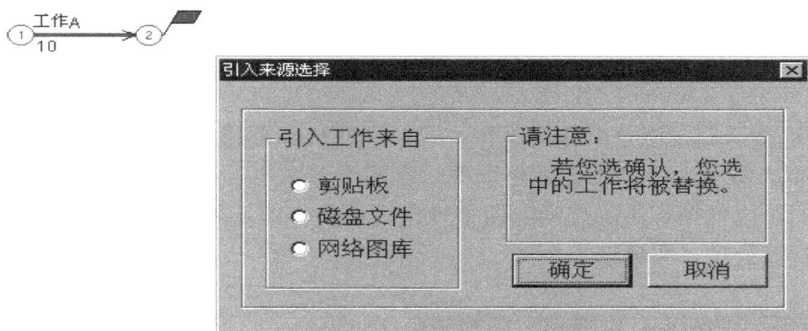

图 3-33

① 我们先选择来源于粘贴板的工作，在粘贴板上双击鼠标左键，第一个文档所选择的工作被引入过来了。并且还可以同时连续引入，如图 3-34 所示。

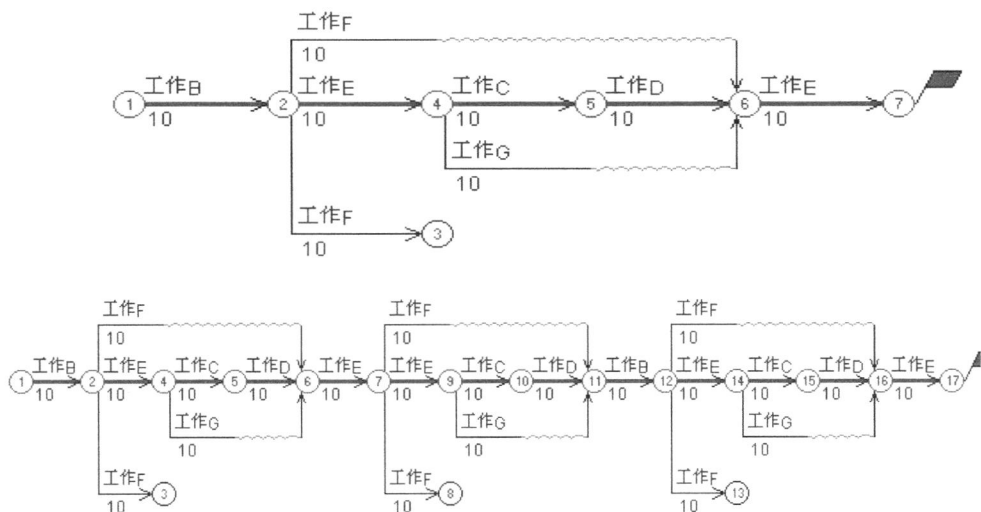

图 3-34

② 实现网络数据文件共享，选择任何与其连接机器的文件或数据，直接引入其数据或文件到当前编辑的项目中，如图 3-35 所示（网上邻居说明可从网上任何位置引入数据，当然包括本机）。

图 3-35

③ 我们选择来源于网络图库的工作。我们现在再新建第三个文档，添加一项工作 A，在工作 A 上双击鼠标左键，选择网络图库，在网络图库中，选择一些以前我们所积累的标准网络，我们可以像搭积木那样随心所欲地进行连接作图，关键线路、逻辑关系等整个过程计算机会智能处理、再确定。如图 3-36 所示。

图 3-36

2）流水施工

① 在施工中我们会经常进行流水作业，做分层分段流水是一个烦琐复杂的过程，往往花几天时间，关系还不一定全作对，一旦有部分变化调整起来就更困难了。而用 PERT 软件做流水网络图只要选择好一个标准层，给流水段数、流水层数、流水起伏，然后确定。一个流水网络瞬间便完成了，不到一分钟时间，793 项工作，278 天的工作，很轻松地做完。如图 3-37 所示。

② 窗口分割功能：为了便于操作，鼠标光标在"设置整图和局部显示屏"点击左键屏幕上就会出现双屏显示，上面是整图，下面是局部，拖动上面的"小方框图"和"Shift ＋鼠标光标"这样便于进行远距离操作。如图 3-38 所示。

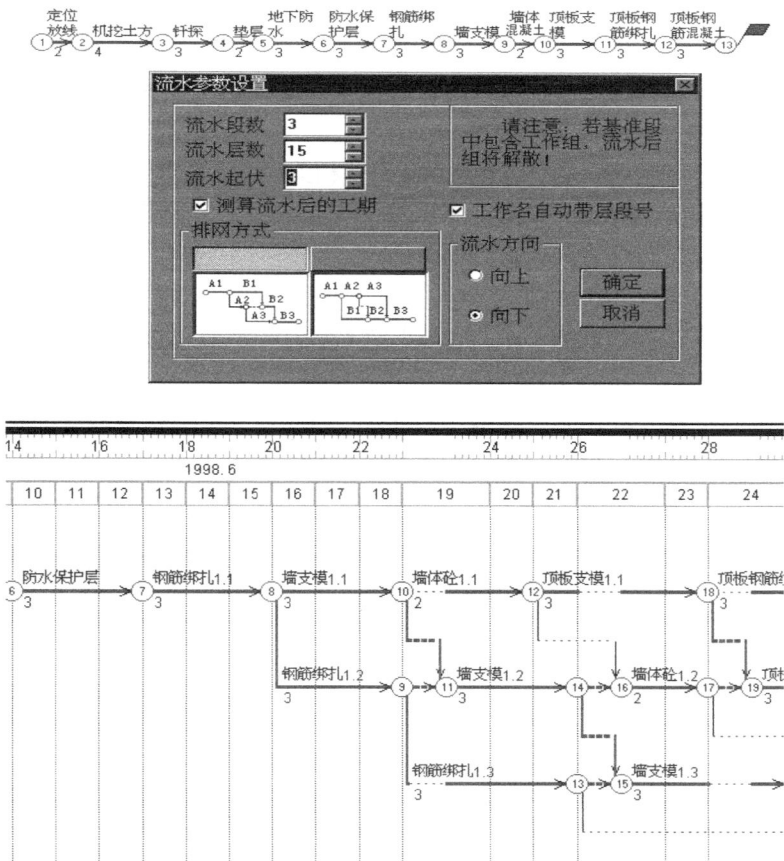

图 3-37

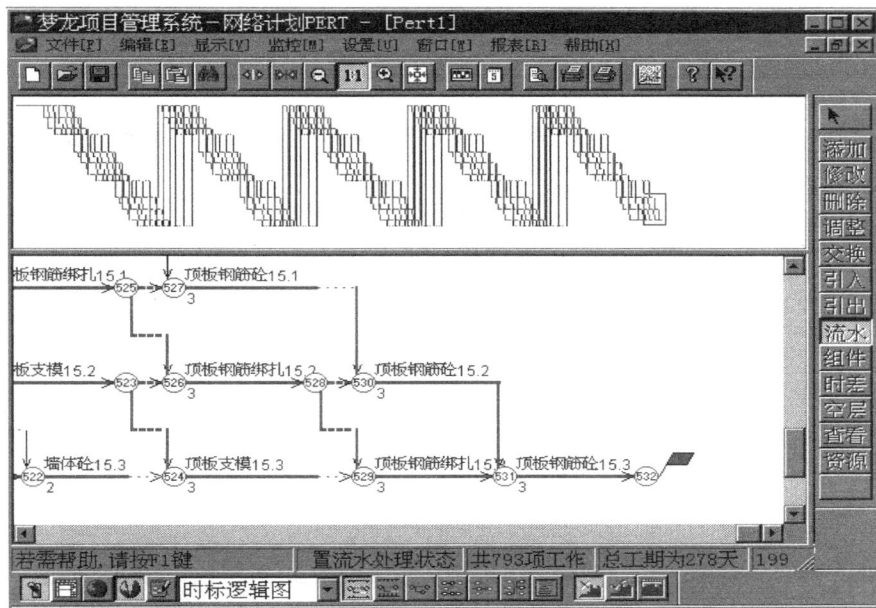

图 3-38

③ 位错技术：由于采用了先进的位错技术，能够 100% 准确的表达网络图的逻辑关系。这是目前唯一真正能够 100% 表达逻辑关系的软件。我们打开时标逻辑图和时标网络图仔细分析一下，时标网络图中的有些逻辑关系是不正确的，时标逻辑图既能够表示正确的逻辑关系，也能够表示清楚时间关系。

3）资源的管理。资源的控制与工程进度是密切相关的，它直接反映工程项目的运营状况。

在我们的软件中资源处理有三种形式。第一种是通过定额直接分配，第二种是从资源库中选取，第三种是用户自定义资源。

① 从定额直接分配，用这种形式我们甚至可以不用输入工作名称，名称直接从定额库取。只要给定工程量，然后可直接"分配"资源。这里的定额库用户可自行维护，添加、修改定额子目，建立自己企业的施工定额。

对某工作进行修改，弹出工作信息卡，单击"工程量编码"，系统会弹出定额库列表，从中选取需要的子目确定，输入计划量后来到"资源"栏，单击"分配"按钮，系统自动将该定额所含资源添加进来。如图 3-39 所示。

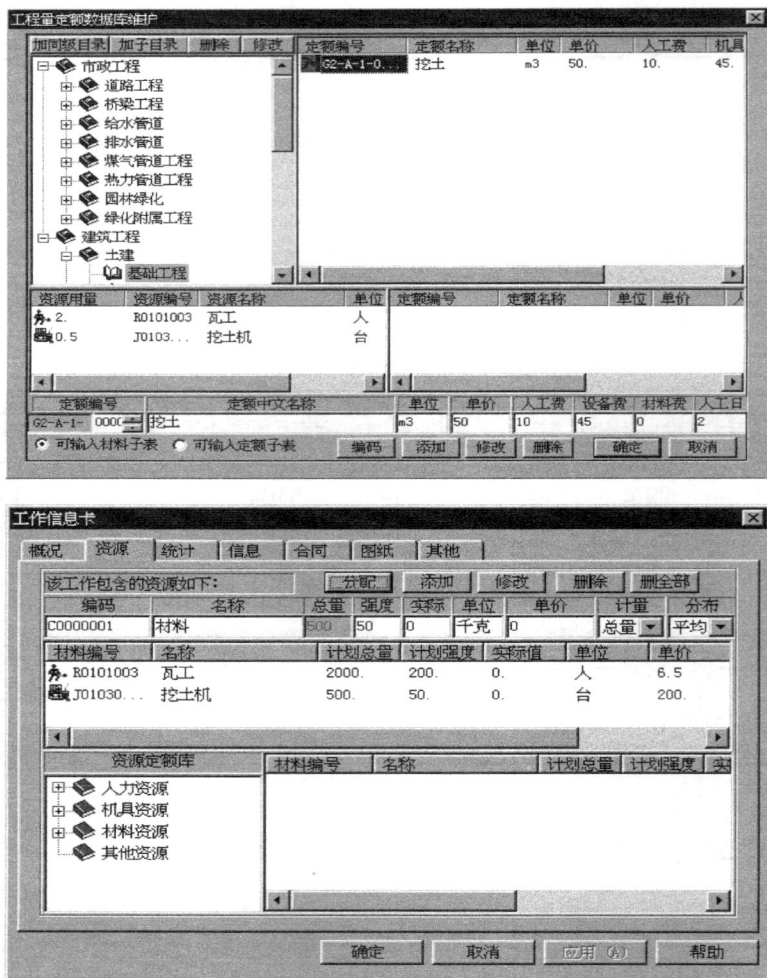

图 3-39

② 从资源库选定，软件中资源库用户是可以维护的，这里的资源与预算中的材料不同，如人工在预算中是综合工日，不可能这么细。设定资源输入不受库约束时，可以输入任意资源。如图 3-40 所示。

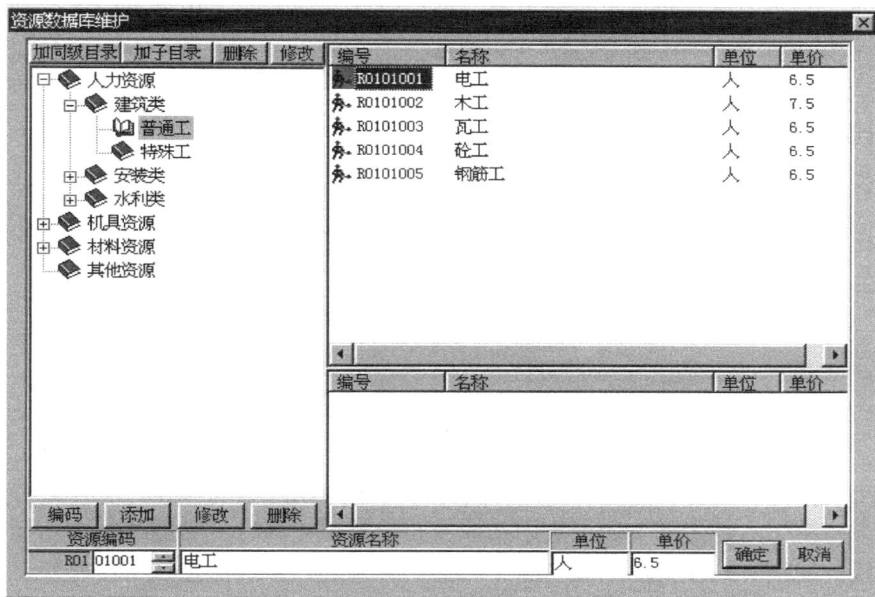

图 3-40

在资源栏中从资源库里选定资源，输入强度（每天用量）或总量（总数量）然后添加，这项工作的资源就添加好了，资源数量是没有限制的，用户可添加任意多种资源，我们可以再加一个不受资源库约束的资源，如添加一个"材料"。如图 3-41 所示。

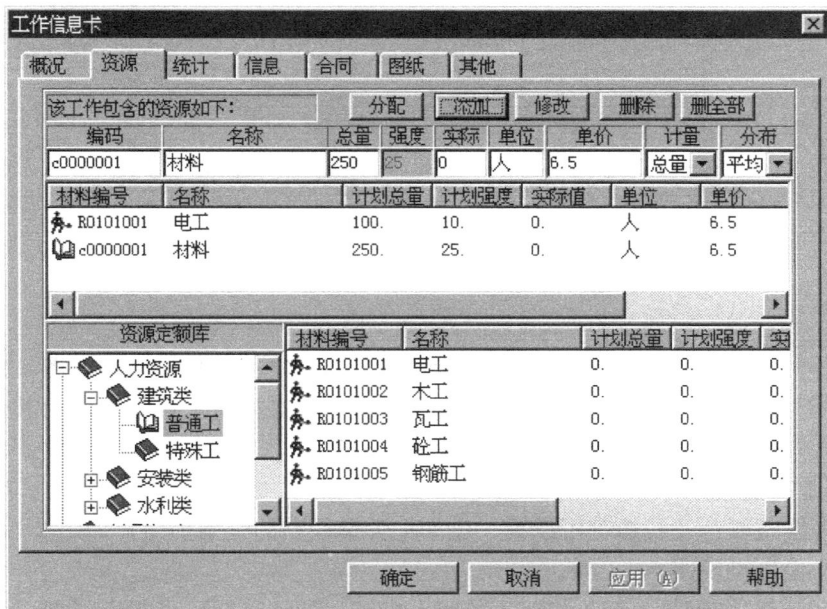

图 3-41

③ 上面所提到的资源处理方法都是通过工作来添加的，如果我们临时要用一些资源而库中没有，可以自定义。有时任务紧，没有时间详细每项工作去添加资源，可直接画出资源曲线。

首先在主菜单中选自定义资源图设置，弹出对话框如右图，添加自定义资源编码及名称。然后在资源列表中选取刚才自定义的资源，再单击编辑条中的"资源"按钮后，用鼠标在屏幕下方资源框中拖动，出现图 3-42 对话框，选择资源并填写数量后系统会自动生成资源曲线。

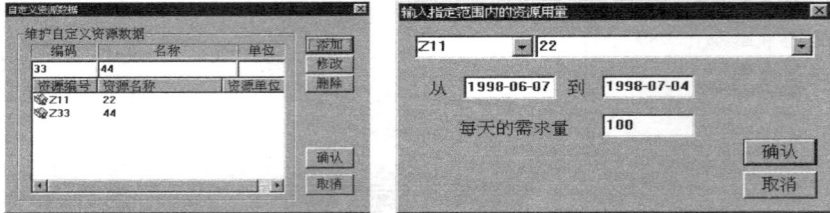

图 3-42

添加上资源后用鼠标在屏幕下面的状态转换条中单击"含资源曲线"，然后当鼠标在资源状态下时单击右键，从资源列表中选取所要的资源，同时定义曲线类型。系统自动显示资源曲线。我们看到在资源列表中除了添加的资源外，系统还定义了一些资源，如工作交接、总人数、总费用等，这些资源用户可以直接使用。如图 3-43 所示。

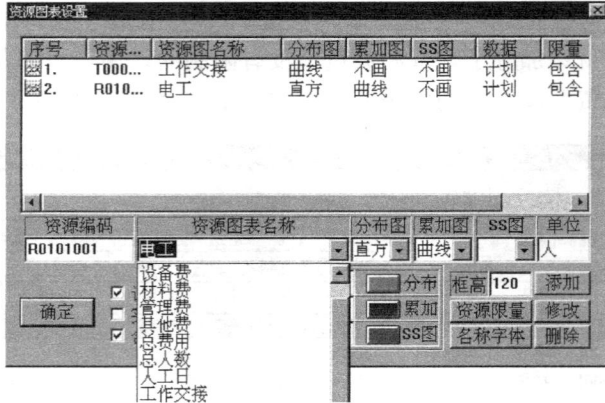

图 3-43

软件也可以单独输出资源图、资源图与网络图同时输出或只输出网络图，您可以随意选择。有了资源分布，我们就可以作出材料供应计划，人员需求计划等，为其他部门的工作提供依据。并对进行工程实际控制提供准确的信息。

（6）其他功能

1）各种线条颜色及线粗都可设置，比如把关键线路的线条加粗，如图 3-44 所示。

2）工作信息卡说明

工作信息卡包含了与每个工作相关的所有内容，如统计栏可根据资源情况统计出各种费用、人数；信息栏可记录该工作负责人、施工地点及施工情况等。如图 3-45 所示。

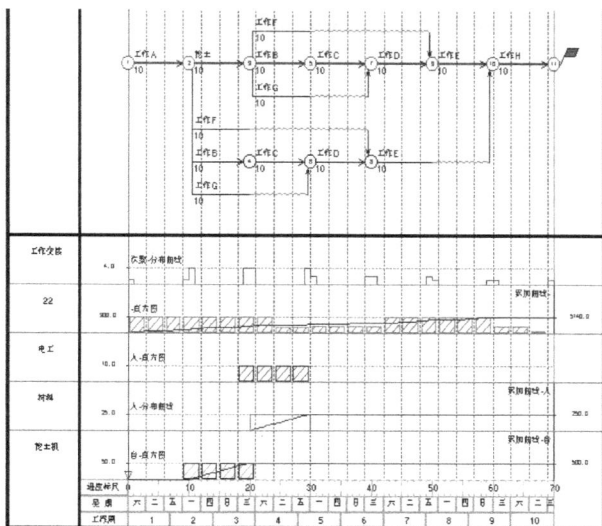

图 3-44

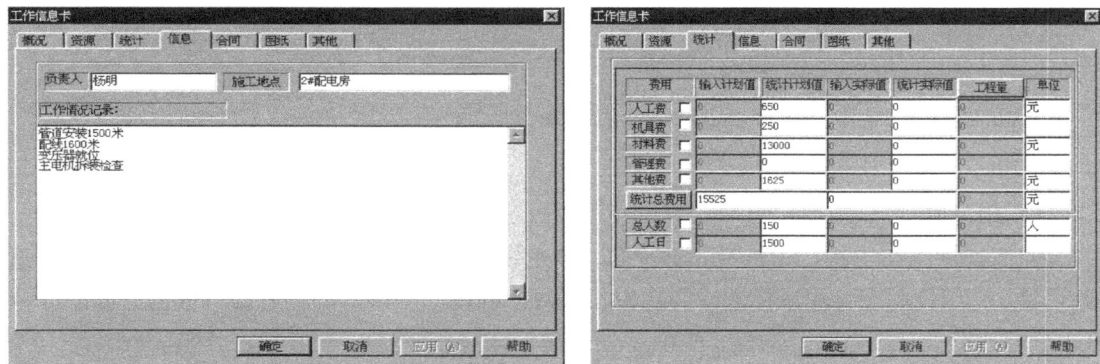

图 3-45

其他各栏将在相关内容中做介绍，这里我们详细看一下概况栏。①中、外名称。②时间单位：天、小时、分钟。③实、虚、子网络、里程碑、辅助、挂起工作。

如果只想表示一下两个工作之间的关系，而并没有持续时间，就可以选定工作类型为虚工作。

里程碑在软件中实际上就是控制点，控制点是一一对应的，可实现多个相关网络图的连接，本网络图的控制输入点就是另外一个网络图的控制输出点，如电梯到货，本网络图的控制输出点就是另外一个网络图的控制输入点，如电梯安装完毕。里程碑也往往被用来表示一些重要的工作阶段或标志性时间。

在实际工程中，有一些工作伴随工程始终，但并不决定工期的长短，如水电配合、安全工作、后勤保障等，就可以利用辅助工作来表示。

还有一些工作间歇和等候要占用工期，但并无实际工作内容，如养护、等候材料等，就可以用挂起工作表示。

丰富的工作类型可以使您清楚、形象地表示各种不同的工作。如图 3-46 所示。

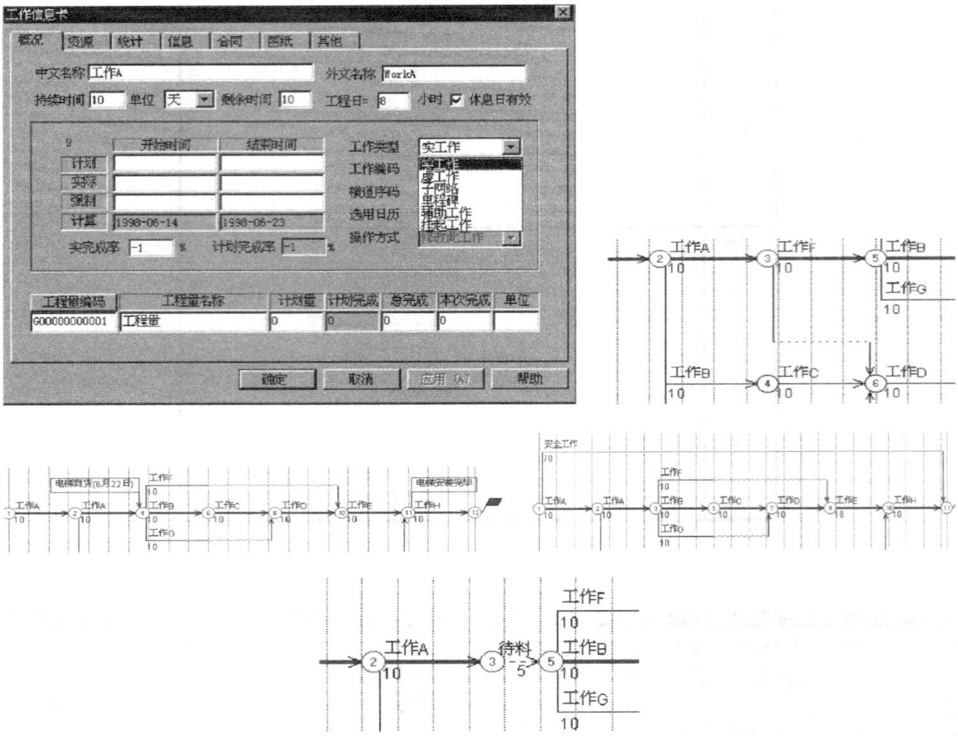

图 3-46

3）组件功能

如何处理网络搭接，一直是一个难题，梦龙软件采用全新的组件概念，完美地处理了这个问题。选组件状态，用鼠标选中同层中相邻两个或多个工作，确认后即可成组。如图 3-47 所示。

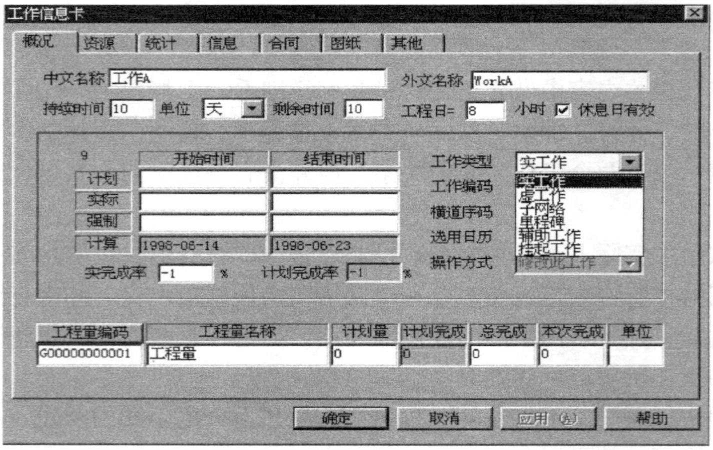

图 3-47

4）自由时差调整功能

非关键工作上有机动时间，被称为自由时差，我们如果要调整它，在时差状态下双击该工作可拖动滚动条修改，也可用 Shift＋鼠标拖动直接进行调整，十分方便。除了自由时差，非关键线路上还有总时差，可以同样调整如图 3-48 所示。

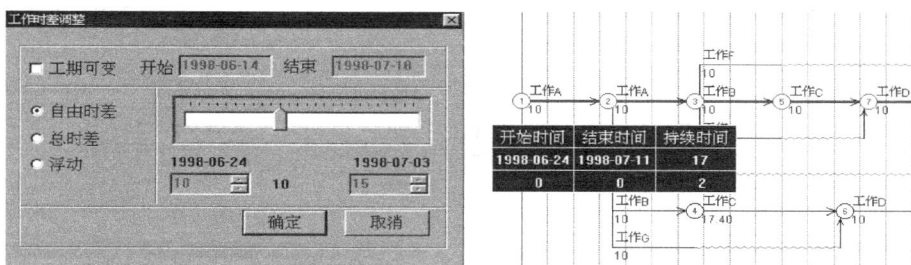

图 3-48

5）分割区域功能

一个网络图中含有不同阶段、不同部位或不同性质的几类工作时，想让他们在网络图上排列在不同区域，这时可以用区域分割，填写好相应内容确认即可，如图 3-49 所示。

6）休息日设定功能

软件提供休息日设定功能，设定休息日后，工期将会自动顺延，并在网络图上用灰色线标识，如果某些重要的工作不能休息，还可单独设定休息日无效。

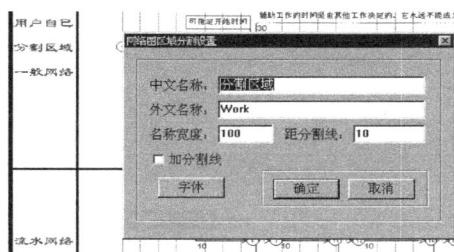

图 3-49

7）如果我们使用小幅面的打印机打印大图，软件会自动分页处理。预览时要调整比例或图的大小，无需退出预览状态，可直接调整。

（7）动态控制（图 3-50）

作好的网络图如何进行实际应用，来对工程实施控制？确定冻结时间，输出前锋线，我们就可以十分清楚地看到每项工作的进度情况，是超前还是滞后，系统还会自动给已完成的工作打上盘点标志。

前锋线是一条用来表示各工序实际进度的折线。它是怎样生成的呢？首先我们打开工程 T1，指定冻结时间，这时会在指定日期的时标出现一条红线。然后分别输入各工序截至当日的实际完成率，系统自动生成一条围绕红色冻结时间线的紫色折线，在红线右面的表示该项工作超前完成，在红线左面的表示该项工作滞后。有了这条前锋线，我们就可以形象地看到工程进行的实际进度，从而可以依据它进行计划调整。

要对整个工程进行控制，就要定期检查工作进度，输出前锋线。每次检查进度系统都在更新计划变更表中作了记录，完全符合 ISO 9000 对工作应具有可追溯性的要求。

利用系统给定的预测功能，可按计划或实际进度预测出超期或提前时间，即使再优秀的项目经理，也不可能准确地说出超期的具体天数，而计算机就可以提供十分确切的数据，并可锁定预测结果将前锋线拉直，再做新的计划。

根据要求修改计划后，系统会自动生成计划变动列表，将所有发生变化的工作列出来，确认无误后，可将打印出来并下发执行。

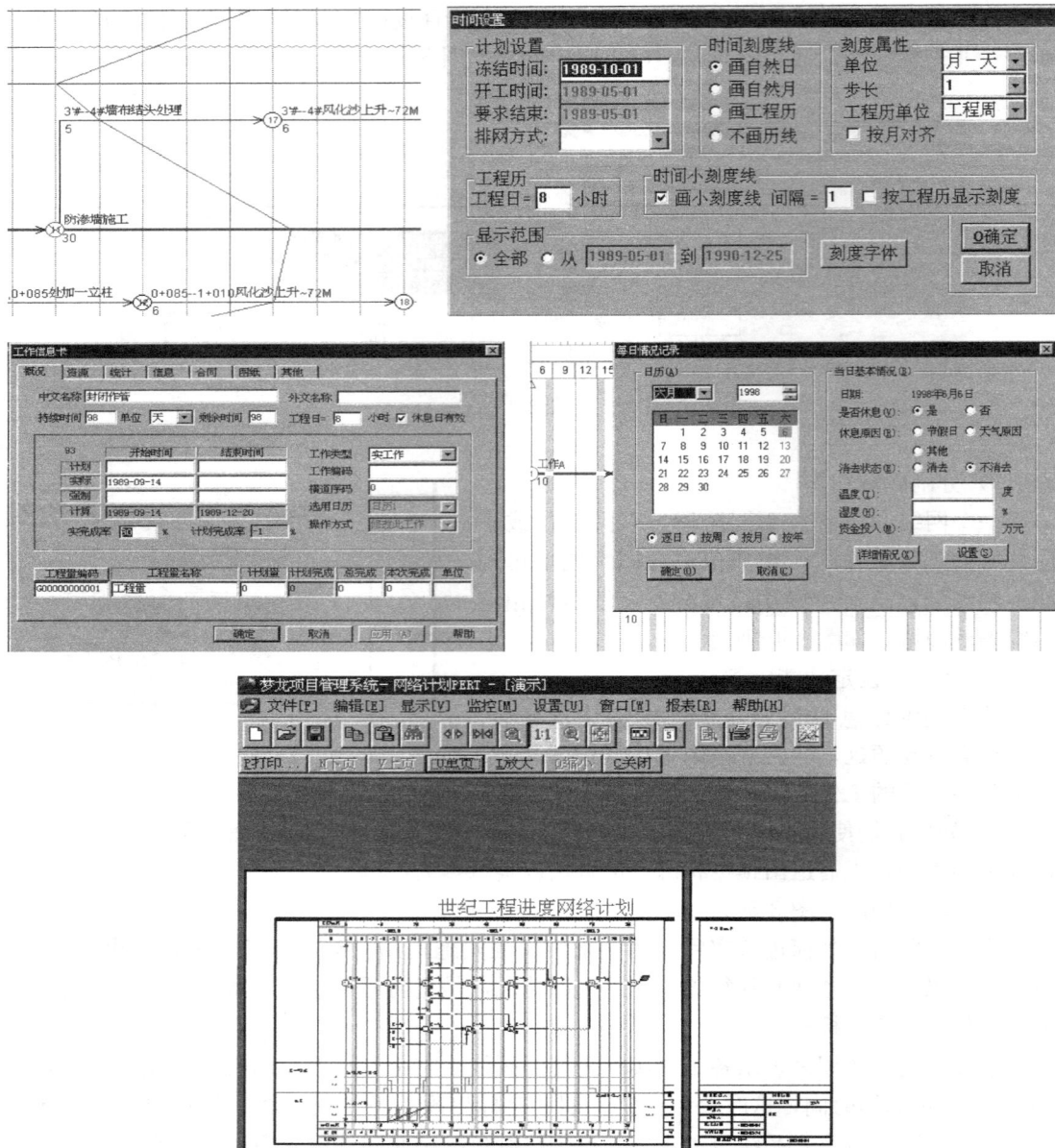

图 3-50

在工程现场管理时，每天都要写施工日志，软件中也有这个功能，单击上操作工具条上的"工程日历设置"按钮，出现图 3-51，填写基本情况。

我们还可以录入当日的详细情况，现场的实物照片（现场照片可扫描或用电子相机）都可以存进去。备注中可做详细记录。

系统还提供了与梦龙项目管理集成系统中其他软件的数据共享能力。在工作信息卡上，我们看到每项工作都可以有与其相关的合同信息，从合同列表中可直接添加，然后利用"监控"中的合同检查功能，能够检查到与计划冲突的合同，需要修改计划则调整网络计划，网络计划实在不能修改，就要修改合同或签订补充协议。

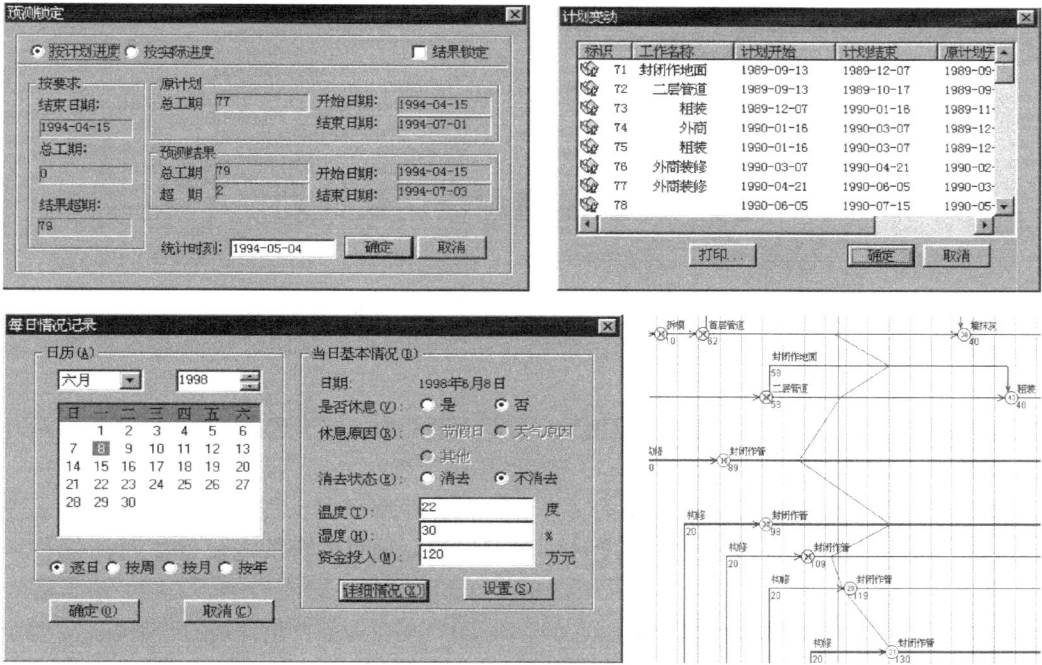

图 3-51

　　同样图纸检查也可以提示用户网络计划与图纸设计日期的冲突，从而提供给管理者准确的决策依据，避免带来不必要的时间和经济上的损失。这也正体现了梦龙软件并非简单堆砌的真正集成化思想。梦龙各个软件配合使用，必将产生更大的效益（图 3-52）。

图 3-52

课后自测及相关实训：

1. 施工进度相关工作页。
2. 编制＊＊工程施工进度计划。

任务 4　编制资源需用量计划

【知识目标】　掌握材料、劳动力及施工机械使用计划的编制方法。

【能力目标】　能够组织编制劳动力需用计划表；能够组织编制施工机具与设备需用量计划；能够组织编制材料需用计划表。

【素质目标】　独立工作能力；应变处理能力；分析判断能力；评价选择能力；开拓创新能力。

任务介绍：

项目经理部，已经熟悉项目的相关文件，并且已经编制本工程的施工方案和施工进度计划，根据项目的施工方案和施工进度计划，可以编制项目的资源需要量计划。

任务分析：

根据《建筑施工组织设计规范》GB/T 50502—2009 对资源需要量计划的编制原则，确定劳动力需要量计划和物资配置计划，具体包括确定工程用工量并编制专业工种劳动力计划表、工程材料和设备配置计划、周转材料和施工机具配置计划以及计量、测量和检验仪器配置计划等。

根据建设项目施工进度计划，将主要实物工程量进行汇总，编制工程量进度计划。然后根据工程量汇总表计算主要劳动力、材料及施工技术物资需要量。

8. 劳动力需用量计划

（1）资源供应计划的编制原则

1）遵循国家的法律、法规等法令性条文的有关规定；

2）遵循国家各项物资管理政策和要求；

3）因地制宜，按照市场供求规律编制资源供应计划；

4）根据甲方的合同要约编制资源供应计划；

5）尽量组织工程所在地的资源，以减小采购成本；

6）资源供应计划应与施工进度计划相适宜；

7）结合施工企业的流动资金状况编制切实可行的资源供应计划；

8）以满足施工质量、安全和进度等需要为前提。

（2）资源供应计划的编制依据

1）设计图纸及其工程量；

2）施工方案及施工进度计划；

3）发包方在合同条款中提出的特殊要求；

4）资源储备及运输条件等；

5）可供利用的资源状况；

6）资源消耗量标准。

（3）编制资源供应计划的要求

保质保量、适时、因地制宜、合理低价、充分挖掘社会资源。

（4）主要资源组织计划的编制方法

1）确定主要施工资源；

2）编制资源组织计划表格；

3）计算每个施工项目单位时间的资源需要量；

4）累计汇总；

5）平衡和优化资源。

（5）劳动组织方式

劳动组织是指按照工程项目的建设目标，将具备一定劳动技能的劳动力组织起来，选择最佳的劳动组合方案，使之满足施工项目需要，并能充分发挥劳动力的作用，提高工效，以求创造更多的物质财富。

劳动组织方式一般分为直线式、职能式、直线职能式或矩阵式四种，通常以职能式或矩阵式组建项目经理部的居多。

（6）施工作业班组设置及其组织优化

施工作业班组按一般工艺原则来组建，即将具备某一专项技能的劳动者组织起来，为完成某个主要工序配置生产技术和作业人员，并配备必要的生产工具、机械和设备来组建班组。

组建施工作业班组时一般应满足以下要求：

1）保证每个成员的最小工作面

人工数量＝施工作业面面积（m^2）/最小工作面（m^2/人）

2）同一工种工人的技术等级应搭配合理

3）按施工工艺要求的最低限度配备施工人数

（7）施工队的设置及劳动组织优化

施工队往往由若干个不同工种的施工作业班组组成，一般按对象原则进行组建，即为了完成某个分部分项工程、某一构件等成品，把技术上相互关联的作业班组或个人组合起来，以加工"成品"为对象而组建的施工作业单位。

1）按机械作业需要配置辅助人工数量；

2）紧前紧后工序的施工力量配置应协调一致；

3）根据施工技术含量配备必要的专业技术人员；

4）根据施工方式组建施工队。

（8）劳动力需要量计划

劳动力配备遵循："足量供应、保证质量、尽量均衡"的原则。

1）劳动力需要量示意图（图 3-53）

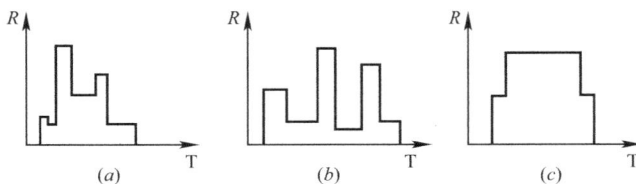

图 3-53 劳动力需要量示意图

（a）短时高峰；（b）锯齿波动；（c）均衡情况

劳动力需要量示意图反映了施工期间劳动力的动态变化,是衡量施工组织设计合理性的重要标志。

$$K = \frac{R_{\max}}{R_{平均}} \tag{3-4}$$

式中　$R_{\max}$——施工期间劳动力最高人数;

　　　$R_{平均}$——施工期间加权平均人数,即总劳动量/计划总工期。

2) 劳动力需要量计划表 (表 3-14)

劳动力需求量表　　　　　　　　　　　　　　　　　　　　　　表 3-14

序号	工种	人数	需要人数及时间					备注
			年度					
			1 季度	2 季度	3 季度	4 季度	合计	

根据劳动力需要量图,可以编制劳动力需要量计划。劳动力需要量计划,主要是作为安排劳动力的平衡、调配和衡量劳动力耗用指标、安排生活福利设施的依据。

(9) 劳动需要量计算示例

某水泥混凝土路面工程施工任务,路面厚度为 20cm。工程量为 50000m²,分散拌合,手推车运输,人工铺筑。查施工进度计划,该项施工任务在 120 天内完成,采用 1 班制作业,试确定日劳动力需要量。

1) 根据 2017 版辽宁省建设工程预算定额,确定工料机消耗量

　　　　　人工:　　　　　　　　　　　　　290.3 工日/1000m²
　　　　　250L 以内混凝土搅拌机:　　　　7.43 台班/1000m²
　　　　　水泥混凝土真空吸水机:　　　　　3.48 台班/1000m²
　　　　　混凝土切缝机:　　　　　　　　　3.36 台班/1000m²
　　　　　4000L 以内洒水汽车:　　　　　　1.44 台班/1000m²

从上述可以看出 250L 以内混凝土搅拌机是控制施工进度的主导机械,若按正常的施工条件组织施工,保证机械工效,充分发挥机械潜力,平均每个台班合理配置的人工数量为:

$$290.3 \div 7.43 = 39.07 \rightarrow 39 \text{ 人}$$

2) 计算劳动量

$$D_{人工} = 50000\text{m}^2 \times 290.3 \text{ 工日}/10000\text{m}^2 = 14515 \text{ 工日}$$

3) 计算机械作业量

$D_{搅拌机} = 50000\text{m}^2 \times 7.43$ 台班/1000m² = 371.5 台班　　$D_{吸水机} = 50000\text{m}^2 \times 3.48$ 台班/1000m² = 174 台班

$D_{切缝机} = 50000\text{m}^2 \times 3.36$ 台班/1000m² = 168 台班　　$D_{洒水机} = 50000\text{m}^2 \times 1.44$ 台班/1000m² = 72 台班

4) 计算日劳动力需要量及机械台数

当要求该项施工任务 120 天完成时 (= 120),

每日需要:$R_{人工} = D_{人工}/(T_{人工} \times n) = 14515 \div (120 \times 1) = 120.96$ 人,取 121 人;

$R_{搅拌机} = D_{搅拌机}/(T_{搅拌机} \times n) = 371.5 \div (120 \times 1) = 3.10$ 台,适当加班取 3 台;

$$R_{吸水机}=D_{吸水机}/(T_{吸水机}\times n)=174\div(120\times1)=1.45\ 台，取\ 2\ 台$$

$$R_{切缝机}=D_{切缝机}/(T_{切缝机}\times n)=168\div(120\times1)=1.40\ 台，适当加班取\ 1\ 台；$$

$$R_{洒水车}=D_{洒水车}/(T_{洒水车}\times n)=72\div(120\times1)=0.6\ 台，取\ 1\ 台$$

根据以上计算结果，在正常的施工条件下，每日合理配置人数在 $3\times39=117$ 至 121 人之间，施工时可按施工组织需要调整。

9. 施工机具与设备需要量计划

（1）机械化施工组织设计的内容

1）机械化施工总体计划的内容

① 确定施工计划总工期。

② 重点工程的机械施工方案和方法。

③ 机械化施工的步骤和操作规程、相关的机械管理人员。

④ 机械最佳配置、各季度计划台班数量。

⑤ 机械施工平面设置与机械占地布设。

⑥ 确定机械作业的总体进度计划。

2）机械化施工分部分项工程计划内容

① 分部分项工程日进度计划图表。

② 工程项目机械配合施工的安排计划（施工方法、机械种类）。

③ 机械施工技术、安全保证措施。

④ 机械检修、保养计划和措施。

⑤ 机械的临时占地布设和现场平面组织措施。

（2）经济车辆数的确定

1）一般方法（表 3-15、表 3-16）

运输车辆的倒车和卸车时间 表 3-15

作业条件	后卸车	底卸车	侧卸车
顺利	1.0	0.4	0.7
一般	1.3	0.7	1.0
不顺利	1.5~2.0	1.0~1.5	1.5~2.0

运输车辆的调车时间 表 3-16

作业条件	后卸车	底卸车	侧卸车
顺利	0.5	0.15	0.15
一般	0.3	0.5	0.5
不顺利	0.8	1.0	1.0

① 铲斗容积比的选择：挖掘机和汽车的利用率达到最高值时的理论铲斗容积比（汽车容量与挖掘机斗容量之比），是随着运距的增加而提高，随着汽车平均行驶速度增快而降低，也就是随着汽车循环时间的增加而提高的。

② 汽车载重量的利用程度：它与铲斗容积比、汽车载重量或车厢容积以及土的密度等因素有关。

$$\frac{Q}{W} \geqslant n \leqslant \frac{V}{V_1} \tag{3-5}$$

③ 与一台挖掘机、装载机配套的自卸车车辆数 N：

$$N = \frac{T}{t_1} \tag{3-6}$$

式中　T——自卸车的工作循环时间，可由式（3-7）计算：

$$T = t_1 + t_2 + t_3 + t_4 \tag{3-7}$$

　　t_1——用装载机械装满一车厢所需时间，min；

　　t_2——重车运输行驶时间和空车返回的行驶时间，min；

　　t_3——在卸料点倒车转向和卸料的时间 min；

　　t_4——在装载机械近旁的调车时间，不包括因等候装车耽误时间。

2）优化方法—排队论法

设 N 为车队中汽车的车辆数；a 为汽车的平均到达率，以每小时达到的次数计（按无延误计算，不包括装车时间）；L 为挖掘机每小时平均装车辆数；$r = a/L$ 为每小时到达率与每小时装车辆数的比值。设 P_0 为挖掘机无车可装的概率；P_t 为挖掘机有一辆车或 n 辆车可装的概率。

因此在挖掘机前不是无车可装，就是有一辆车可装，概率 P_0 和 P_t 之和必须为 1，故

$$P_0 = 1 - P_t$$

为了计算 P_t 和 P_0 值，可先按下述方法求出 γ 值：

$$a = \frac{1}{t_2}$$

$$L = \frac{1}{t_1} = \frac{Q_w}{V}$$

$$\gamma = \frac{a}{L} = \frac{t_1}{t_2} = \frac{V}{Q_w \cdot t_2}$$

挖掘机无车可装的概率 P_0 和有车可装的概率 P_t，取决于汽车的量数 N 和 $\gamma_0 P_0$ 值可用下式精确计算出来。

$$P_0 = \left[\sum_{t=0}^{N} \frac{N!}{(N-i)!} (\gamma)^i \right]^{-1}$$

运用排队论证法确定挖、运机群可能达到的生产率 Q 可用下式计算：$Q = 1.03 Q_w P_t$

与一台挖掘机配套的最适宜车辆数的近似值 N' 可由下式计算：

$$N = \frac{1}{\gamma}$$

3）机械的维修及保养计划

机械化施工组织设计中，应该包括对机械的维修保养计划，同时它也是机械化施工管理的组成部分。正确使用机械，是提高工作效率，降低机械使用费的主要途径。

① 生产

a. 机械在生产使用中的状态（重点在运转效率）；

b. 工地及计划中是否有闲置的备用机械；

c. 机械故障的出现对机械的影响程度及对进度的影响程度。

② 维修

a. 机械发生故障的频率（是否应尽快维修）；

b. 机械发生故障的维修时间是否导致长时间停工；

c. 机械修理故障所消耗的费用是否值得。

③ 质量

a. 带故障的机械对工程质量是否有影响；

b. 故障机械的修理费用与影响质量效果的比重。

④ 安全

a. 因机械故障可能引起的伤害程度；

b. 机械故障可能引起的公害程度。

机械维修从开始到结束都要做好记录，一是备查，二是统计费用，三是对操作员负责的机械进行追踪管理（表 3-17）。

机械维修存档记录表　　　　　　　　　　表 3-17

机械规格名称	厂家名称	维修原因	维修方式	维修部位	维修时间	备注

机械师：　　　　　　　　　　　　　　　　记录员：

⑤ 保养（表 3-18、表 3-19）

机械故障检查记录表　　　　　　　　　　表 3-18

机械规格名称	操作员	厂家名称	正在施工的作业	受损部位	初步结论	时间	备注

检修员：　　　　　　　　　　　　　　　　记录员：

机械保养存档记录表　　　　　　　　　　表 3-19

机械规格名称	厂家名称	操作员	保养部位	维修部位	保养级别	保养时间	备注

机械师：　　　　　　　　　　　　　　　　记录员：

保养大致可分为定期保养和日常保养。定期保养是拆卸分解整套机械的保养，恢复其原来的性能，是它能长期使用；日常保养指每周、每月进行保养。

A. 每日保养。

B. 每周保养。

C. 每月保养。

D. 润滑管理。

进行正确的润滑工作，必须遵守四个原则：

润滑必须在适当的时期进行；

润滑必须在适当的部位进行；

润滑必须选用适当润滑油；

润滑油用量要适中。

（3）主要机械需要量计划的编制

① 确定施工任务。

② 确定机械种类及需要量。

施工主导机械的每日需要量确定后，其他辅助机械可根据施工组织情况或采取必要的施工组织措施调整每日需要量。

③ 编制主要机械需要量计划表。

（4）其他机械作业计划的编制

1）施工主导机械作业计划

① 根据施工总体进度计划，在横道图中按施工次序列出采用机械化施工且由主导机械控制施工进度的作业项目名称，并将主导机械的机种列入主导机械栏内。

② 在施工总进度计划中，查出以上各作业项目的开、竣工时间（与总进度计划一致）及作业周期，并确定每日需要台数。

③ 按各作业项目的开、竣工时间及作业周期（与总进度计划一致），绘制主导机械的横道图。

2）常用机械作业计划

① 根据施工总体进度计划，列出使用该种机械的所有作业项目，并按其实际工程量和机械台班消耗定额确定各作业项目的作业周期及作业量。

② 依据开、竣工时间和作业周期（与总进度计划对应并一致）绘制该种机械的横道图。

10. 材料需要量计划

（1）工材料的组成

材料需要量计划一般在已拟订了施工方案的基础上，并在制订了施工进度计划后进行编制，其编制依据主要有：

① 施工图设计文件。

② 招标文件及其工程量清单。

③ 施工方案和施工进度计划。

④ 公路工程概算或预算定额。

⑤ 施工承包合同。

（2）材料需要量的计算步骤和计算方法

1）计算步骤

① 根据施工进度图中的时间坐标进程，逐月统计每月已（或应）开工的施工任务（平行作业）的个数，并确定和记录各施工任务的开工和结束时间。

② 确定材料种类，计算各种材料需要量。

③ 划定主材种类，计算主材每日消耗量。

2）计算方法

计算分部分项工程的材料需要量，首先应明确分部分项工程的施工方案及施工方法，然后根据工程施工内容套用定额

施工项目材料消耗量（供应量）＝施工项目工程数量×材料消耗定额

施工项目每日消耗量＝施工项目材料消耗量（供应量）/作业工期

施工项目工程数量＝施工项目实际（设计）工程量/定额单位

（3）主要材料需要量计划的编制（表3-20）

主要材料计划表　　　　　　　　表3-20

序号	材料名称及规格	单位	数量	来源	运输方式	年度、季度需要量										备注
						××××年					××××年					
						一季度	二季度	三季度	四季度	合计	一季度	二季度	三季度	四季度	合计	
1	2	3	4	5	6	7	8	9	10	11	12	13	14	15	16	17

主要材料包括施工需要的钢材、水泥、木材、沥青、石灰、砂、石料、爆破器材等，以及有关临时设施和拟采取的各种施工技术措施用料，预制构件及其他半成品亦列入主要材料计划中。

【例3-1】　某工程的资源需要量

施工中做好材料的计划准备工作，施工材料根据日需求量，按5天用量进行储备。

在工程施工过程中，项目协调人具体指挥、协调各个项目的实施。

1. 劳动力组织与安排（表3-21）

劳动力组织与安排表　　　　　　表3-21

| 工种、级别 | 按工程施工阶段投入劳动力情况 | | |
	基础	主体	装饰
力工	20	20	20
瓦工	3	10	8
木工	70	25	1
电工	2	2	3
架子工	6	8	2
抹灰工			15
钢筋工	40	15	1
维修工	1	2	1
起重工		1	1
水暖工	2	2	3
混凝土工	8	8	1

针对本工程合理科学地组织施工，保证施工均衡及其连续性，合理安排好施工顺序和劳力组织，是保证工期和质量的重要因素，在施工中根据施工不同阶段的劳动力需用量，进行周密计划，合理调度，实行动态管理。

（1）基础施工阶段

此阶段主要进行临建施工、基础土方、基础垫层、基础底板的施工和与护壁桩队伍的配合施工。土方施工采用机械挖方，因此只需少量人员清土，土方施工投入劳动力约 152 人。其中钢筋工 40 人，木工 70 人，混凝土工 8 人，瓦工 3 人，架子工 6 人，力工 20 人。进入基础结构施工时，由于作业面的展开，将相应增加劳动力的投入。

（2）结构施工阶段

主体结构施工期间主要进行混凝土柱、梁板，外架搭设等工序。首层施工前，及时组织回填土，先内后外，在首层施工前完成。因此相对基础应增加施工人数。该施工阶段共投入劳动力约 152 人。其中钢筋工 40 人，木工 70 人，混凝土工 8 人，瓦工 3 人，架子工 6 人，力工 20 人。其他辅助配合工人 9 人。

（3）装修和设备安装阶段

该阶段主要进行装修及设备安装作业，装修施工预计平均投入劳动力 42 人，设备安装配合施工劳动力 8 人。

2. 机械设备配备（表 3-22）

主要施工机械设备表 表 3-22

序号	机械设备名称	规格	单位	数量	备注
1	蛙式打夯机	HW—C—20	台	4	
2	钢筋切断机	GJ5—40	台	1	主要用于钢筋加工
3	钢筋弯曲机	WJ5—40	台	1	
4	钢筋调直机	GT4—14	台	1	
5	钢筋焊接机	BX1-300	台	2	
6	电锯（大圆盘）	MJ3212	台	1	主要用于木材加工
7	电刨（手压式）	MB503A	台	1	
8	混凝土输送泵	HB60	台		用于结构混凝土施工
9	混凝土振捣器	插入式 30 型	支	5	
10	混凝土振捣器	平板式	台	1	
11	塔式起重机	40	台	2	垂直运输

本工程所投入的主要机械，全部为我公司自有设备，由项目经理部统一指挥、使用，其中阶段性及加工性机械随工程进度情况逐步进出场。

依据施工进度计划、工程量及机械台班量确定主要机械投入情况如下：

3. 主要材料：

为满足施工及现场堆放材料的需要，一方面在组织供应上采取统一化管理措施，紧随工程进度提供物资；另一方面对进入现场堆放的物资严格管理，加强标识，规范收发领料制度。

钢筋的加工，半成品堆放设于场内，全部钢筋加工成半成品后，运至现场工作面进行最后的组合、连接成型。

木材加工：根据现有条件，木材加工、半成品堆放设于场内，考虑环保需要，木材加工场加设防噪声污染的全封闭措施。

结合场地条件及工程所处的地理位置，混凝土计划全部采用商品混凝土，采用汽车泵浇筑的方式运至作业面。混凝土浇筑配合小步流水，除基础底板外，每次浇筑时间在 6 小时以内，方便施工操作，确保了施工质量，又减少施工对周围环境的影响。

装修施工阶段现场建立砂浆搅拌站，现场拌制，满足砌筑、抹灰施工的需要。

墙、柱采用组合定型模板，一方面提高工效，另一方面提高混凝土质量，达到清水混凝土效果同时满足优质要求。顶板模板采用竹胶合原板，配备快拆支撑，达到各层周转使用效果。

课后自测及相关实训：

1. 资源需要量相关工作页。

2. 编制＊＊工程资源需要量计划。

任务 5　绘制单位工程施工平面图

【知识目标】　掌握单位工程施工平面图绘制方法和技术要求。

【能力目标】　能够绘制单位工程施工平面图。

【素质目标】　集体意识；良好的职业道德修养和与他人合作的精神；协调同事之间、上下级之间的工作关系。

任务介绍：

项目经理部，已经在施工之前编制好了工程概况、施工方法、施工进度计划计资源配置计划，现在单位施工组织设计内容还有单位施工组织施工平面图，本阶段的工作任务就是绘制单位工程施工平面图。

任务分析：

施工现场就是建筑产品的组装厂，由于建筑工程和施工场地的千差万别，使得施工现场平面布置因人、因地而异。合理布置施工现场，对保证工程施工顺利进行具有重要意义，施工现场平面布置应遵循方便、经济、高效、安全、环保、节能的原则。

根据《建筑施工组织设计规范》GB/T 50502—2009 对施工现平面进行设计。

根据建设项目施工进度计划，将主要实物工程量进行汇总，编制工程量进度计划。然后根据工程量汇总表计算主要劳动力、材料及施工技术物资需要量。

单位工程施工平面图是对拟建工程的施工现场所作的平面布置图。是施工组织设计中的重要组成部分，合理的施工平面图不但可使施工顺利地进行，同时也能起到合理使用场地、减少临时的设施费用、文明施工的目的。

11. 施工现场平面布置

（1）施工现场平面布置图的内容

单位工程施工现场平面图是用以指导单位工程施工的现场平面布置图，它涉及与单位工程有关的空间问题，是施工总平面图的组成部分。单位工程施工平面图设计的主要依据是单位工程的施工方案和施工进度计划，一般按 1：100～1：500 的比例绘制。图 3-54 是某施工项目现场平面布置图。

从图 3-54 可以看出，一般施工现场平面布置图应包括以下的内容：

① 建筑总面图上已建和拟建的地上和地下的一切建筑物、构筑物以及其他设施的位置和尺寸。

② 测量放线标桩位置，地形等高线和土方取弃场地。

147

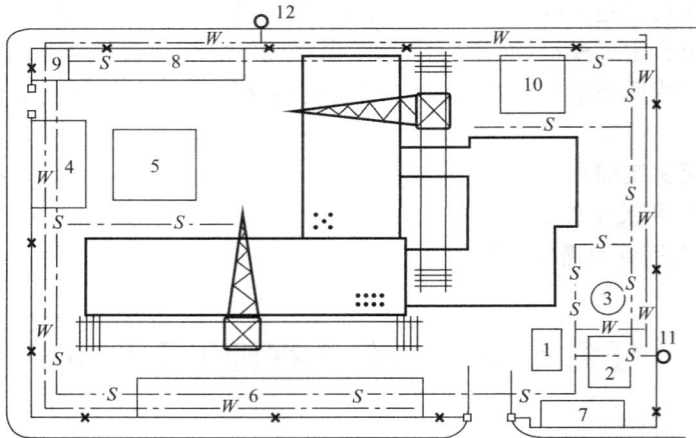

图 3-54 某施工项目现场平面布置图
1—混凝土砂浆搅拌机；2—砂石堆场；3—水泥罐；4—钢筋车间；5—钢筋堆场；6—木工车间；
7—工具房；8—办公室；9—警卫室；10—红砖堆场；11—水源；12—电源

③ 起重机的开行路线及垂直运输设施的位置。

④ 材料、加工半成品、构件和机具的仓库或堆场。

⑤ 生产、生活用品临时设施。如搅拌站、高压泵站、钢筋棚、木工棚、仓库、办公室、供水管、供电线路、消防设施、安全设施、道路以及其他需搭建或建造的设施。

⑥ 场内施工道路与场外交通的连接。

⑦ 临时给排水管线、供电管线、供气供暖管道及通信线路布置。

⑧ 一切安全及防火设施的位置。

⑨ 必要的图例、比例尺、方向及风向标记。

上述内容可根据建筑总平面图、施工图、现场地形图、现有水源、场地大小、可利用的已有房屋和设施、施工组织总设计、施工方案、进度计划等，经科学的计算、优化，并遵照国家有关规定进行设计。

（2）施工现场平面图布置的原则

1）平面布置科学合理，施工场地占用面积少；

2）合理组织运输，减少二次搬运；

3）施工区域的划分和场地的临时占用应符合总体施工部署和施工流程的要求，减少相互干扰；

4）充分利用既有建（构）筑物和既有设施为项目施工服务，降低临时设施的建造费用；

5）临时设施应方便生产和生活，办公区、生活区和生产区宜分离设置；

6）符合节能、环保、安全和消防等要求；

7）遵守当地主管部门和建设单位关于施工现场安全文明施工的相关规定。

施工现场的一切设施都要利于生产，保证安全施工。要求场内道路畅通，机械设备的钢丝绳、电缆、缆绳等不能妨碍交通，如必须横过道路时，应采取措施。有碍工人健康的设施（如熬沥青、化石灰）及易燃的设施（如木工棚、易燃物品仓库）应布置在下风向，离开生活区远一些。工地内应布置消防设备，出入口设门卫。山区建设还要考虑防洪、山体滑坡等特殊要求。

根据以上基本原则并结合现场实际情况，施工平面图可布置几个方案，选取其技术上最合理、费用上最经济的方案。可以从如下几个方面进行定量比较：施工用地面积、施工用临时道路、管线长度、场内材料搬运量和临时用房面积等。

12. 施工现场平面图的设计步骤

建筑工程由于工程性质、规模、现场条件和环境的不同，所选取的施工方案、施工机械的品种和数量也不同，因此，施工现场要规划和布置的内容也会有多有少。同时工程施工又是一个复杂多变的过程，它随着工程施工的不断展开，需要规划和布置的内容逐渐增多；随着工程的逐渐消耗，施工机械、施工设施逐渐退场和拆除。因此，在工程的不同施工阶段，施工现场布置的内容也有侧重且不断变化。所以，工程规模统筹兼顾。近期的应照顾远期的；土建施工应照顾设备安装的；局部的应服从整体的。根据上述施工平面图的设计原则及现场的实际情况，尽可能进行多方案比较，选择合理、安全、经济、右行的布置方案，单位工程施工平面图的设计步骤如图 3-55 所示，其设计方法如下：

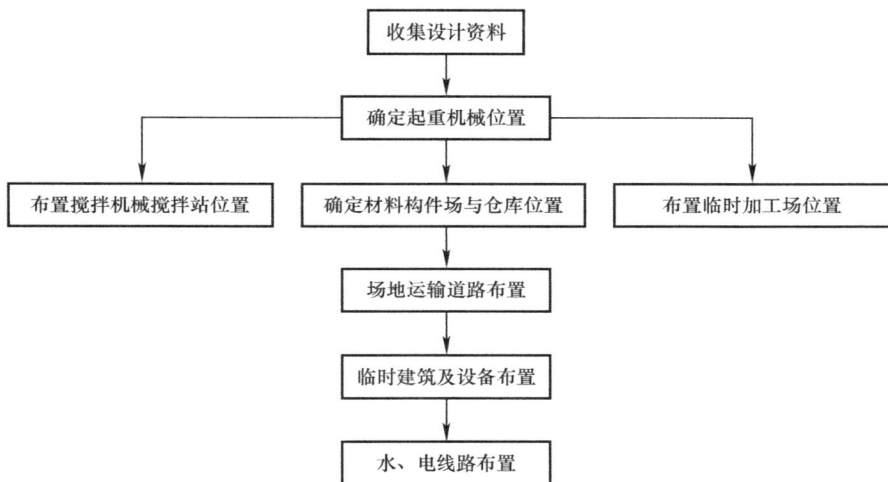

图 3-55　单位工程施工平面的设计程序

1）起重机械位置确定

起重机械位置的确定直接影响到施工设备、临时加工场地以及各种材料、构件的仓库和堆场的位置的布置，也影响到场地道路及水电管网的布置，因此必须首先确定。但由于不同的起重机，其性能及使用要求不同，平面布置也不相同。

① 轨道式起机的平面布置。

a. 轨道式起重机布置完成后，应绘出起重机的服务范围，其方法是分别以轨道两端有效端点的轨道中心为圆心，以起重机最大回转半径为半径画出两个半圆，并连接这两个半圆；

b. 建筑物的平面应处于吊臂的回转半径之内（起重机服务范围之内），以便将材料和构件等运至任何施工地点，此时应尽量避免出现"死角"或出现较小的死角"区域"；

c. 尽量缩短旧道长度，降低铺轨费用；

d. 建筑物的一部分不在服务范围之内（即出现"死角"），在吊装最远部位的构件时应采取一定的安全技术措施，以确保这一部位的吊装工作顺利进行。

② 固定式垂直起重设备的平面布置。固定式垂直起设备，有固定式塔式起重机、钢井架、龙门架、桅杆式起重机等。布置时应充分发挥设备能力，使地面或楼面上的运距较短。故应根据起重机械的性能、建筑物的平面尺寸、施工工作段的划分、材料进场方向及运输道路而确定。

通常当建筑物各部位的高度相同时，固定式起重设备沿长度方向布置在施工段分界线附近；当建筑物各部位的高度不相同时，起重机布置在高低分界线处高的一侧，这样使得高低处水平运输施工互不干涉；井架、龙门架一般布置在窗口处，以避免砌墙留槎和减少拆除井架后的修补工作，应特别注意固定式起重机的整个升降过程，以保证安全施工。起重机过近，阻挡司机视线，应使司机可观测到起重机的整个升降过程，以保证安全施工。

③ 自行式起重机的开行路线确定。自行式起重机一般为履带式起重机、汽车式起重机和轮胎式起重机，其开行路线主要取决于建筑物的平面尺寸、施工方法、场地四周的环境及构件的类型、大小和安装高度。开行路线有靠跨中开行和靠跨边开行两种。

2）临时加工场地及材料、构件的堆场与仓库的位置确定

临时加工场地及材料、构件的堆场与仓库的位置确定应尽量靠近使用地点，同时应布置在起重机的有效服务范围内，考虑到方便运输与装卸。

3）临时加工场地位置的确定

单位工程施工平面图中的临时加工场地一般是指钢筋加工场地、木材加工场地、预制构件加工场地、沥青加工场地、淋灰池等。平面位置的原则是尽量靠近起重设备，并按各自的性能及使用功能来选择合适的地点。

木材加工场地应选择在建筑物四周，且有一定的材料、成品堆放处。木材加工场地应根据其加工特点，选在远离火源的地方。沥青加工场地应远离易燃物品，且设在下风向地区。淋灰池应靠近搅拌机（站）布置。构件预制场地位置应选择在起重机服务范围内，且尽可能靠近安装地点。布置时不影响其他工程的施工。

4）运输道路的布置

现场运输道路的布置主要解决运输和消防两个问题。现场主要道路应尽量种用永久性道路，以节约费用。要保持道路的通畅，使运输工具具有回转的可能性。运输线路最好绕建筑物布置成环形。运输道路布置原则如下：

① 满足材料、构件等运输要求，使道路通到各个堆场和仓库所在位置，且距装卸区越近越好；

② 满足消防的要求，使道路靠近建筑物、木料场等易燃地方，以便消防车辆直接开到消火栓处，道路宽度不小 3.5m；

③ 施工道路应避开拟建工程和地下管道等地方，否则，这些工程若与在建工程同时开工时节，将工切断临时道路，给施工带来困难；

④ 道路布置应满足施工机械的要求。

现场内临时道路路面种类厚见表 3-23，临时道路的最小宽度和最小转弯半径见表 3-24、表 3-25。

临时道路路面种类和厚度　　　　　　　　　　　　　　　　　　表 3-23

路面种类	特点及其使用条件	路基土壤	路面厚度（cm）	材料配合比
混凝土路面	强度，适宜通行各种车辆	一般土壤	10～15	≥c15
石路面	雨天照常通车，可通行较多车辆，但材料级配要求严格	砂质土	10～15	体积比：黏土：砂：石子 7：3.5
		黏质土或黄土	14～18	
碎（砾）石路面	雨天照常通车，碎（砾）石本身含土较多，不加砂	砂质土	10～13	碎（砾）石＞65%，当地土壤含量≤35%
		砂质土或黄土	15～20	
碎砖路面	可维持雨天通车，通行车辆较少	砂质土	13～15	垫层：砂或炉渣 4～5cm 底层：7～10cm 碎砖 面层：2～5cm 碎砖
炉渣或矿渣路面	可维持雨天通车，通行车辆较少，当附近有此材料可利用时	一般土壤	10～15	炉渣打或矿渣 75%，当地土壤 25%
		较松软时	15～30	
砂土路面	雨天停车，通行车辆较少，附近不产石料而只有砂时	砂质土	15～20	粗砂 50%，细砂、粉砂和黏质土 50%
		黏质土	15～30	
风化石屑路面	雨天停车，通过车辆较少，附近有石屑可利用	一般土壤	10～15	石屑 90%，黏土 10%
石灰土路面	雨天停车，通告车辆少，附近产石灰时	一般土壤	10～13	石灰 10%，当地土壤 90%

施工现场道路最小宽度　　　　　　　　　　　　　　　　　　表 3-24

序号	车辆类别和要求	道路宽度（m）	序号	车辆类别和要求	道路宽度（m）
1	汽车单行道	不小于 3.5	3	平板车单行道	不小于 4.0
2	汽车双行道	不小于 6.0	4	平板车双行道	不小于 8.0

施工现场道路最小转弯半径　　　　　　　　　　　　　　　　表 3-25

车辆类型	路面内侧的最小转弯半径（m）		
	无拖车	有一辆拖车	有两辆拖车
小客车、三轮车	6		
一般二轴载重汽车	单车道 9 双车道 7	12	15
三轴载重汽车 重型载重汽车	12	15	18
超重型载重汽车	15	18	21

架空线和架空管道下面的道路，其通行宽度应比道路宽度大 0.5m，空间高度应大于 4.5m。

5）临时设施的布置

① 临时设施分类

施工现场的临时设施可分为生产性与非生产性两大类。

生产性临时设施内容：现场加工制作的作业棚，如木工棚、钢筋加工棚、薄钢板加工棚；各种材料库、棚，如水泥库、油料库、卷材库、沥青棚、石灰棚；各种机械操作棚，如搅拌机棚、卷扬机棚；各种生产性房，如锅炉、机修房、水泵房等；其他设施，如变压器等等。

非生产性临时设施内容：办公室、工人宿舍、会议室、食堂、浴室、活动场所、医务室、厕所等。

② 临时设施布置

临时设施的布置，应遵循使用方便、有利施工、方便生活、尽量合并搭建、符合防火安全的原则；同时结合地形、施工道路的规划等因素分析考虑布置。各种临时设施均不能布置在拟建工程、拟建地下管沟、取土、弃土等地点。各种临时设施需要面积参考指标见表 3-26、表 3-27。

生产性临时设施房屋面积参考指标

表 3-26

序号	名称	单位	面积	备注
1	木工作业棚	m²/人	2	占地为面积的 3～4 倍
2	电锯房	m²	80	1 台 863.6～914.4mm 圆锯
3	电锯房	m²	40	小圆锯一台
4	修锯间	m²	40	
5	混凝土搅拌棚	m²/台	10～18	400L 搅拌机
6	烘炉房	m²	30～40	铁工
7	卷扬机棚	m²/台	6～10	100t
8	焊工房	m²	20～40	
9	电工房	m²		
10	白铁工房	m²		
11	油漆工房	m²		
12	机、钳修理房	m²		
13	立式锅炉房	m²/台		
14	发电机房	m²/kW		
15	水泵	m² 台		
16	移动式空压机	m² 台		以 6m³/min 或 9m³/min 为例
17	固定式空压机	m² 台		以 10m³/min 或 20m³/min 为例
18				

非生产性临时设施房屋面积参考指标

表 3-27

序号	行政、生活、福利建筑物名称	单位	面积	备注
1	办公室	m²/人	3.5	使用人数按干部人数的 70% 计算
2	单身宿舍	m²		
	（1）单层通铺	m²/人	2.6～2.8	
	（2）双层床	m²/人	2.1	
	（3）单层床	m²/人	2.3	
3	家属宿舍	m²/户	3.2～3.5	
4	食堂兼礼堂		16～25	
5	医务室	m²/人	0.9	不小于 30m²
6	理发室	m²/人	0.06	
7	浴室	m²/人	0.10	
8	开水室	m²	10～40	
9	厕所	m²/人	0.02～0.07	
10	工人休息室	m²/人	0.15	

6）水、电管网的布置

① 施工临时用水

施工用水根据实践经验，一般面积 5000～10000m² 单位工程施工用水的总管直径用直径 101.6mm 管，支管用直径 38.1mm 或直径 25.4mm 管。直径 101.6mm 管可供给一个消防龙头的水量。在施工现场应设防水池、水桶、灭火机等消防设施。单位工程施工的防火，一般利用建设单位永久性消防设备。若系新建工程则根据全工地性施工平面图来考虑。当水压不够时则可加设高压泵或蓄水池解决。工地临时供水包括施工生产、生活和消防用水三方面。

a. 施工生产用水量（表 3-28、表 3-29）

施工生产用水量是指施工最高峰的某一天或高峰时期内平均每天需要的最大用水量，可按公式计算。

b. 生活用水量

生活用水量是指施工现场人数最多时职工的生活用水量，可按公式计算。

现场或附属加工厂施工生产用水参考定额　　　　　　　表 3-28

序号	用水对象	单位	耗水量（L）	备注
1	洗砂	m²	5	
2	浇砖	m³	600～1000	
3	抹面	台班	600	
4	楼地面	m³	1000	当含泥量小于 2% 小于 3% 时
5	搅拌砂浆	千块	200～250	
6	消石灰	m²	4～6	
7		m²	190	
8		m³	300	
9		t	3000	不包括调剂用水主要是找平层
10				
11				
12				
13				

机械用水参考定额表　　　　　　　表 3-29

序号	用途	单位	耗水量（L）	备注
1	拖拉机	t·台班	12～15	
2	汽车	台·t	200～300	
3	空压机	台·t	400～700	以压缩空气（m³/min）计
4	内燃机动力装置（直流水）	（m³/min）·台班	40～80	
5	内燃机动力装置（循环水）	马力·台班	120～300	
6	锅炉	马力·台班	25～40	
7		t·h	1000	以小时蒸发量计
8				
9				

② 消防用水量

消防用水量 q_3 是指施工与生活区内需考虑的消防用水量，其用水量见表3-30。

消防用水量   表3-30

序号	用水对象	火灾同时发生次数	耗水量（L）	用水量
1	居民区消防用水			
	5,000人以内	一次	L/s	10
	10,000人以内	二次	L/s	10～15
	25,000人以内	二次	L/s	15～20
2	施工现场消防用水			
	施工现场在25hm² 内	一次	L/s	10～15
	每增加25hm²	一次	L/s	5

③ 总用水量 Q 的计算

当 $q_1 + q_2 \leqslant q_3$ 时，则 $Q = (q_1 + q_2)/2 + q_3$

当 $q_1 + q_2 = q_3$ 时，则 $Q = q_1 + q_2 + q_3$

当 $q_1 + q_2 < q_3$ 时，且工地面积小于25hm² 时，则

$$Q = q_3$$

上述确定的总用水量，还需增加10%的管网可能产生的漏水损失，即

$$Q_总 = 1.1Q$$

④ 临时供水管径的计算

当总用水量确定后，即可按公式计算供水管

当确定供水管中各段供水管内的最大用水量和水流速度后，也可查表3-31、表3-32的选择管径。

给水铸铁管计算   表3-31

序号	管径 D_i(mm)	75		100		150		200		250	
	用水量 Q_i(L/s)	i	u	i	u	i	u	i	u	i	u
1	2	7.98	0.46	1.94	0.26						
2	4	28.4	0.93	6.69	0.52						
3	6	61.5	1.39	14	0.78	1.87	0.34				
4	8	109	1.86	23.9	1.04	3.14	0.46	0.765	0.26		
5	10	171	2.33	36.5	1.30	4.69	0.57	1.13	0.32		
6	12	246	2.76	52.6	1.56	6.55	0.69	1.58	0.39	0.529	0.25
7	14			71.6	1.82	8.71	0.80	2.08	0.45	0.692	0.29
8	16			93.5	2.08	11.1	0.92	2.64	0.51	0.886	0.33
9	18			118	2.34	13.9	1.03	3.28	0.58	1.09	0.37
10	20			146	2.60	16.9	1.15	3.97	0.64	1.32	0.41
11	22			177	2.86	20.2	1.26	4.73	0.71	1.57	0.45
12	24					24.1	1.38	5.56	0.77	1.83	0.49
13	26					28.3	1.49	6.64	0.84	2.12	0.53
14	28					32.8	1.61	7.38	0.90	2.42	0.57
15	30					37.7	1.72	8.40	0.96	2.72	0.62
16	32					42.8	1.84	9.46	1.03	3.09	0.66
17	34					48.4	1.95	10.6	1.09	3.45	0.70
18	36					54.2	2.06	11.8	1.16	3.83	0.74
19	38					60.4	2.18	13.0	1.22	4.23	0.78

注：u—流速（单位 m/s）；i—压力损失（单位为 m/km 或 mm/m）。埋入地下一般选用铸铁管。

给水钢管计算表

表 3-32

序号	管径 D_i(mm)	25		40		50		70		80	
	用水量 Q_i(L/s)	i	u	i	u	i	u	i	u	i	u
1	0.1										
2	0.2	21.3	0.38								
3	0.4	74.8	0.75	8.90	0.32						
4	0.6	159	1.13	18.4	0.48						
5	0.8	279	1.51	31.4	0.64						
6	1.0	437	1.88	47.3	0.80	12.9	0.47	3.76	0.28	1.61	0.20
7	1.2	629	2.26	66.3	0.95	18.0	0.56	5.18	0.34	2.27	0.24
8	1.4	859	2.64	88.4	1.11	23.7	0.66	6.83	0.40	2.97	0.28
9	1.6	1118	3.01	114	1.27	30.4	0.75	8.70	0.45	3.79	0.32
10	1.8			144	1.43	37.8	0.85	10.07	0.51	4.66	0.36
11	2.0			178	1.59	46.0	0.94	13.00	0.57	5.62	0.40
12	2.6			301	2.07	71.9	1.22	21.00	0.74	9.03	0.52
13	3.0			400	2.39	99.8	1.41	27.40	0.85	11.70	0.60
14	3.6			577	2.86	144.0	1.69	38.40	1.02	16.3	0.72
15	4.0					177.0	1.88	46.80	1.13	19.8	0.81
16	4.6					235.0	2.17	61.20	1.30	25.70	0.93
17	5.0					277.0	2.35	72.30	1.42	30.00	1.01
18	5.6					348.0	2.64	90.70	1.59	37.00	1.13
19	6.0					399.0	2.8	104.0	1.70	42.10	1.21

注：u—流速（单位 m/s）；i—压力损失（单位为 m/km 或 mm/m）。

⑤ 供水管网的布置

a. 布置方式

临时给水管网一般有三种方式，即：枝状管网、环状管网和混合管网。

枝状管网由支管组成，管线短、造价低，但供水可靠性差，故适用于一般中小型工程。

环状管网能够保证供水的可靠性，但管线长、造价高，适用于要求供水可靠的建筑项目或建筑群。

混合管网是在主要用水区和干管采用环状管网，其他用水区和支管采用枝状管网的混合形式，兼有两种管网的优点，一般适用于大型工程。

管网铺设方式有明铺和暗铺两种。为了不影响交通，一般以暗铺为好，但要增加费用；在冬期或寒冷地区，水管宜埋置在冰冻线以下或采用防冻措施。

b. 布置要求

供水管网的布置应保证水的前提下，使管道铺设越短越好，同时，还应考虑在施工期间支管具有移动的可能性；布置管网时尽量利用原有的供水管网和提前铺设永久性管网；管网的位置应避开拟建工程的地方；管网铺设要与土方平整规划协调。

工地排水沟管最好与排水系统结合，特别注意暴雨频发季节其他地区的地面水涌入现场的可能，在工地四周要设置排水沟。

除此之外，对比较复杂的单位工程施工平面图，应按不同施工阶段分别布置施工平面图。在整个施工期间，施工平面图中的管线、道路及临时建筑不要轻易变动。对于重型工业厂房，施工平面图还要考虑设备安装的用地和临时设施，土建与设备工程的施工用地要划分适当。

7）施工临时用电

施工临时用电在全工地性施工总平面中一并规划，若属于扩建的单位工程，一般计算出在施工期间的用电总数，提供给建设单位解决，往往不另设变压器。只有独立的单位工程施工时，计算出现场用量后，才选用变压器。工地变电站的位置应布置在现场的边缘高压线接入处，四周用铁丝围住或设置保护设施，变电站不宜布置在交通要道口。

① 临时用电计算。施工临时用电包括动力用电和照明用电。可按公式计算（表 3-33）。

常用电动机和电焊机额定功率　　　　　　表 3-33

序号	机械名称	功率（kW）	序号	机械名称	功率（kW）
1	国产 2～6t 塔式起重机	2.8	9	J1-250 自落式混凝土搅拌机	5.5
2	蛙式打夯机	34.5	10	J4-375 强制式混凝土搅拌机	10
3	40t 塔式起重机	71	11	400g 鼓形混凝土搅拌机（上海）	11.1
4	W-505 履带式起重机（苏联）	48	12	HZ6X-50 插入式振动机	1.1～1.5
5	W-1004 履带式起重机	80	13	软轴插入式振动器	0.55
6	W-2001 履带式起重机（苏联）	140	14	BX3-500-2 交流电焊机	38.6
7	UJ235 灰浆起重机	3	15	BX3-500-2 交流电焊机	23.4
8	200L 灰浆搅拌机	2.2			

电动机、电焊机的同期使用系数　　　　　　表 3-34

用电名称	数量	同期使用系数	
		K	数值
电动机	30～10 台	K1	0.7
	11～30 台		0.6
	30 台以上		0.5
电焊机	3～10 台	K2	0.6
	10 台以上		0.5

② 选择电源和变压器

选择电源最经济的方案是利用施工现场附近已有高压线，但事先必须将施工中需要的用电量向供电部门申请；如在新辟的地区施工，不可利用已有的正式供电系统，则需自行解决发电设施。

根据计算所得的容量值，可从常用变压器产品目录中选用合适型号的变压器，见表 3-34，并使选定的变压器的额定容量稍大于或等于计算需要的容量值。

③ 配电导线截面的选择（表 3-35～表 3-37）

在确定配电导线大小时，应满足以下三方面条件：首先，导线应有足够的力学强度，不断发生断线现象；其次，导线在正常温度条件下，能够持续通过最大的负荷电流而本身温度不超过规定值；最后，电压损失应在规定的范围内，能保证机械设备的正常工作。

导线截面的大小一般按允许电流要求计算选择，以电压损失和力学强度要求加以复核，取三者中大值作为导线截面面积。

按允许电流选择，可按公式计算。

常用电力变压器性能表   表 3-35

型号	额定容量（kVA）	额定电压（kV）		损耗（W）		总重（kg）
		高压	低压	空载	短路	
SJL1-50/10(6.3，6)	50	10,6,3,6	0.4	222	1128,1098,1120	340
SJL1-63/10(6.3，6)	63	10,6,3,6	0.4	255	1390,1342,1380	425
SJL1-80/10(6.3，6)	80	10,6,3,6	0.4	305	1730,1670,1715	475
SJL1-100/10(6.3，6)	100	10,6,3,6	0.4	349	2060,1985,2040	565
SJL1-125/10(6.3，6)	125	10,6,3,6	0.4	419	2430,2325,2370	680
SJL1-160/10(6.3，6)	160	10,6,3,6	0.4	479	2855,2860,2928	810
SJL1-200/10(6.3，6)	200	10,6,3,6	0.4	577	3660,3530,3610	940
SJL1-250/10(6.3，6)	250	10,6,3,6	0.4	676	4075,4060,4150	1080

导线持续允许电流   表 3-36

序号	导线标称截面面积（mm²）	裸线		橡皮或塑料绝缘线（单芯 500V）			
		TJ 型	LJ 型	BX 型	BLX 型	BV 型	BLV 型
1	6	—	—	58	45	55	42
2	10	—	—	85	65	75	59
3	16	130	105	110	85	105	80
4	25	180	135	145	110	138	105
5	35	220	170	180	138	170	130
6	50	270	215	230	175	215	165
7	70	340	265	285	220	265	205
8	95	415	325	345	265	325	250
9	120	485	375	400	310	375	285
10	150	570	440	470	360	430	325
11	185	645	500	540	420	490	380

导线按力学强度要求的最小截面积   表 3-37

电线	裸导线		绝缘导线	
	铜	铝	铜	铝
低压	6	16	4	10
高压	10	25		

④ 变压器及配电线路的布置

如果工程不大，只设置一个变压器的施工现场，配电线路可作枝状式布置，变压器一般设置在引入电源的安全地区；如果工地较大，需要设置若干个变压器时，则各变压器作环状式联结布置，从总的配电所的电源处引出供电线路网络，每个变压器引出到变压器负担的各用电点的线路可枝状布置，其配电线路尽可能引到各用电设备、用电所附近，以便各施工机械及动力设备或室内引接用电。一般说，各变压器应设置在该变压器所负担的用电设备集中、用电量最大的地点，这样使配电线路布置最短。但工地现场条件各不相同，变压器又是容易发生触电事故的地方，因此，必须从安全用电的原则考虑变压器设置，在其周围一定安全距离内应设置围墙或围网，宜架空布置在约 3m 高的架上；同时，变压器设置地点应避开施工中有强烈震动和污染严重的地方。各配电线路宜布置在路边，一般用木杆架空拉设，杆距为 25～40m；应保持线路的平直，高度一般为 4～6m，离开建筑物的安全距离为 6m；跨越铁路时，高度不小于 7.5m；各种情况下，各配电线路都不得妨碍交通运输和施工机械进场、退场、装拆、吊装等；也要避开作为堆场临时设施处；开挖沟槽（坑）和后期工程拟建设的地方（图 3-56）。

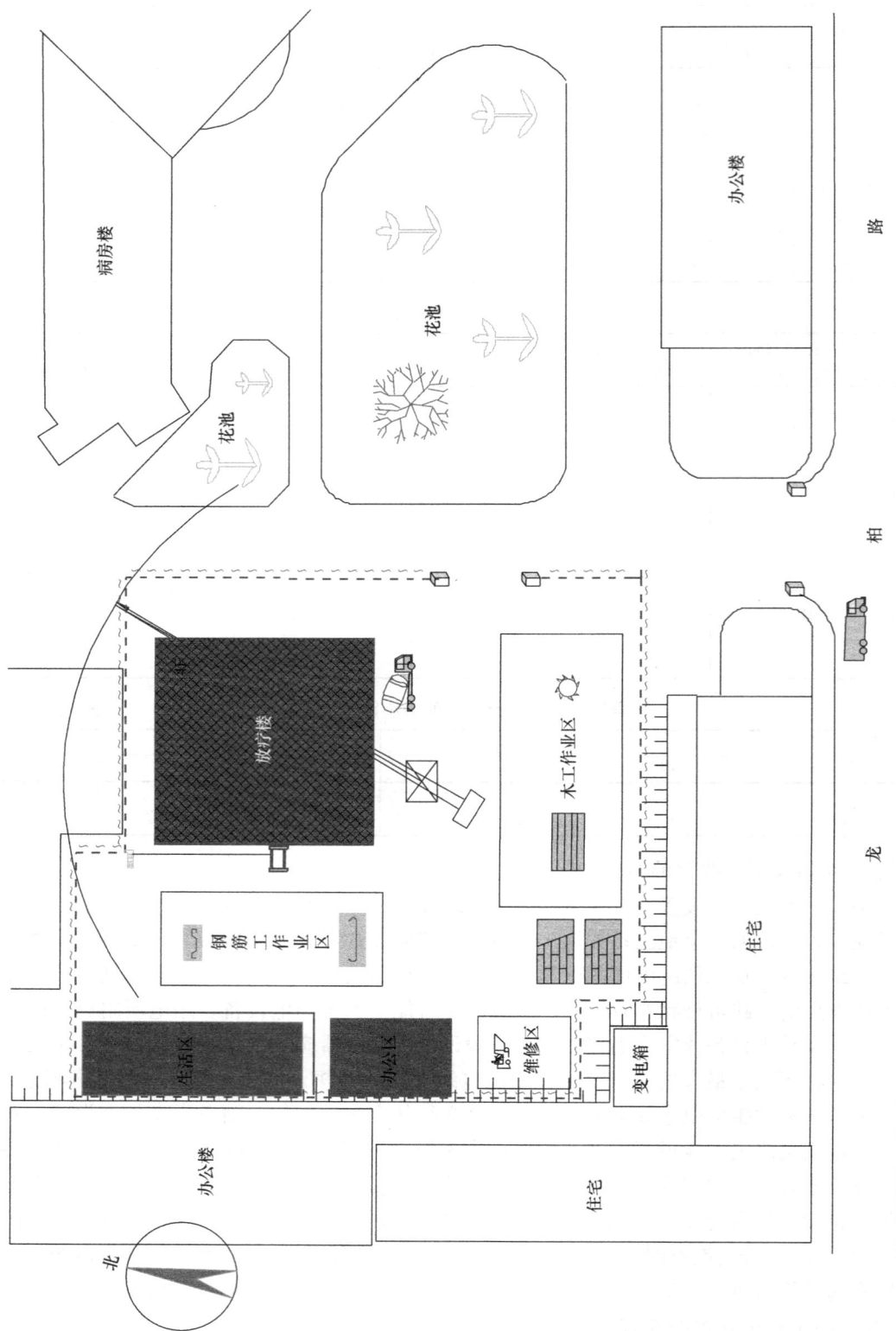

图3-56 ××市某医院放疗楼施工平面布置图

课后自测及相关实训：

1. 施工平面图相关工作页。
2. 编制××工程施工平面图。

案例 3：××花园一期项目施工组织设计

1. 编制说明及编制依据

（1）编制依据

本工程施工组织设计根据住建部颁的《建筑工程施工质量验收统一标准》GB 50300—2013 及相关配套质量验收规范以及现行省、市施工质量验收标准，本企业规程等。

（2）编制说明

本工程施工组织设计围绕工程质量、进度控制、安全目标等项目进行编制。

2. 工程概况及特点

（1）总述

本工程为××花园南区一期工程，位于沈阳市××区，西××街，南××路。本工程总建筑面积 135181.03m²（含 41406.92m² 地下室）。建筑工程设计等级为一级。本工程地上部分主要由 14 栋住宅楼及两栋商业裙房组成，其中 G1 号、G2 号楼为 33 层，建筑高度 95.70m，Y1 号、Y2 号楼为 11 层，建筑高度为 32.60m，Y3 号、Y4 号、Y5 号、Y6 号楼为 8 层，建筑高度为 23.90m，Y7 号、Y8 号、Y9 号、Y10 号、Y11 号、Y12 号楼为 6 层，建筑高度 18.10m，S1 号、S2 号楼为 2 层，建筑高度为 7.40m。住宅楼下均设有一层地下室，与车库连接。本工程高层部分采用剪力墙结构形式，建筑结构的类别为丙类高层建筑；裙房部分采用框架结构。设计使用年限为 50 年，抗震设防烈度为 7 度。防火设计住宅部分为一类高层建筑。建设单位为沈阳万科西城房地产开发有限公司，建筑设计由沈阳市华域建筑设计有限公司负责，沈阳市工程建设监理咨询有限公司进行工程监督。主楼均为精装修工程。

（2）现场概况

2017 年 9 月 15 日进场，除配套工程工作外，要对原有开挖完的基坑进行复检，工作繁杂、工作量大，工期紧。

（3）施工目标

质量目标：

确保工程质量达到国家现行标准之合格。

进度目标：见施工总进度计划。

安全生产文明施工目标：

安全生产重大事故为零，争创文明工地。

与建设单位、监理单位、甲委工程配合目标。

以积极的配合方式使各单位非常满意。

（4）本工程的总体工作部署

1）人员机械配置

管理人员 25 人，主要设置为项目经理 1 名、技术总工 1 名，楼号工程师 4 名，水电负责人各1名。施工工人数1200名。大型机械吊车6台，自动升降机12台。

2）各楼号施工前的准备阶段

在9月15日进场情况下，2周准备时间，在这2周工作是：①为使各楼号尽早开工，首要工作是大型机械安装，吊车调试后调运材料进行基础土方开挖，临边洞口防护，然后进行钢筋吊装工作。搭建临时坡道，为各楼号开工创造条件。②进行道路施工、临时水电布置，机械安装，安全防护施工，各种施工材料进场，对基坑复尺，场地整理，生活区、办公区安装，各种厂区布置，施工场地硬覆盖施工，文明施工。

3）各楼号施工阶段

在正常施工条件下，考虑施工质量，天气情况，特别是精装房对主体的质量要求，定每层施工天数为6天。整个施工分为3个施工队，由项目经理统一负责，主体施工阶段木工、钢筋、电气工种以楼号为流水段在2个楼号之间流水施工。根据实际情况确保质量前提下调整施工进度，为精装施工创造更充裕的精装施工时间。

（5）本工程的重点

本工程进场后重点工作在于以下几点：

1）安全防护工作要及时开展，脚手架工程，洞口、临边防护工程要大量全面铺开，工人进场后及时进行安全教育。

2）原基坑的防护，复检。

3）及时达到各楼号开工条件，确保每个楼号及时开工，保证工期节点的完成。

3. 项目组织管理机构

为了确保建设单位要求的工期节点以及质量要求，我公司组建了公司最优秀的项目班子。派金域蓝湾项目的人员有丰富的施工经验，并且有与万科合作多年的工作经历，能够完全适应万科的管理模式，密切配合建设单位完成施工任务。管理人员见表3-38。

××项目部主要人员名单 表3-38

项目经理	××
技术总负责	××
施工员	××
楼号工程师	××
楼号工程师	××
楼号工程师	××
楼号工程师	×
安全员	××、××
土建质检员	××
土建质检员	××
土建质检员	××
造价工程师	××
电气负责人	××
水暖负责人	××
电气质检员	××
水暖质检员	××
材料员	××
档案员	××
放线员	××
放线员	××

（1）项目经理及主要管理人员简历

① 项目经理简历表（表3-39）

表 3-39

姓名	王××	性别		男	年龄		44
职务	项目经理	职称		工程师	学历		本科
参加工作时间		2006		从事项目经理年限			6
已完工程项目情况							
时间		项目名称		建筑面积（m²）		获奖情况	
沈阳市××公司		××小区		××		××	
…		…		…		…	

② 主要管理人员简历表（表3-40）

表 3-40

职务	姓名	年龄	职称	主要资历、经验及承担过的项目
技术总工	××	34	工程师	
楼号工程师	××	39	工程师	
楼号工程师	××	29	工程师	
电气技术负责人	××	40	工程师	
水暖技术负责人	××	41	助工	
造价员	××	35	工程师	…
施工员	××	48	助工	
质检员	××	32	助工	
质检员	××	34	助工	
安全员	××	46	助工	

（2）项目经理部管理机构职责划分

1）项目经理

我公司派遣的项目经理主持全现场的施工组织工作，对现场负总责。合理配置企业人力、物力资源，不断完美企业制度和管理体制，协调部门之间关系。参与公司质量方针、目标的制定，

负责施工现场人员、设备的安全及防火工作。负责特种作业人员培训及安全教育。指导施工现场文明施工。

2）技术组

我公司将派遣足够的技术力量。技术组分为土建、水暖、电气，做到责任分明，以减少、避免交叉管理带来的不便和失误；设专人负责档案管理，做到信息管理畅通及时；设专职质量检查员，针对每户配合监理人员检查、建立分户档案。

参与公司质量方针和目标的制定，负责工程施工的全过程的控制、预防措施和纠正措施，质量记录的控制。负责分包工程质量技术的控制与管理。负责产品的标识和可追溯性及搬运、贮存、防护和交付过程的控制与管理。负责过程控制中施工技术管理生产设备管理和保证施工过程符合技术标准。组织开展技术革新活动，引进推荐新技术、新工艺、新材料、新设备。负责本部门技术文件和有关质量记录的控制与管理。

负责公司工程质量检查与管理，按"验评标准"对工程实行全过程的控制检查。推行三检原则，整理质量评定资料。针对每户配合监理人员检查、建立分户档案，做到过程控制，认真贯彻执行分户验收制度，及样板引路制度。

3）施工组

执行指挥质量决策，组织实施质量方针，实现质量目标，参与决策质量机构设置、人员物资配备，确保工程质量。

4）成本组

负责与建设单位之间变更、签证以及其他造价问题的及时沟通核对，避免事后争议。

5）安全组

负责全现场的安全生产文明施工工作。

负责施工现场人员、设备的安全及防火工作。负责特种作业人员培训及安全教育。指导安全生产及施工现场文明施工。负责防火、防触电、防煤气中毒管理工作。

6）材料组

负责采购合同的提前签订、材料储备，尤其要保证冬期施工的材料供应。负责采购过程控制及周转材料的管理。负责产品的控制及搬运、贮存控制与管理。对所采购的材料进货检验、发放质量负责，负责每批进场材料合格证、检验报告的检验整理，严格控制进场材料的质量。

7）班组长

班组长带领施工作业人员，对鼓舞士气、提高工效有着决定性作用，尤其在冬期施工阶段，班组长要身先士卒，积极肯干。班组长对本班组工程质量负有直接责任，严格按图纸及技术交底施工，确保工程质量，做好自检、互检、交接检，质量不达标不得向下道工序移交，拒绝不达标工序的移交，发现材料质量问题有权拒绝使用和向上级反映。

4. 总平面布置（图 3-57）

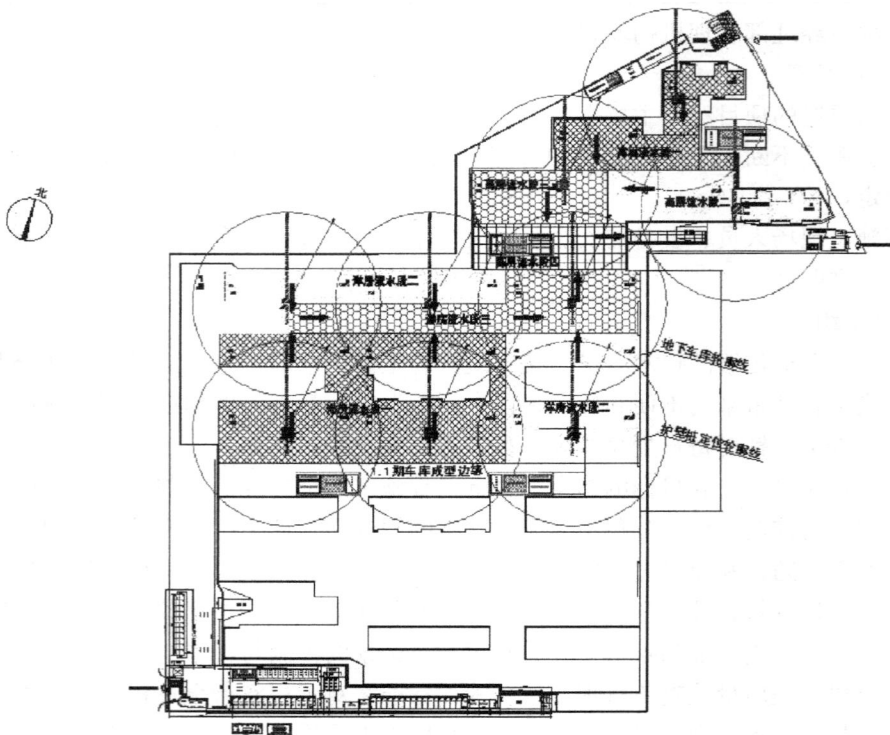

图 3-57 施工现场平面布置图

5. 施工进度计划及劳动力安排

（1）施工区域划分、流水段划分及施工程序

施工区域划分：分 2 个施工队，每个施工队分若干专业施工班组。每栋楼每层为一个流水段，各专业施工班组以两个楼为一个流水周期。施工程序为：

定位放线—n 层柱（墙、柱）钢筋模板—n 层梁、板模板钢筋—n 层柱（墙、柱）梁、板混凝土—n＋1 层柱（高层为墙、柱）钢筋模板……主体结构封顶—墙体砌筑—装修、安装—竣工验收—精装施工—精装验收。

（2）总工期及进度计划安排

根据招标文件及施工现场具体情况，施工工期初步拟定如下：

总工期包括施工进场初期进度工期和各楼号进度工期（表 3-41、表 3-42）。

高层施工进度计划   表 3-41

序号	分部分项工程名称	工期/天	开始时间	完成时间
一	土方开挖（钢管护壁桩）	30	2017 年 8 月 1 日	2017 年 8 月 30 日
二	基础底板混凝土结构施工	30	2017 年 9 月 20 日	2017 年 10 月 19 日
三	地下室混凝土结构	30	2017 年 10 月 19 日	2017 年 11 月 17 日
四	夹层混凝土结构（±0.00）	10	2017 年 11 月 17 日	2017 年 11 月 26 日
五	主体混凝土工程	198	2018 年 3 月 15 日	2018 年 9 月 29 日
六	砌筑、条板工程	198	2018 年 5 月 1 日	2018 年 11 月 14 日
七	主体检测	138	2018 年 6 月 15 日	2018 年 10 月 30 日
八	主体结构验收	138	2018 年 6 月 20 日	2018 年 11 月 4 日
九	屋面工程	209	2018 年 11 月 5 日	2019 年 6 月 1 日
十	地热工程	314	2018 年 7 月 1 日	2019 年 5 月 10 日
十一	土建界面交接	375	2018 年 5 月 1 日	2019 年 5 月 10 日
十二	土建装饰工程	334	2018 年 7 月 1 日	2019 年 5 月 30 日
十三	机电安装工程	639	2017 年 8 月 30 日	2019 年 5 月 30 日
十四	外脚手架及施工机械拆除	30	2019 年 6 月 1 日	2019 年 6 月 30 日
十五	甲委工程施工	214	2019 年 3 月 1 日	2019 年 9 月 30 日
十六	精装修施工	395	2018 年 9 月 1 日	2019 年 9 月 30 日
十七	联合验收及交付			

洋房的施工进度计划   表 3-42

施工进度计划（洋房）				
序号	分部分项工程名称	工期/天	开始时间	完成时间
一	土方开挖（钢管护壁桩）	30	2017 年 8 月 10 日	2017 年 9 月 8 日
二	基础底板混凝土结构施工	30	2017 年 9 月 11 日	2017 年 10 月 10 日
三	地下室混凝土结构	30	2017 年 10 月 10 日	2017 年 11 月 8 日
四	夹层混凝土结构（±0.00）	10	2017 年 11 月 8 日	2017 年 11 月 17 日
五	主体混凝土工程	60	2018 年 3 月 15 日	2018 年 5 月 14 日
六	砌筑、条板工程	60	2018 年 5 月 1 日	2018 年 6 月 29 日
七	主体检测	5	2018 年 6 月 15 日	2018 年 6 月 19 日
八	主体结构验收	10	2018 年 6 月 21 日	2018 年 6 月 30 日
九	屋面工程	15	2018 年 6 月 15 日	2018 年 6 月 30 日

施工进度计划（洋房）				
序号	分部分项工程名称	工期/天	开始时间	完成时间
十	地热工程	61	2018 年 7 月 1 日	2018 年 8 月 31 日
十一	土建界面交接	62	2018 年 5 月 1 日	2018 年 7 月 1 日
十二	土建装饰工程	61	2018 年 7 月 1 日	2018 年 8 月 31 日
十三	机电安装工程	357	2017 年 9 月 8 日	2018 年 8 月 31 日
十四	外脚手架及施工机械拆除	30	2018 年 7 月 1 日	2018 年 7 月 31 日
十五	甲委工程施工	213	2019 年 3 月 1 日	2019 年 9 月 30 日
十六	精装修施工	395	2018 年 8 月 31 日	2019 年 9 月 30 日
十七	联合验收及交付			
1	二次开放前联合验收	5	2019 年 10 月 16 日	2019 年 10 月 20 日
2	精装达到交付条件	15	2019 年 10 月 1 日	2019 年 10 月 15 日
3	取得竣工备案证	19	2019 年 10 月 1 日	2019 年 10 月 19 日
4	交付	10	2019 年 10 月 21 日	2019 年 10 月 30 日

（3）工期保证措施

1）组织措施

我公司将配备与万科合作多年的，作风顽强的管理班子进入施工现场，并配备足够的施工作业人员。

我公司派遣的项目经理主持全现场的施工组织工作，对现场负总责。

我公司将派遣足够的技术力量。技术组分为土建、水暖、电气专业，做到责任分明，以减少、避免交叉管理带来的不便和失误；电气、水暖各设一名负责人；设专人负责档案管理，做到信息管理畅通及时；设专职质量检查员，针对每户配合监理人员检查、建立分户档案。

造价员一名，负责与建设单位之间变更、签证以及其他造价问题的及时沟通核对，避免事后争议及影响工程进度。

施工队长设 2 名，责任划分清晰。

设专职安全员 3 名，负责全现场的安全生产文明施工工作。

还需设置采购员 1 名，库管 2 名。

由项目经理牵头成立进度计划执行小组，分解进度目标，落实目标到每个细部，并跟踪进度计划的执行情况，及时采取纠偏措施。加强组织协调工作，积极参加建设单位的协调会议，定期、不定期组织内部进度控制会议，落实建设单位的指令。密切与外委施工配合，做到合理交叉作业，不窝工。

2）管理措施

工程进度涉及项目部的重大利益，是合同能否顺利执行的关键。项目部一般都把计划进度和实际工程进度间的平衡作为控制进度和计划管理的关键环节。实现进度计划的方法是在工程实施过程中密切注视工程实际进度与计划进度间可能出现的差距，及时地加快工程进度，以便按照计划完成工程。在工程施工过程中，项目部要制定出一套控制进度的措施和科学的计划管理方法，以保证工程在合同规定的期限内顺利完成。

在工程开工之后，项目部应对整个工程进行专业分析，编制总进度计划，同时也要建立工程分项的月、周进度控制图表，以便对分项施工的月、周进度进行监控。其图表宜采用能直观地反映工程实际进度的形式，如形象进度图等，可随时掌握各专业分项施工的实际进度与计划间的差距。当哪个分项出现差距时应及时向分项负责人发出进度缓慢信号，要求负责人采取措施，加快进度。

工程施工中机械和人力的变化、技术管理方面的失误，以及特别恶劣的天气，或者建设单位的主观因素改变等，都将给计划的实现带来障碍，因此在施工中应根据工程实际完成的进度，随时对计划进行调整或修订。

3）经济措施

编制与进度计划相适应的资金需求计划，保证资金供应量，资金来源、资金供应时间，保证施工进度，在甲方（按合同约定）资金暂时不能到位的情况下，公司准备一定的资金为甲方垫付，决不因此导致停工。

对参与施工的相关人员实行经济激励的措施。为鼓舞士气、提高工效，应增加职工福利。

4）技术措施

选用先进的施工技术，在进度受阻时，及时分析施工技术的影响，必要时改变施工技术、施工方法、和施工机械。分析设计因素，为实现进度目标提出合理的设计变更。合理划分流水段、组织流水施工，施工员应随时掌握施工进度和流水节拍，并随时调整，尽可能加快施工速度。

（4）分包（含甲委工程）计划安排（表3-43）

劳动力数量及进场计划 表3-43

序号	工种	主体阶段	装修阶段
1	木工	200	
2	钢筋工	100	
3	混凝土工	50	
4	瓦工	50	50
5	力工	100	100
6	水暖工	20	30
7	电工	30	40
8	抹灰工		200
9	大白装饰工		50
10	瓷砖镶贴工		80
11	特种作业	50	50
合计		600	590

分包工程：塑钢窗在外墙抹灰完成后随即安装窗框；塑钢窗玻璃安装、铁艺、空调百叶工程在外墙贴完砖后进行施工。进户门、防火门在地面工程基本完成后进场施工。

6. 施工机械设备（表 3-44）

万科西华府南区一期项目主要机械设备安排　　　　　　表 3-44

设备名称	设备型号	数量	设备性能	拟从何处调配	进场时间
塔式起重机		9	良好	库房新购	
施工电梯	SCD200/200AJ	9	良好	库房新购	
搅拌机	JZ350	6	良好	库房	
自卸汽车		2	良好	库房	
钢筋调直机		12	良好	库房	
钢筋弯曲机	GJ5-40	12	良好	库房	
钢筋切断机	GJ40	12	良好	库房	
电锯		4	良好	库房	
切割机		4	良好	库房	
振动器		20	良好	新购	
水泵		12	良好	新购	
电焊机		8	良好	新购	
其他小型设备		按需配备			

7. 施工临时用水用电施工方案

（1）临时用水施工方案（图 3-58）

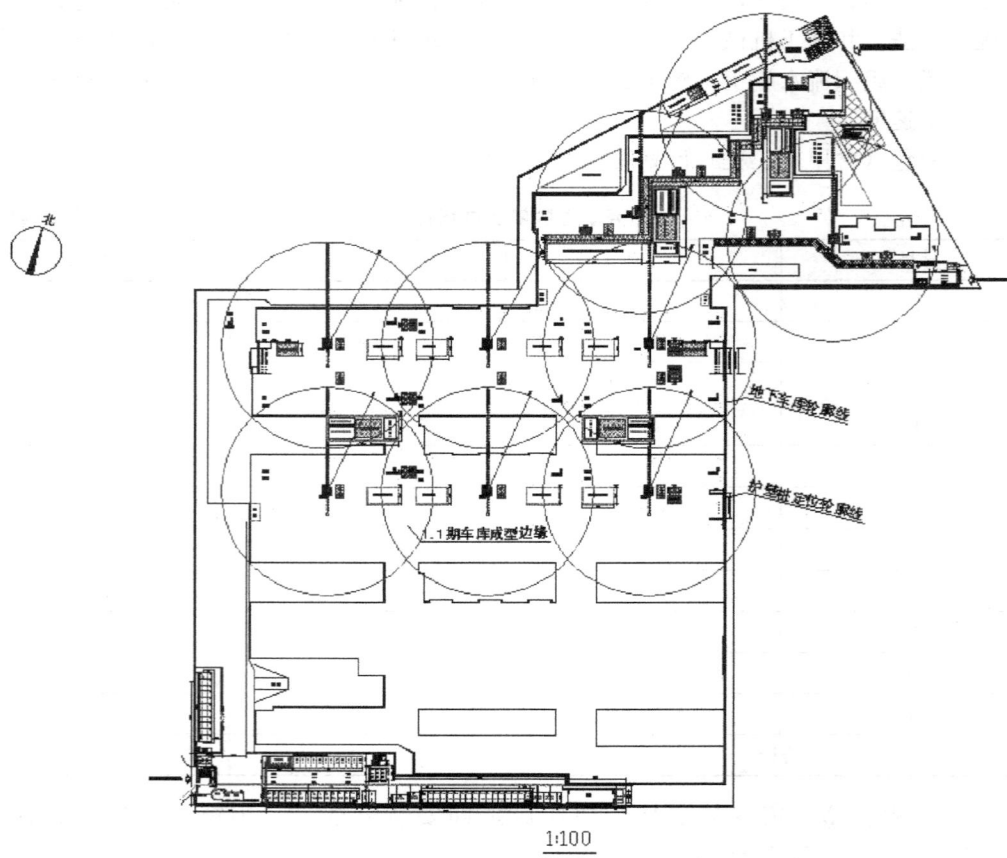

图 3-58　施工现场平面布置图

本工程临时水源来自建设单位提供的临时给水井。按最大用水量施工时考虑，现场各用水点均拟设储水箱（$V = 6M^3$）。水箱处设离心水泵，以备升压，水泵扬程不得小于75m。从给水井引出的主干管道采用ϕ100PPR管暗敷设，其他分支管道详见平面图。现场地埋自来水管道均应埋设在自然地坪1.2m以下。所有分支管道分支处砌筑水井，水井深度1.5m。在车库上无法埋设的管路均应架设离地。

用水量计算（依据经验及工程概况，施工中用水量最大时为主体施工）

① 现场施工用水量：

$$q_1 = K_1 \left[\sum Q_1 N_1 / (T_1 t) \right] \left[K_2 / (8 \times 3600) \right]$$
$$= 1.1 \times \left[(1700 \times 40 + 2 \times 600 + 150 \times 40) / (1 \times 1.5) \right] \times \left[1.5 / (8 \times 3600) \right]$$
$$= 2.87 \text{L/s}$$

式中　q_1——施工用水量（L/s）；

　　　K_1——未预计的施工用水系数（1.05～1.15）取1.1；

　　　Q_1——工程量（以实物计量单位表示，根据经验每日混凝土浇筑量取40m³，砌筑量取40m³）；

　　　N_1——施工用水定额；

　　　T_1——有效作业日取1日；

　　　t——每天工作班数（班）取1.5；

　　　K_2——用水不均衡系数取1.5。

② 施工机械用水量（汽车）

$$q_2 = K_1 \sum Q_2 N_2 K_3 / (8 \times 3600)$$
$$= 1.1 \times (700 \times 2) / (8 \times 3600)$$
$$= 0.05 \text{L/S}$$

式中　q_2——机械用水量；

　　　K_1——未预计施工用水系数（1.05～1.15）取1.1；

　　　Q_2——同一种机械台数取2台汽车；

　　　N_2——施工机械台班用水定额取700；

　　　K_3——施工机械用水不均衡系数取2。

③ 施工现场生活用水量

$$q_3 = P_1 N_3 K_4 / (t \times 8 \times 3600)$$
$$= 200 \times 30 \times 1.4 / (1.5 \times 8 \times 3600)$$
$$= 0.19 \text{L/S}$$

式中　q_3——施工现场生活用水量（L/s）；

　　　P_1——施工现场高峰昼夜人数（人）取200人；

　　　N_3——施工现场生活用水定额（一般为20～60L/人·班，主要视当地气候而定）取30；

　　　K_4——施工现场用水不均衡系数取1.4；

　　　t——每天工作班数（班）取1.5。

④ 生活用水 q_4（取5）

⑤ 消防用水 q_5 取10（注：因为消防管道不得小于100mm，所以消火栓应设于主管道）

总用水量$(q_1+q_2+q_3+q_4)=8.11<q_5$

$\therefore Q=q_5+(q_1+q_2+q_3+q_4)/2$

$\qquad =11.56$

（2）管径选择

$$d=\sqrt{4Q/(\pi \times v \times 1000)}=\sqrt{4 \times 11.56/(\pi \times 2 \times 1000)}=0.086\text{m}$$

式中　d——配水管直径（m）；

　　　Q——耗水量（L/s）；

　　　v——管网中水流速度（L/s）取 2。

所以主管道选用 $\phi100$ 管，其他分支管同理选用。

（3）临时用电施工方案

① 概述

本工程采用市电，本方案根据《建筑施工安全检查标准》JGJ 59—2011 及《建设工程施工现场供用电安全规范》GB 50194—2014、《施工现场临时用电安全技术规范》JGJ 46—2005 编制。

② 工程用电设备、电器

1 号变压器按最大组合用电量同时使用设备电器见表 3-45。

××南区 1 期用电设备清单　　　　　　　　表 3-45

序号	设备名称	功率（kW）	利用系数	备注（按暂载率计算）kW
1	吊车 1	20	70%	14
2	吊车 2	20	70%	14
3	吊车 3	20	70%	14
4	吊车 4	20	70%	14
5	吊车 5	20	70%	14
6	吊车 6	20	70%	14
7	吊车 7	20	70%	14
8	吊车 8	30	70%	21
9	吊车 9	30	70%	21
10	升降机 1	66	70%	46.7
11	升降机 2	66	70%	46.7
12	升降机 3	66	70%	46.7
13	升降机 4	66	70%	46.7
14	升降机 5	66	70%	46.7
15	升降机 6	66	70%	46.7
16	升降机 7	66	70%	46.7
17	升降机 8	66	70%	46.7
18	升降机 9	66	70%	46.7
19	升降机 10	66	70%	46.7
20	升降机 11	66	70%	46.7
21	升降机 12	66	70%	46.7
22	搅拌机 1	5.5	65%	3.575
23	搅拌机 2	5.5	65%	3.575

续表

序号	设备名称	功率（kW）	利用系数	备注（按暂载率计算）kW
24	搅拌机 3	5.5	65%	3.575
25	搅拌机 4	5.5	65%	3.575
26	搅拌机 5	5.5	65%	3.575
27	搅拌机 6	5.5	65%	3.575
28	办公区用电	40	80%	32
29	生活区用电（预留）	100	80%	128
30	水泵房	15	90%	13.5
31	钢筋作业区 1	20	80%	16
32	钢筋作业区 2	20	80%	16
33	钢筋作业区 3	20	80%	16
34	钢筋作业区 4	20	80%	16
35	木工作业区	12	80%	9.6
36	现场照明	60	65%	32.5
37	主楼施工活动箱	120	50%	35
38	水电作业区＋维修场地	30	50%	15
总计：1482kW				按暂载率得：995.45kW

③ 电源线路的选用

总用电量

$$P = 1.05(K_1 \sum P_1/\cos\phi + K_2 \sum P_2 + K_3 \sum P_3 + K_4 \sum P_4)$$
$$= 1.05 \times (0.5 \times 160.4/0.78 + 0.6 \times 216 + 0.8 \times 10 + 1.0 \times 50)$$
$$= 302.4\text{kVA}$$

式中　　　　P——供电设备总需要容量（kVA）；

P_1——电动机额定功率；

P_2——电焊机额定容量；

P_3——室内照明容量；

P_4——室外照明容量；

$\cos\phi$——电动机的平均功率因数（在施工现场最高为 0.75～0.78，一般为 0.65～0.75）；

K_1、K_2、K_3、K_4——需要系数。

允许电流

$$I_\text{线} = KP/(\sqrt{3} \cdot U_\text{线} \cdot \cos\phi)$$
$$= (0.5 \times 160.4/0.78 + 0.6 \times 216 + 0.8 \times 10 + 1.0 \times 50) \times 1000/\sqrt{3} \times 380 \times 0.75$$
$$= 588.3\text{A}$$

式中　$I_\text{线}$——电流值（A）；

P——供电设备需要容量（kVA）；

K——需要系数；

$U_\text{线}$——电压（V）；

$\cos\phi$——功率因数，临时网络取 0.7～0.75。

根据以上结果主干线选择 VLV4 * 185+1 * 90 电缆。

同理各分支线路均按以上方式选择。

总开关选择 DK630A 开关。其他开关及漏电保护器选择按此方法确定（临时用电施工方案）。

④ 电气设备安全技术措施

所有机械设备都必须要有专人负责，升降机、搅拌机等大型设备，必须经过培训合格并取得上岗证的专职人员，持证上岗操作。非专业机操人员，禁止随意操作机械设备。

电器设备的安装，由专业电工经培训合格取得上岗证后持证上岗进行操作。任何非专业电工，严禁进行电器设备的安装作业。严禁职工个人随意乱拉、乱接电线。

现场施工用电线路的安装，必须严格执行《施工现场临时用电安全技术规范》JGJ 46—2005 的有关规定，现场总配电线路要有管理责任人。

施工期间值班电工不得随时离开岗位，应经常巡视各处的路线及设施，发现问题及时处理。

施工用电的安装，应符合现场施工用电总体部署的安排及现场临时用电安全技术规范的有关和规定。

电器设备或施工机械设备的接地接零保护，应完整有效。保护接零严禁通过任何开关和熔断器，施工电路应采用三相五线制。

移动式照明灯具，应使用安全电压，移动式照明灯具及手提电动机械设备的用电线路要经常进行检查，防止漏电。

搅拌机停班时应将料斗降到基坑或用链条扣牢、龙门架停班时应将吊盘放到地面，如停在空中则必须要有可靠的支撑措施，要保证在任何情况下都不会自行下落。各类机械设备停班时都应切断电源。搅拌机应保持机貌整洁、无老油污。升降机严禁载客货混装。

施工现场用电措施均应遵照《施工现场临时用电安全规范》JGJ 46—2005 的规定，并严格执行。

电渣压力焊机应分别接在不同的 380V 线电压上，以利于各相电源之间的平衡。

所有电气装置及机具的操作人员必须持证上岗，并应配备相应的防护用品。

漏电开关必须定期检查，试验其动作可靠性。

采用的电气设备应符合现行国家标准的规定，并应有合格证件，设备应有铭牌。

使用中的电气设备应保持完好的工作状态，严禁带故障运行。电气设备不得超铭牌运行。固定式电气设备应标志齐全。

配电箱和开关箱应安装牢固，便于操作和维修。二级箱安装在水泥基础上。其他落地安装的配电箱和开关箱必须焊制金属支架，高度 1.2～1.3m，设置地点应平坦并高出地面，其附近不得堆放杂物。配电室用护栏围护，并设棚盖。

配电箱、开关箱的进线口和出线口宜设在箱的下面或侧面，电源的引出线应穿管并设防水弯头。配电箱、开关箱内的导线应绝缘良好，排列整齐、固定牢固，导线端头应采用螺栓连接或压接。配电箱、开关箱内安装的接触器、刀闸、开关等电气设备，应动作灵活，接触良好可靠，触头没有严重烧蚀现象。

⑤ 安全用电有关规定

本工程临时用电严格执行《建筑施工安全检查标准》JGJ 59—2011 及《建设工程施工

现场供用电安全规范》GB 50194—2014、《施工现场临时用电安全技术规范》JGJ 46—2005 规定。

实行三相五线制供电 TN-S 系统。"一机、一闸、一漏、一箱"原则，三级配电两极保护。

所有电气材料及原件均应购置正规合格的产品。

所有电气线路和设备的安装、维修和调整都必须由专业人员进行，发现问题及时解决。

配电房、发电机房、重要电气设备及库房等，应配备灭火器及砂池等，配电房门必须向外开启，户外并关箱及设置应有防雨措施。

生活区、办公室等线路应尽可能正规化安装，必须设总漏电开关，有专人负责安全防火工作。

每路干线分支接出支线时，均采用铅铜芯导线连接，支线在干线上缠绕加焊锡连接方式，干线不得断开，以增加供电安全、可靠，防止火灾事故。

电杆采用木杆。电杆埋设应符合下列要求：

回填土时应将土块打碎，每回填 0.5m 夯实一次。杆坑应设防沉土台，其高度应超出地面 0.3m。

施工现场内的低压架空线路采用绝缘线。绝缘线不得成束架空敷设，并不得直接捆绑在电杆、树木、脚手架上架空高度不小于 4m，不得拖拉在地面上；埋地敷设时必须穿管，管内不得有接头，其管口应密封。接头处应绝缘良好，并应采取防水措施。

供电电缆沿道路路边或建筑物边缘埋设，宜沿直线敷设；转弯处和直线段每隔 20m 处应设电缆走向标志。

电缆直埋时，其表面距地面的距离不宜小于 0.2～0.7m；电缆上下应铺以软土或砂土，其厚度不得小于 100mm，并应盖砖保护。

在车库顶板埋设电杆时，预先在设定好的位置砌筑 1000mm×1000mm×1000mm 的砖模，将线杆固定在砖模内，浇筑混凝土，待混凝土凝固后，将支撑撤掉，再架线敷设线路。

⑥ 接地保护及防雷保护

架空线路终端、总配电箱及分配电箱与电源变压器的距离超过 50m 以上时，其保护零线（PE 线）应作重复接地，接地电阻值不应大于 10Ω。

接引至电气设备的工作零线与保护零线必须分开。保护零线上严禁装设开关或熔断器。

用电设备的保护地线或保护零线应并联接地，并严禁串联接地或接零。

保护地线或保护零线应采用焊接、压接、螺栓连接或其他可靠方法连接。严禁缠绕或钩挂。

低压用电设备的保护地线可利用金属构件、钢筋混凝土构件的钢筋等自然接地体，但严禁利用输送可燃液体、可燃气体或爆炸性气体的金属管道作为保护地线。

施工现场和临时生活区的高度在 20m 及以上的井字架、脚手架、正在施工的建筑物以及塔式起重机、机具、烟囱、水塔等设施，均应装设防雷保护。

⑦ 电气防火措施

A. 按照《中华人民共和国消防条例》规定，在现场内建立和执行防火管理制度，设置符合规范的消防设施，并保持完好的备用状态。

B. 防火工作是施工现场一项重要的安全预防工作，必须严格遵守"谁主管，谁负责"的原则，成立现场安全领导小组，由项目经理部统一管理指挥，各分包单位对总包负责，并接受总包单位的统一领导和监督。

C. 建立健全消防规章制度和岗位责任制，定期进行消防检查评比，经常开展安全防火宣传教育工作，使每个职工懂得安全防火，遵守消防的一切规章制度。

D. 对进场的所有工人必须进行认真的消防安全教育，现场要加强消防安全宣传。职工宿舍区进口处，要张贴消防标语及防火安全规定。

E. 项目经理部将消防责任落实到人头，分片包干负责，如出现消防隐患，将追究责任人的责任。

F. 职工宿舍区、木工房、办公区要按规定，在醒目位置设置灭火器材。

G. 严禁职工在宿舍内烧电炉、煤油炉，禁止在床上吸烟，禁止乱丢烟头，宿舍内禁止点大灯泡，禁止私自拉接电线。

H. 木工房内禁止吸烟，工人若要吸烟，必须到木工房外的安全地点。如在木工房内发现烟头，将对其负责人进行批评教育或经济处罚。

I. 项目部在组织安全检查时，将消防安全作为一个重要内容同步进行检查，发现隐患要及时发出整改通知书，通知书上要写明整改时间，逾期不改者，将给予适当的处罚，整改完毕后必须上报进行复查。

J. 现场配备足够的消防器材，做到布局合理，并经常进行维修保养。在存有油类的仓库、油漆房、食堂及宿舍区域设置泡沫灭火器具。整个施工现场不少于6个。

K. 注意电器防火，禁止线路长期超负荷运行，严禁用铜线代替保险丝，宿舍不准使用电炉和100瓦大灯泡。在易燃易爆的地方，线路连接更应注意符合施工用电要求，避免产生电火化。

L. 施工作业面要设置消防灭火器材，烟头丢入烟桶内。夏季施工的电火花要用焊芯盘接，必要时易燃物烧水润湿。电工施焊采取隔离措施。

⑧ 临时用电线路平面图（图3-59）

8. 施工方案及技术措施

本工程考虑结构的整体性、施工速度，混凝土尽量采用连续浇筑，主体每层墙、柱、梁、板一次整浇。本工程使用商品混凝土。

钢筋现场制作。

模板采用清水板，支撑体系采用钢脚手架支撑。

本工程拟采用清水混凝土顶棚的新工艺，该工艺的技术措施将在相关各分项工程中予以叙述。

（1）基础施工及土方回填方案（略）。

（2）脚手架搭设（略）。

（3）吊车、施工升降机布置（略）。

（4）施工测量（略）。

（5）钢筋工程。

钢筋工程施工前编制的单项工程施工方案须经建设单位、监理同意审批后方可施工，其中包括（绑扎、焊接、螺纹连接、固定方案）

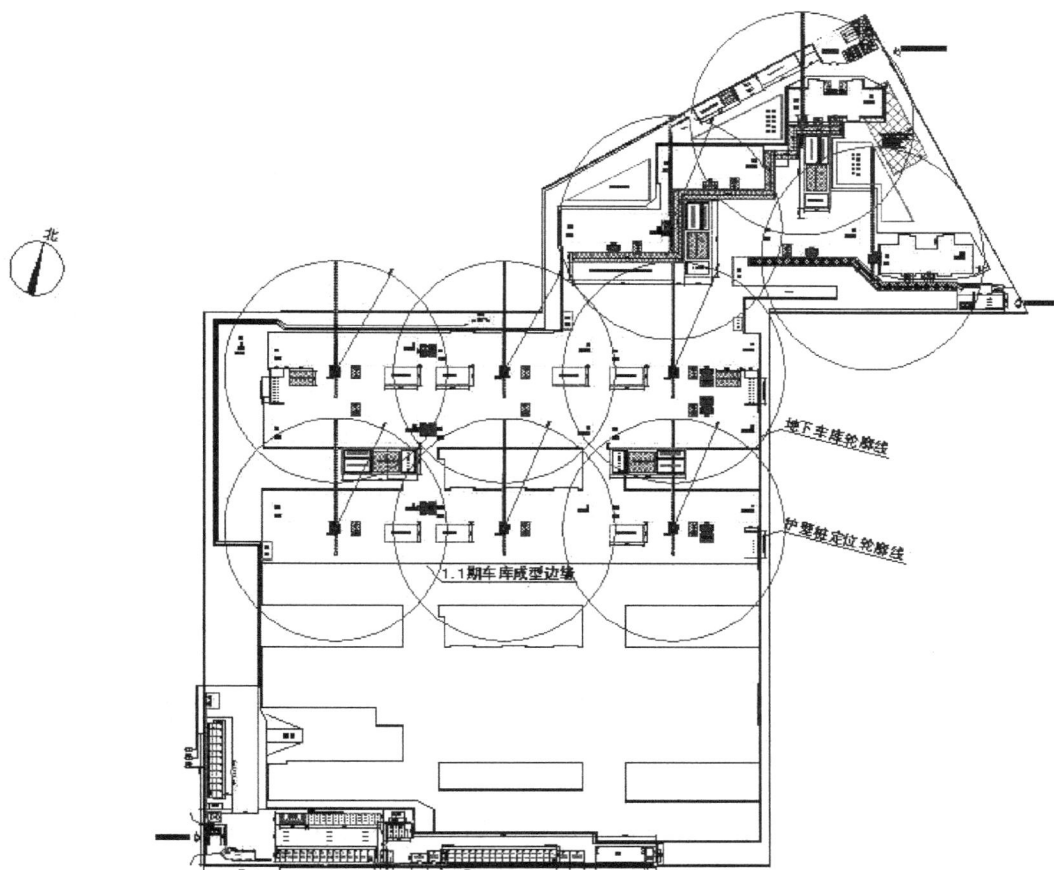

图 3-59　施工现场平面布置图（临电）

1）施工要求

采购与存放：所有钢筋必须有生产厂家的出厂合格证，且须经现场随机抽样送试验室，经试验合格后方可使用。钢筋到货后，由钢筋组保管，应进行外观验收，外观验收钢筋应平直、无损伤，表面不得有裂纹、油污、颗粒状或片状老锈。堆放现场要分类堆放，各种规格、牌号的钢筋均应用铁牌作标志，铁牌尺寸为 300mm×200mm，焊于铁架上，并且刷白漆，上面注明钢筋直径、厂家、级别、数量及试验编号。

加工：钢筋制作时必须严格按设计及规范要求制作，制作方法采用机械调直、机械切断、手工切断、机械煨弯及手工煨弯。钢筋制作在冬季施工阶段必须在钢筋制作棚内制作，以防雨雪。

钢筋表面如有锈蚀，用钢刷除锈，除锈后应注意存放，防雨防潮，达到成品在绑扎前无锈蚀。钢筋在存放中不得被油污染。

HPB 335 级钢筋调直采用钢筋调直机调直，冷拉率应控制在 4% 以内。箍筋制作时，双肢箍筋套尺寸要根据梁柱主筋根数制作，要保证主筋间距均匀。HPB335 级钢筋末端应做 180°弯钩，弯弧内直径不得小于 2.5D，弯后平直长度不小于 3D；HRB335、HRB400级钢筋做 90°弯钩时弯弧内直径不得小于 5D；箍筋弯钩弯折角度为 135°，弯后平直长度不小于 10D。拉钩一端在绑扎前可作成直角，柱绑扎后应将直角弯成 135°。

2）钢筋连接

钢筋接头宜设在受力较小处，同一构件内同一纵向受力钢筋不得设置两个或两个以上的接头，接头末端距钢筋弯起点距离不应小于钢筋直径的 10 倍。采用焊接接头时，设置在同一构件内的接头应相互错开。纵向受力钢筋焊接接头连接区段长度为 35D（D 为纵向受力钢筋的较大直径）且不小于 500mm，凡接头中点位于该连接区段长度内的接头均属于同一连接区段。同一连接区段内接头面积的百分率在受拉区不宜大于 50%，接头不宜设在梁柱端箍筋加密区。相邻绑扎搭接接头宜相互错开，绑扎搭接接头中钢筋的横向净距不应小于钢筋直径且不应小于 25mm。绑扎搭接接头连接区段为 1.3 倍搭接长度，同一连接区段内，纵向受拉钢筋的搭接接头面积百分率应符合：梁、板、墙不宜大于 25%；柱不大于 50%。梁类构件绑扎搭接接头在工程中如果必须大于 25%，可以放宽至 50%，但不得大于 50%。梁柱纵向受力钢筋搭接长度范围内，应按设计配置箍筋。设计无要求时应符合：箍筋直径不小于搭接钢筋较大直径的 0.25 倍；受拉搭接区段内的箍筋间距不应大于搭接钢筋较小直径的 5 倍，且不应大于 100mm；受压搭接区段内的箍筋间距不应大于搭接钢筋较小直径的 10 倍，且不应大于 200mm；当柱中纵向受力钢筋直径大于 25mm 时，应在搭接接头两个端面外 100mm 范围内各设两个箍筋，间距为 50。基础筏板采用螺纹连接方式施工，直径范围≥14mm 钢筋直径。

纵向受力钢筋绑扎搭接接头的最小搭接长度、锚固长度按设计规定施工，当设计无要求时，按《03G101-1》规定施工。

3）钢筋焊接

本工程焊接方法采用电渣压力焊及手工电弧焊。焊工须持证上岗，须按规定对焊件抽样试验，焊件试验合格后方允许下步施工，焊接接头处弯折不大于 4 倍钢筋直径，轴线位移不大于 0.1d 且不大于 2mm，无裂纹及烧伤，焊包均匀，接头按 50%错开。电渣压力焊接头应在绑扎前进行交接检查，不合格接头不得绑扎。

4）钢筋安装

钢筋须严格按设计绑扎，钢筋规格、形状、尺寸、数量、间距、锚固长度和接头设置必须符合设计要求及施工规范。梁柱保护层必须使用水泥砂浆垫块，分带绑丝与不带绑丝，带绑丝的绑于柱梁侧面。绑扎缺扣、松口数量不超过应绑数量 10%，且不集中，弯钩朝向正确，搭接长度不小于规定值。绑扎后详细核对图纸，检查是否有漏筋、直径、间距错误。检查钢筋接头位置、锚固长度、钢筋尺寸是否符合设计及规范。梁柱核心区柱箍筋必须加密，所以在穿梁主筋时，柱箍筋不得遗漏，避免后补。

为保证阳台负弯矩筋的位置，应在距阳台根部 200～300mm 位置通长设置铁马支架，然后依次按 500mm 间距向外设置通长铁马支架。每个阳台至少有两道通长铁马支架。

绑扎网和绑扎骨架外型尺寸的允许偏差，应符合下列规定：

网的长、宽±10mm；

网眼尺寸±20mm；

骨架的宽及高±5mm；

骨架的长±10mm；

箍筋间距±20mm；

受力钢筋间距±10mm；

受力钢筋排距±5mm；

受力钢筋的保护层（基础）±10mm；

受力钢筋的保护层（柱、梁）±5mm；

受力钢筋的保护层（板、墙、壳）±3mm；

绑扎箍筋、横向钢筋间距±20mm；

钢筋弯起点位置20mm；

焊接预埋件（中心线位置）5mm；

焊接预埋件（水平高差）0～3mm。

5）安全措施

① 钢材应按规格、品种分别堆放整齐，制作场地要平整，工作台要稳固，照明灯具必须用网罩。

② 拉直钢筋卡头要牢，地锚要结实牢固，拉筋沿线2m区域内禁止行人。

③ 工人断料时，工具必须牢固，卡头要卡紧，切断小于30cm的钢筋时，应用钳子夹牢，严禁手扶。

④ 展开盘圆钢筋要一头卡牢防止回弹，切断时要先用脚踩紧。

⑤ 在高空、深坑绑扎钢筋和安装骨架，须搭设脚手架和马道。绑扎立柱、墙体钢筋，不得站在钢筋骨架上和攀登骨架上下，柱筋在3m以内且重量不大，可在地面或楼面上绑扎整体竖起；柱筋在3m以上，应搭设工作台。柱、梁骨架应用临时支撑支牢以防倾倒。

⑥ 绑扎高层建筑的圈梁、挑檐、外墙、边柱钢筋应搭设外挂或安全网，绑扎时挂好安全带。

⑦ 起吊钢筋骨架下方禁止站人，必须待骨架降落到离地1米以内方准靠近，就位支撑好方可摘钩。

6）关于清水混凝土天棚的施工措施

由于天棚不抹灰，钢筋、绑丝及铁质遗留物的反锈会给今后装修刮白造成严重影响，即刮白后天棚会产生锈点，所以，在施工中，所有垫块均采用水泥砂浆垫块，且垫块间、行距不得大于500mm，绝对不允许采用钢筋头代替垫块。所有上部钢筋的铁马支架应专门制作，用不小于200的短钢筋在底部横向与铁马腿焊接，铁马底部的横向短钢筋在板底筋绑扎完成后，放置在底筋上，当底筋用垫块垫起来时，铁马就悬空起来，避免了板底漏支架腿。梁、板钢筋绑扎完后，必须设专人清理，将模板上遗留的钢筋头、绑丝及其他铁质遗留物清理干净，并检查底部钢筋垫块是否均匀，有无遗漏，以保证底部钢筋在混凝土浇筑后不露筋。

（6）模板工程

本工程模板采用清水板，地下室剪力墙采用清水板，支模程序为：柱或墙体钢筋绑扎→柱或墙体模板组合→柱或墙体模板校正、加固→梁及现浇板支撑体系→梁及现浇板模板铺设→梁及板钢筋绑扎。这里重点介绍清水板。

1）柱、墙模板

柱模板采用清水板模板，矩形柱外部用松木方加固，支模时用专用柱箍将柱模板箍住，较大截面的柱采用对拉螺栓加固。柱模板校正在现浇板支撑体系组合完成后进行，利用现浇板支撑体系（满堂脚手架）将柱模板用钢管卡固，与现浇板支撑体系用扣件连接在一起。

墙体模板采用清水模板，对拉螺栓拉结。墙体模板大量采用整张竹胶板（2440mm×1220mm），新清水板进场后，在清水板上钻孔（Φ14），距边305为孔中心，孔间距为610mm，这样无论横向还是竖向，组合模板时孔的间距均为610mm。墙体模板组合时，边角采用窄条竹胶板找齐，当窄条宽度超过300mm时，应加设螺栓孔，横向必须与整板的孔对齐。墙体两侧模板组合方式对称，螺栓孔对齐。两侧模板中间用细石混凝土支撑顶住（细石混凝土支撑提前预制，截面50mm×50mm，长度同墙宽），细石混凝土支撑在组合完一侧模板后，用绑丝绑扎在钢筋骨架上。模板外侧先立竖向木楞（60mm×90mm方木），间距不大于250mm，然后用穿墙螺栓将横向备楞紧固在竖向木楞外侧，横向备楞采用脚手架钢管。墙体模板至此已经组合完成。

墙体模板校正尽量在现浇板支撑体系完成后利用现浇板支撑体系校正。并与现浇板用钢管连接形成整体。（附地下室模板支撑体系见图3-60）

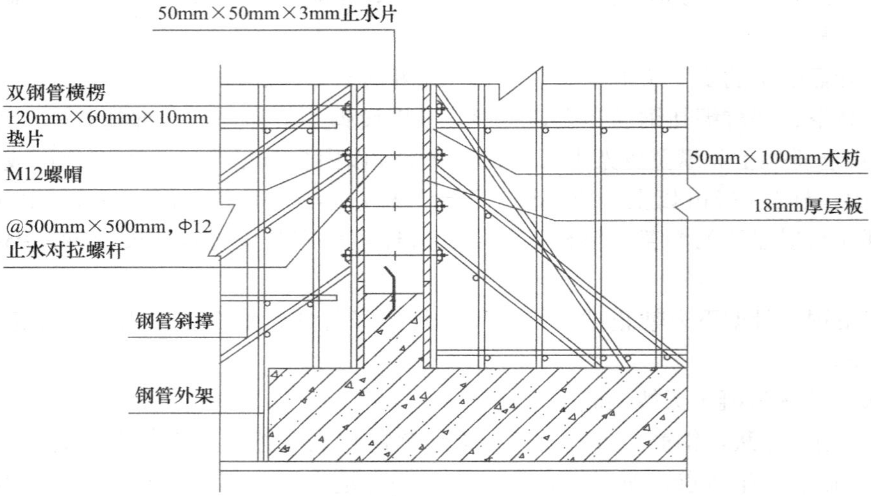

图 3-60

2）梁

梁模采用清水模板，部分采用多层板。梁均用水平对拉螺栓及钢筋撑头一拉一顶加固牢靠，梁侧面均加100mm×100mm松木方加固，梁底用两根100mm×100mm松木托平，下用双钢管支柱加小横梁杆托起，支柱间距尽量利用现浇板支撑体系，较大梁间距应减至现浇板立柱间距的1/2（具体应经过详细计算），且用水平拉杆加固，水平拉杆采用钢脚手杆。梁帮加固用小短管支撑，另一端扣于立柱上，梁跨超过4m，按1‰～3‰起拱。上反梁均用马凳铁支吊模，马凳铁用Φ16钢筋制作，沿梁两侧每1m一个。

3）板

现浇板模采用清水模板，部分采用多层板。支模方法为一般支模法。支撑体系采用钢脚手管支撑体系，立管最大间、行距要求：1000mm，均匀设置。立柱顶用脚手杆按现浇板长边方向连接，粗略抄平，然后用 60mm×90mm 松木方按间距 300mm 均匀铺设，方木应立放。在立柱中部距地面约 1.5m 左右，纵横方向采用钢脚手管用扣件卡牢作为水平拉杆，水平拉杆应设置至少一层，以防失稳。复合竹胶板铺于方木上，用钉子钉住，接缝用胶带做好处理。由于有部分现浇板面积过大，所以板跨超过 4m 均按 1‰～3‰ 起拱。

4）关于清水混凝土顶棚的施工措施

由于装修顶棚采用不抹灰，所以对现浇板模板平整度须严格控制。模板平整度的控制：模板立管支撑间距不得大于模板设计要求，立管支撑上水平铺设的方木间距不得大于 300mm，且方木铺设前需抄平。混凝土施工前，专人检查立管支撑是否牢固。模板采用清水模板，较旧的模板接缝用刨锯机将板边刨平刨直，以使模板接缝宽度不大于 1mm，且接缝用胶带封死。板模的水平度以及平整度应严格控制，在模板铺设后应再次抄平，使板两端高差不得超过 2mm，平整度不得超过 2mm。板模板与梁模板之间的接缝（即棚边）为此项工程薄弱环节，接缝的好坏会直接影响顶棚成形的质量，会给今后装修造成影响，所以，需要严格控制，此接缝必须平直，且需用胶带封死。

5）安全措施

A. 模板安装

模板应支撑在坚实的地基上，并应有足够的支撑面积，严禁受力后地基产生下沉。

模板在荷载的作用下，应具有足够的强度、刚度、稳定性。并应保证结构各部分形状、尺寸和位置的正确性。

模板接缝应严密不得漏浆，并应保证单体构件连接处有必要的紧密性和可靠性。

模板安装必须按模板的施工设计进行，严禁改动。

模板及其支撑系统在安装过程中，必须设置临时固定设施，严禁倾覆。

支柱全部安装完毕后，应及时沿横向、纵向加设水平撑和垂直剪刀撑，并与支柱固定牢固。当支柱高度小于 4m 时，水平撑应设上下两道，两道水平撑之间纵横向加设剪刀撑。然后支柱每增高 2m，在增加一道水平撑，水平撑之间还需增加剪刀撑一道。

安装柱模板时，不允许用柱子钢筋代替临时支撑。

模板安装完后，应对其进行全面检查，确属安全可靠后，方可进行下一工序的工作。

B. 模板拆除

拆模前应以混凝土强度报告为依据，办理拆除模板手续，经监理或甲方代表签字后方可拆除。

工作前应检查所用工具是否牢固，扳手等工具必须系挂在身上，工作时思想要集中，防止钉子扎脚和空中滑落。

拆模时如发现混凝土有影响结构安全质量问题，应停止拆模，报告施工员经处理后方可拆模。

严禁作业人员站在正在拆除的模板上，拆模时必须严格按操作流程进行，一般是后安装的先拆，先安装的后拆。严禁作业人员在同一垂直面上拆除模板。

已拆除的模板应及时运走，或妥善堆放，严禁操作人员扶空、踏空。

拆除 3m 以上的模板时应搭设脚手架或操作平台，并设防护栏杆。

拆除应逐块卸，不得成片松动。撬落或拉倒。

拆除楼板底模时应设临时支撑，防止大片模板坠落。

（7）混凝土工程

本工程混凝土采用商品混凝土。

对混凝土质量必须严格控制，所有材料的材质单、复试必须合格，试块强度必须合格。混凝土须按规范规定取样送试。混凝土不得随意增加用水量。

泵送混凝土前，应先泵送搅拌同强度等级砂浆通管，然后再泵送混凝土。夏季气温较高，为防止堵管，应在管路上缠草袋，并随时浇水，降低管路温度，防止混凝土在泵管内凝结。

混凝土浇筑前应检查钢筋、模板，清理杂物，特别是铁质杂物，以防止混凝土成型后表面有绑丝、钉子、钢筋头致使刮白时返锈。模板在浇筑混凝土前要浇水湿润。

现浇板采用 S 形路线浇筑，施工作业面宽度酌情而定。原则在返回浇筑时，先浇的未初凝，以免造成施工缝。

墙、柱必须分层浇筑，分层浇筑高度不得大于 2m。混凝土振捣时要注意振捣不得过度，以防胀模，但不可漏振。墙、柱根部、柱头在浇筑前注入少量强度等级高的水泥砂浆后再浇筑混凝土，以防止烂根。

混凝土浇筑时柱、剪力墙与梁板强度等级差两个等级时，模板支护时应将柱、剪力墙与梁板用模板隔开，在浇注完柱、剪力墙混凝土时将模板拆除，再浇筑梁板混凝土。

混凝土振捣采用垂直振捣和斜向振捣，振捣时作到"快插慢拔"振动时上下抽动，以使上下均匀，振至混凝土表面不再显著下降，不再出现气泡，表面泛出灰浆为止，振动插点均匀排列间行距 500mm。分层浇注时，浇筑第二层时振动棒插入下层 50mm 左右，使上下层均匀，振动时避免冲击碰撞钢筋及预埋件，以防位移，并设专人校正。

墙、柱混凝土浇筑后，木工应及时校正。

板混凝土振捣后，由专人及时找平，挂小线随抹随量。找平后随即覆盖塑料薄膜防止水分蒸发。

混凝土浇筑后及时养护，使混凝土表面始终保持湿润状态，养护 14 昼夜。柱拆完模后立即用塑料薄膜进行包裹严密，剪力墙拆完模后用胶带将塑料薄膜贴到剪力墙上，胶带必须将塑料薄膜封严，使柱、剪力墙混凝土始终保持湿润状态，达到养护效果。现浇板混凝土在二次抹压后覆盖塑料薄膜进行养护。

混凝土浇筑前做好准备工作，保证不中断，贮备一定数量原材料，并备用一台发电机，以防出现意外的施工停歇。掌握天气变化，准备抽水、防雨物资。检查钢筋及预埋件的规格数量、焊接。浇筑前清理模内垃圾，且用水湿润，但不得留有积水。混凝土施工缝进行凿毛处理，并铺水泥浆一层或混凝土界面剂以增加施工缝的粘结力。

安全措施：

① 浇筑框架梁、柱混凝土应设操作台，不得直接站在模板或支撑上操作。

② 使用振捣棒应穿胶鞋，湿手不得接触开关，电源线不得有破皮。

（8）砌筑工程（略）。

（9）门窗工程（略）。

（10）装饰工程（略）。

（11）厨卫及屋面防水工程（略）。

（12）水电安装（略）。

9. 质量保证措施

（1）建立质量保证体系

1）建立思想保证体系

教育全体员工明确该工程质量目标，增强质量意识，把该工程的质量视为整个企业质量管理方面的重中之重，深入贯彻学习《中华人民共和国建筑法》，树立以法治理工程质量的思想及"以质为本，以质取胜"的企业精神，从而在思想上形成对工程质量有力保障。

建立质量管理组织体系。项目经理部由项目经理牵头，成立质量管理领导小组，质量管理领导小组在总公司质量管理委员会的领导下，全面负责该项目的质量管理工作。项目经理部设立质量检查员，质量检查员必须做到持证上岗。

建立施工过程的质量保证体系。施工质量保证体系是针对分部分项，从确定施工方案入手，抓住决定工程质量的关键因素，从技术和组织结构方面，全面控制工程质量的一种管理体系。在施工前制定阶段性工程质量保证体系。如土方工程施工质量保证体系，工程测量质量保证体系，分项工程质量保证体系，装饰施工质量保证体系等。通过质量保证体系各环节职能的正常发挥，有力保证这些主要及难点分项的工程质量，同时保证其他分项工程的质量。

2）建立工程质量的技术管理制度

建立保证工程质量的技术管理制度，从施工过程的各个侧面，严格控制工程质量，从抓分项工程质量积累入手，最终使工程质量达到市优质工程标准。

严格按照施工图及施工技术操作规程施工，严格执行工艺标准及质量检查评定标准，力争使每个分项工程质量都达到市优质标准。

加强技术管理，做好技术交底工作。每一分项工程施工前，单位工程技术负责人都要以书面形式向技术人员及工长、班组长做技术交底，对施工方案、施工方法、技术措施、质量标准及安全措施做出明确规定，并要求签字以示负责。工程和质量管理人员必须熟悉图纸，随时对技术和质量状况进行检查指导。

严格执行原材料检验制度，把好决定工程质量的材料关。进场所有材料必须具有出厂合格证，经复试合格后才可使用，焊接材料必须检验，不合格材料坚决不予使用。

加强屋面防水、卫生间防水等重点部位的质量监督，严格工艺标准、严格检查、严格评定，确保建筑物的使用功能。

严格控制主体工程质量，特别是混凝土、砂浆等必须严格按设计要求的强度等级施工，施工中按规定预留试块以便检验强度，混凝土的运输、浇筑和间歇时间必须严格控制，浇筑方法必须按规范。在满足结构强度的同时保证垂直、平整度等，达到结构坚实，外部尺寸符合要求。

在装饰工程施工中坚持样板示范法，施工前做样板间，经建设、监理共同验收合格，在施工中严格按样板标准检查监督，以确保工程质量达到市优质工程标准。

建立工程质量检查制度，加强分项工程质量评定，制定三检制度，即"自检、互检及专检"。一道工序完成后班组进行自检，然后由项目技术负责人组织相关工种交接检，最后由专职质量检查员检查评定，上道工序不合格不准进行下道工序施工。

加强隐蔽工程质量管理。在施工过程中，如遇需隐蔽部位，及时邀请设计单位、监理工程师、质量监督站人员、建设单位代表及企业技术负责人共同参加验收，验收合格并经参加验收人员签字认证后，方可进行下道工序施工。

实施工程质量管理岗位责任制。层层落实，责任到人，做到工程质量人人有责。加大检查监督力度，实行质量奖惩制度。总公司将把该工程作为重点工程进行管理，定期检查监督，对于质量实施好的分项工程的操作者和管理人员将予奖励。同时也实行惩罚制度，处罚不达标分项工程操作者及管理人员，并勒令返工直到达标。

实施质量成本管理。质量成本是全面质量活动的经济表面，正确反映企业在施工生产全过程中开展质量管理活动支付的费用和由于质量问题所造成的损失。为编制质量成本计划，进行质量成本控制，提供准确完整的数据，从而达到不断提高工程质量和企业经济效益的目的。

（2）屋面、厨卫、阳台、外墙渗漏及防水措施

屋面、厨卫、阳台、外墙防水必须由专业队伍施工，操作人员必须持证上岗，所有材料必须符合规定且抽样合格后方准使用。防水基层必须做含水率测试合格后方可做防水。

1）屋面防水的渗漏的主要部位是山墙，女儿墙，变形缝，突出屋面的风道等部位的渗漏。

为了保证以上部位的质量，须做好如下工作：阴角处应作成钝角或圆角，垂直面与屋面之间的卷材应分层搭接。女儿墙压顶应压实抹光，并做好养护，以防开裂。另外卷材应在阴角处做附加层。

2）卫生间、厨房的渗漏的主要部位是管道根部，墙角部位。

技术措施是管道根部、墙脚在抹基层时应处理干净，并做出较圆滑的角，防水层施工时按施工规范施工，做附加层。

3）不封闭阳台渗漏的部位主要是阳台根部，地漏根部等处。

保证措施是阳台坡向地漏的坡度应满足要求，并且根部应做附加层。

最重要的措施是组织管理措施，应设专人负责防水施工，认真检查每道工序，尤其是蓄水实验阶段，发现有渗漏一定要做好记录，并监督整改。蓄水实验不合格，严禁下道工序施工。另外要做好成品保护工作。

4）外墙渗漏的主要原因是窗台、女儿墙等抹灰开裂和窗密封胶处理不当。

防止渗漏的方法是窗台、女儿墙等外墙抹灰应做好养护，防止开裂。密封胶必须打严。最主要的还是组织管理措施，专人负责工序检查与验收。

（3）墙体裂缝的防治措施

墙体裂缝的原因有很多，如结构问题、材料问题、施工方法等等。这里讲讲除了结构问题的抹灰层裂缝。

根据近年来的经验，墙体裂缝的原因有如下几个方面：

裂缝的主要原因是：①不同材料的交接处没有布网。②一次抹灰过厚，干缩率过大。③砂浆原料质量不好。④门框两边填塞不实，以使门框两边发生空鼓、裂缝。

预防措施：

1）严格执行分段验收制度，室内墙面灰饼做完、尼龙网挂完后，找技术人员及质检员验收，验收合格后才能进行抹灰。

2）一次抹灰厚度不得超过 10mm。

3）控制原材料质量，配合比。

4）门窗安装必须牢固，抹灰前必须检查，不牢固处加固；门窗框缝必须用发泡塞实。

（4）楼板裂缝的防治

楼板裂缝一直是困扰着建筑行业的通病。根据我公司的经验及借鉴其他经验，我公司制定了一系列的措施，在混凝土浇筑前，我公司会编制详细的施工方案，现对此方案做如下简单介绍：

常见的有塑性裂缝、干缩裂缝、温度裂缝等。

关于各种裂缝产生的原因我公司会在施工中的施工方案中做详细的分析，下面只对防治措施做介绍。

检查商品混凝土中砂石的含泥量；严格控制水泥质量，严禁使用不合格水泥。

监督商品混凝土配合比、水灰比及砂石级配，与商品混凝土试验室共同研究，力求达到最佳效果。

混凝土浇筑时控制好振捣时间，不得振捣过度，混凝土浇筑初凝前采用平板振动器二次振捣及二次抹压搓毛。

混凝土浇筑后，及时养护，采用铺塑料薄膜养护法。

浇注前将模板浇水湿透。

施工平面图图例（表 3-46）

表 3-46

序号	名称	图例	序号	名称	图例
一、地形及控制点					
1	三角点		9	土堤、土堆	
2	水准点		10	坑穴	
3	窑洞：地上、地下		11	填挖边坡	
4	蒙古包		12	地表排水方向	
5	坟地、有树坟地		13	树林	
6	石油、盐、天然气井		14	竹林	
7	探井（试坑）		15	耕地：稻田、旱地	
8	等高线：基本的、辅助的				

序号	名称	图例	序号	名称	图例
二、建筑、构筑物					
1	新建建筑物：地上、地下		6	围墙及大门	
2	原有建筑物		7	建筑工地界限	
3	计划扩建的建筑物		8	工地内的分界线	
4	拆除的建筑物		9	室内地坪标高	
5	临时房屋：密闭式、敞篷式		10	室外地坪标高	
三、交通运输					
1	原有道路		3	新建道路	
2	计划扩建的道路		4	施工用临时道路	
四、材料、构件堆场					
1	散状材料临时露天堆场	需要时可注明材料名称	3	敞篷	
2	其他材料露天堆场或露天作业场	需要时可注明材料名称			

续表

序号	名称	图例	序号	名称	图例
五、动力设施					
1	临时水塔		17	临时排水沟	
2	临时水池		18	化粪池	HC
3	贮水池		19	拟建水源	
4	永久井		20	电源	
5	临时井		21	变压器	
6	加压井		22	投光灯	
7	原有的上水管线		23	电杆	
8	临时给水管线	— S — S —	24	现在高压 6kV 线路	— WW₆ — WW₆ —
9	给水阀门（水嘴）		25	施工期间利用的永久高压 6kV 线路	— LLW₆ — LLW₆ —
10	支管接管位置	— S —	26	临时高压 3-5kV 线路	— VV — VV —
11	消火栓		27	现有低压线路	— W₃.₅ — W₃.₅ —
12	原有上下水井		28	施工期间利用的永久低压线路	— LVV — LVV —
13	拟建上下水井		29	临时低压线路	— V — V —
14	临时上下水井	L	30	电话线	
15	原有的排水管线	— I — I —	31	现有暖气管道	T — T —
16	临时排水管线	— P —	32	临时暖气管道	— Z —

序号	名称	图例	序号	名称	图例
六、施工机械					
1	塔式起重机		8	挖土机：正铲 反铲 抓铲 拉铲	
2	井架		9	推土机	
3	门架		10	铲运机	
4	卷扬机		11	混凝土搅拌机	
5	履带式起重机		12	灰浆搅拌机	
6	汽车式起重机		13	打桩机	
7	外用电梯		14	水泵	
七、其他					
1	脚手架		3	草坪	
2	壁板插放架		4	避雷针	

学生工作页

工作页 1

项 目 启 动

任务情境

你在沈阳某楼盘购买了一套商品房，合同约定的交房时间已经过了 3 个月，可开发商还迟迟没有交房，这时候你该怎么办呢？延迟交房的原因是怎么造成的呢？

学习目标

- 1. 能知道学完本门课程你都能具有哪些能力；
- 2. 能知道课程怎么实施？怎么考核？项目怎么划分；
- 3. 能建立属于自己的学习团队并形成团队文化；
- 4. 能识读和分析项目 1 相关资料。

学习过程

一、建立团队

（1）队长选取队员，每选择一个用彩纸条把名字写好，张贴到白板上。

（2）给自己的团队取一个响亮的名字，设计一个队标，一句话的口号（或几个字），选择一支队歌，请把前三项内容写在大白纸上，由队长来介绍你们团队，然后集体唱一遍队歌，然后喊一遍口号并加一个动作来展示自己团队的特色及风貌。

二、了解项目，接受任务

（1）识图项目 1 图纸及相关资料，请把疑问和问题汇总写在下面横线上。

①_____

②_____

③_____

（2）阅读工作页 1，结合教材相关内容和规范，为下次课做好准备。

三、请写出对本课程的期望和建议

工作页 2

项目 1　××办公楼流水施工进度计划编制

任务 1　确定施工顺序，划分施工段

任务情境

在投标和开工前要编制施工组织设计文件，其中一个很重要的内容就是流水施工进度计划的编制，现在项目经理把我院土建实训场办公楼的施工进度计划编制任务交给了你，请你及时完成。

学习目标

- 1. 能确定基础、主体、屋面和装饰装修结构的施工顺序；
- 2. 能合理划分施工段；
- 3. 能合理确定具体的分部分项工程。

学习过程

一、了解项目，确定任务

通过观看施工进度计划的编制过程，请填写完成流水施工进度计划的具体实施步骤。

二、完成任务

（1）既然要划分分部分项工程，那么什么是分部分项工程呢？请完成下面小游戏

连连看

建设项目	××项目
单项工程	图书馆
单位工程	教学楼的地基与基础工程
分部工程	钢筋工程
分项工程	宿舍楼的屋面工程

（2）请结合教材和规范写出什么是分部工程？什么是分项工程？怎么区分（用彩纸条分别写出 3 个关键词）？

（3）施工顺序是指工程开工后各分部分项工程施工的先后次序，为了保证顺利施工施工顺序应遵循的基本原则是（24 字口诀）：

（4）请上网查找相关资料和图片，并分别写出基础工程、主体工程、屋面工程和装饰装修工程的施工过程（分项工程名称）。

（5）结合框架结构施工示意图，参考该项目概况和劳动量一览表，以及（4）完成的内容，填写分项工程列表（见附表1）。

（6）我们学院的教学楼在施工的时候分成 A 区和 B 区施工，划分标准是（　　）。

A. 施工层　　　　B. 施工段　　　　C. 工作面　　　　D. 流水节拍

（7）请查找教材或者网络资源查找工程在施工的过程中为什么要划分施工段呢（写在彩纸上，粘贴）？

（8）划分施工段有哪些要求呢（写在彩纸上，粘贴）？

（9）结合该工程实际情况基础部分划分为个施工段比较合理，主体部分划分为个施工段比较合理，屋面划分为个施工段，装饰装修划分为个施工段（附表1）。

分部分项工程列表　　　　　　　　　　　　　　　　附表 1

序号	分项工程名称
	基础工程
1	
2	
3	
4	
5	
6	
7	
8	
9	
10	
	主体工程
1	

续表

序号	分项工程名称
2	
3	
4	
5	
6	
7	
8	
9	
10	
	屋面工程
1	
2	
3	
4	
5	
	装饰装修工程
1	
2	
3	
4	
5	
6	
7	
8	
9	
10	

工作页 3

任务 2：计算各分部分项工程流水节拍

子任务 1：计算基础工程和主体工程的流水节拍

🔍 **学习目标**

- 1. 知道流水施工有哪些参数；
- 2. 知道流水施工包括的几种方式及判断方法；
- 3. 会计算工期、流水步距、平行搭接时间、技术与组织间歇时间；
- 4. 会计算各个分项工程的流水节拍。

💭 **问题引入**

通过上次的学习，我们已经列出了具体的分项工程列表，但每项工程施工所需要的时间我们还不知道，那每项工程所需要花费的时间是什么呢？我们怎么来计算呢？

🎓 **学习过程**

一、认识和找到参数

1. 为了能够顺利地组织流水施工，我们要知道流水施工包括的相关参数，请在教材中找出流水施工包括_____、_____和_____三类参数。

2. 请用彩纸条写出每类参数包括的具体参数名称。

3. 小游戏：连连看（5分钟）

流水节拍	T
流水步距	K
技术与组织间歇时间	C
平行搭接时间	Z
工期	n
施工过程数	m
施工段数	r
施工层数	t

4. 上次课我们列出了分项工程列表，那么每项分项工作完成所需要的时间是怎么确

定的呢？它是哪个参数呢？

二、计算参数

1 请查找教材和相关资料写出定额计算法的公式及公式中各个字母的解释（写在彩色纸条上）。

2 利用定额法和项目一劳动量一览表计算各个分项工程的流水节拍（四舍五入保留整数）。

（1）基础工程部分

【具体要求】 为了施工方便，把基础施工过程整理合并为 6 个施工过程：施工过程A：平整场地和人工挖土方，施工过程 B：100mm 厚混凝土垫层，施工过程 C：绑扎钢筋，施工过程 D：支模板，施工过程 E：浇筑混凝土，施工过程 F：回填土。基础施工过程划分为 2 个施工段，一班制施工。

① 查找主要项目的劳动量计算表，利用定额计算出平整场地为个工日，如果安排施工班组人数为 17，一班制施工，则 $t_{平整}$＝天；查找主要项目的劳动量计算表，利用定额计算出人工挖土方为个工日，如果安排施工班组人数为 17，一班制施工，则 $t_{挖土}$＝天；则施工过程 A 的施工总天数为天。

② 100mm 厚混凝土垫层劳动量为个工日，如果安排施工班组人数为 16 人，一班制施工，其流水节拍为：$t_{垫}$＝_____天。

③ 基础绑钢筋的劳动量为个工日，施工班组人数为 30 人，一班制施工，其流水节拍为：$t_{钢筋}$＝_____天。

④ 支模板劳动量为个工日，施工班组人数为 16 人，一班制施工，其流水节拍为：$t_{模板}$＝_____天。

⑤ 浇筑混凝土劳动量为个工日，施工班组人数为 20 人，一班制施工，其流水节拍为：$t_{混凝土}$＝_____天。

⑥ 回填土劳动量为个工日，施工班组人数为 10 人，一班制施工，其流水节拍为：$t_{混凝土}$＝_____天。

⑦ 则基础工程的工期为：T_2＝_____天。

（2）主体部分

【已知条件】 主体工程包括：立柱子钢筋，安装柱、梁、板模板，浇捣柱子混凝土，梁、板、楼梯钢筋绑扎，浇捣梁、板、楼梯混凝土，搭脚手架，拆模板，砌空心砖墙等施工过程。本工程中平面上划分为 2 个施工段，关键工作是柱、梁、板模板安装，要组织主体流水施工，就要保证主导施工过程连续作业，为此，将其他次要施工过程综合为一个施工过程来考虑其流水节拍，且其流水节拍值不得大于主导施工过程的流水节拍，以保证主导施工过程的连续性，因此，则主体工程参与流水的施工过程数 $n＝2$ 个，满足 $m＝n$ 的要求。

① 查找劳动量一览表，脚手架劳动量为_____个工日，施工班组人数为 6 人，一班制施工，流水节拍为_____天。

② 柱子钢筋劳动量为_____个工日，施工班组人数为 17 人，一班制施工，流水节拍为_____天。

③ 主导施工过程的柱、梁、板模板劳动量为_____个工日，施工班组人数为 25 人，2 班制施工，流水节拍为_____天。

④ 柱子混凝土，梁、板钢筋，梁、板混凝土及柱子钢筋统一按一个施工过程来考虑其流水节拍，其流水节拍不得大于_____天，其中，柱子混凝土劳动量为_____个工日，施工班组人数为 14 人，两班制施工，其流水节拍为_____天，梁、板钢筋劳动量为_____个工日，施工班组人数为 25 人，两班制施工，其流水节拍为_____天，梁、板混凝土劳动量为_____个工日，施工班组人数为 20 人，三班制施工，其流水节拍为_____天。

⑤ 拆模施工过程计划在梁、板混凝土浇捣 12 天后进行，其劳动量为_____个工日，施工班组人数为 25 人，一班制施工，其流水节拍为_____天。

⑥ 砌空心砖墙（含门窗框）劳动量为_____个工日，施工班组人数为 45 人，一班制施工，其流水节拍为_____天。

⑦ 则主体工程的工期为：$T_2 =$_____天。

三、填基础和主体工程包含的分项工程的流水节拍列表见附表 2。

流水节拍列表—基础、主体工程　　　　　　　　　　　　　　　　附表 2

序号	分项工程名称	劳动量（工日）	每班工人数	每天工作班数	流水节拍（天）
	基础工程				
1	机械开挖基础土方				
2	混凝土垫层				
3	绑扎基础钢筋				
4	基础模板				
5	基础混凝土				
6	回填土				
	主体工程				
1	脚手架				
2	柱筋				
3	柱、梁、板模板（含楼梯）				
4	柱混凝土				
5	梁、板筋（含楼梯）				
6	梁、板混凝土（含楼梯）				
7	拆模				
8	砌空心砖墙（含门窗框）				
	...				

工作页 4

任务 2：计算各分部分项工程流水节拍

子任务 2：计算屋面工程和装饰装修工程的流水节拍

🔍 **学习目标**

- 1. 知道流水施工有哪些参数；
- 2. 知道流水施工包括的几种方式及判断方法；
- 3. 会计算工期、流水步距、平行搭接时间、技术与组织间歇时间；
- 4. 会计算各个分项工程的流水节拍。

🎓 **学习过程**

一、计算参数

利用定额法计算屋面工程和装饰装修工程各个分项工程的流水节拍。

（1）屋面工程部分

① 现浇钢筋混凝土屋面板劳动量为_____个工日，设定 30 个工人，一班制施工，则 $t_{屋找平}$ ＝_____。

② 保温层劳动量为_____工日，设定 17 个工人，一班制施工，则 $t_{保温}$ ＝_____。

③ 保温层上找平层劳动量为_____工日，设定 17 个工人，一班制施工，则 $t_{保温找平}$ ＝_____。

④ 干炉渣找坡层劳动量为_____工日，设定 10 个工人，一班制施工，则 $t_{找坡}$ ＝_____。

⑤ 防水卷材劳动量为_____工日，设定 10 个工人，一班制施工，则 $t_{防水屋面}$ ＝_____。

（2）装饰装修部分

① 门窗框安装劳动量为_____工日，设定 4 个工人，一班制施工，则 $t_{门窗}$ ＝_____。

② 外墙面刷涂料劳动量为_____个工日，设定 18 个工人，一班制施工，则 $t_{外墙}$ ＝_____。

③ 顶棚刮大白劳动量为_____个工日，施工班组人数为 19 人，一班制施工，其流水节拍为：$t_{顶棚}$ ＝_____。

④ 内墙面（除卫生间外）刮大白劳动量为_____个工日，内墙面（卫生间）水泥砂浆劳动量为个工日，施工班组人数均为 38 人，一班制施工，其流水节拍为：$t_{内墙}$ ＝_____。

⑤ 楼地面及楼梯地面劳动量为_____个工日，施工班组人数为 23 人，一班制施工，其流水节拍为：$t_{内墙}$ ＝_____。

⑥ 节能塑料窗（单框三玻）劳动量为_____个工日，施工班组人数为 13 人，一班制施工，其流水节拍为：$t_{窗}$ ＝_____。

⑦ 防火门、防盗门的劳动量为_____个工日，施工班组人数为 13 人，一班制施工，其流水节拍为：$t_{门}$ ＝_____。

⑧ 油漆涂料劳动量为_____个工日，施工班组人数为 16 人，一班制施工，其流水节拍为：$t_{油漆}$ ＝_____。

温馨提示： 装修装饰工程除了以上分项工程，还应该有哪个分项工程也得计算流水节拍呢？

二、填屋面和装饰装修工程包含的分项工程的流水节拍列表见附表 3。

流水节拍列表—屋面、装饰装修工程　　　　　　　　　　附表 3

序号	分项工程名称	劳动量（工日）	每班工人数	每天工作班数	流水节拍（天）
	屋面工程				
1	屋面板				
2	屋面板上找平层				
3	保温层				
4	找坡层				
5	屋面防水层				
6					
7					
8					
9					
10					
	装饰装修工程				
1	门窗框安装				
2	外墙抹灰				
3	顶棚抹灰				
4	内墙抹灰				
5	楼地面及楼梯抹灰				
6	门窗扇安装				
7	油漆涂料				

三、检查填完的流水节拍列表是否正确

1. 组内自查；

2. 组间纠错。

温馨提示：检查可以从以下几方面着手：

1. 分部分项工程是否正确；

2. 流水节拍计算是否有问题；

3. 有没有缺漏项目。

请整理自己组存在的问题，写在下面：

工作页 5

任务 3：绘制流水施工进度计划

子任务 1：绘制基础工程流水施工进度计划（手绘）

🔍 **学习目标**

- 1. 会选择合适的流水施工方式；
- 2. 会计算工期、流水步距、平行搭接时间、技术与组织间歇时间；
- 3. 会设计各个类型流水施工方式的横道图表格；
- 4. 绘制过程中会合理安排安排平行搭接时间和技术与组织间歇时间。

🎓 **学习过程**

一、制定绘制计划

（1）结合老师展示的流水施工综合案例，填写横道图的编制步骤：

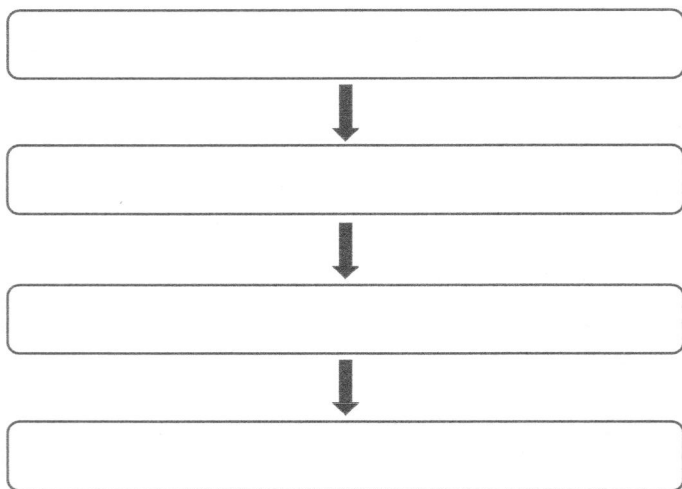

```
┌─────────────────────────────────┐
│                                 │
└─────────────────────────────────┘
              ↓
┌─────────────────────────────────┐
│                                 │
└─────────────────────────────────┘
              ↓
┌─────────────────────────────────┐
│                                 │
└─────────────────────────────────┘
              ↓
┌─────────────────────────────────┐
│                                 │
└─────────────────────────────────┘
```

（2）绘制之前横道图我们还需要知道哪些条件呢，请选择。

A 流水节拍　　　B 流水步距　　　C 技术与组织间歇时间　　　D 平行搭接时间
E 工期　　　　　F 施工过程数　G 施工段数　　　　　　　　H 施工层数

（3）小游戏：连连看

流水节拍	T
流水步距	K
技术与组织间歇时间	C
平行搭接时间	Z
工期	n
施工过程数	m
施工段数	r
施工层数	t

（4）横道图中的每个横道指的是以上哪个参数呢？

（5）每个施工过程的流水节拍在哪找呢？是以上哪个参数呢？

（6）两项工作在同一施工段上先后进场的时间差又是哪个参数呢？

（7）施工进度在设计横道图表格的时候画多少天呢？求出哪个参数能解决这个问题呢？

（8）工期的计算公式 $T=$ _____ ；

温馨提示：施工进度计划在编制时每一小格代表多少天合适？

二、绘制过程

在绘制基础工程横道图之前，我们要了解一下流水施工方式的几种典型形式及计算方法和绘图方法。

1. 某项目由 A、B、C、D 四个施工过程组成，分别由四个专业工作队完成，在平面上划分成四个施工段，每个施工过程在各个施工段上的流水节拍见下表，试确定相邻专业工作队之前的流水步距。

施工过程 ＼ 施工段	Ⅰ	Ⅱ	Ⅲ	Ⅳ
A	4	2	3	2
B	3	4	3	4
C	3	2	2	3
D	2	2	1	2

【温馨提示】 先根据流水节拍判断应该组织哪种流水方式，然后选择流水步距的计算方法。

2. 某分部工程划分为 A、B、C、D 四个施工过程，每个施工过程分为三个施工段，各施工过程的流水节拍均为 6 天，试组织合适的流水施工。

【温馨提示】 先根据流水节拍判断应该组织哪种流水方式，然后选择对应流水方式的公式去计算。

3. 某工程由 A、B、C、D 四个施工过程组成，划分两个施工层组织流水施工，各个施工过程的流水节拍均为 2 天，其中，施工过程 B 与 C 之间有 2 天的技术间歇时间，层间技术间歇为 2 天。为了保证施工队组连续作业，试确定施工段数，计算工期，绘制流水手工进度计划表。

【温馨提示】 当出现分层，有技术与组织间歇时间或者平行搭接时间的时候怎么组织流水施工呢？

4. 某工程划分为 A、B、C、D 四个施工过程，分三个施工段组织施工，各施工过程的流水节拍分别为 $t_A=3$ 天，$t_B=4$ 天，$t_C=5$ 天，$t_D=3$ 天；施工过程 B 完成后有 2 天的技术间歇时间，施工过程 D 与 C 搭接 1 天。试求各施工过程之间的流水步距及该工程的工期，并绘制流水施工进度表。

【温馨提示】 这种流水施工方式属于哪种流水方式呢？有什么特点？

5. 通过以上几个例题的计算，请绘制出流水施工的分类图。

6. 通过以上例题的计算，请整理出每种流水施工方式的特点、参数计算公式，列成一张表。

7. 通过几个例题的计算以及对 5 和 6 的总结和整理，我们对横道图计算以及绘图有了很清晰的认识，接下来让我们来绘制基础工程流水施工进度计划。

请结合任务 1.2 计算完成的流水节拍列表绘制基础工程流水施工进度计划。

根据给出已知条件，请回答以下问题：

（1）列出各个施工过程的流水节拍 t；

（2）计算流水步距 K；

（3）根据流水节拍和流水步距特点选择流水施工方式；

（4）工期的计算公式 $T=$；

（5）设计横道图表格，并绘制基础工程的流水施工进度计划表。

温馨提示：施工进度计划在编制时每一小格代表多少天合适？

工作页 6

任务 3：绘制流水施工进度计划

子任务 2：绘制主体工程流水施工进度计划（手绘）

学习目标

- 1. 会选择合适的流水施工方式；
- 2. 会计算工期、流水步距、平行搭接时间、技术与组织间歇时间；
- 3. 会设计各个类型流水施工方式的横道图表格；
- 4. 绘制过程中会合理安排安排平行搭接时间和技术与组织间歇时间。

学习过程

一、绘制过程

【已知条件】 根据我们之前完成的主体部分的流水节拍列表主体工程包括：脚手架，柱筋，柱、梁、板模板（含楼梯），柱混凝土，梁、板筋（含楼梯），梁、板混凝土（含楼梯），拆模，砌空心砖墙（含门窗框）7 个施工过程。平面上划分为 2 个施工段组织流水，一班制施工，在保证主导施工过程砌砖墙能连续施工的情况下，请绘制主体部分流水施工进度计划。

（1）请按施工先后顺序列出各个施工过程的流水节拍 t；流水节拍对应横道图中的

_____。

（2）计算流水步距 K；流水步距 K 表示的是横道图中_____。

① 流水步距应该用哪种方式求取呢？

② $K=$ _____。

（3）根据流水节拍和流水步距特点选择流水施工方式；

（4）工期的计算公式 $T=$ _____；工期对绘制横道图有什么用呢？

温馨提示： 脚手架工程的流水节拍怎么确定？架子工应该从哪天进场开始施工呢？持续到什么时候？

（5）设计横道图表格，并绘制主体工程的流水施工进度计划表。

工作页 7

任务 3：绘制流水施工进度计划

子任务 3：绘制屋面和装饰装修工程施工进度计划（手绘）

🔍 **学习目标**

- 1. 会选择合适的流水施工方式；
- 2. 会计算工期、流水步距、平行搭接时间、技术与组织间歇时间；
- 3. 会设计各个类型流水施工方式的横道图表格；
- 4. 绘制过程中会合理安排安排平行搭接时间和技术与组织间歇时间。

👨‍🎓 **学习过程**

一、绘制过程

1. 屋面工程流水施工进度计划的绘制

【已知条件】 根据我们之前完成的屋面工程的流水节拍列表，屋面工程包括**屋面板、保屋面板找平层、保温层、找坡层和屋面防水层**五个施工过程。其中屋面板找平层完成后需要有 3 天养护和干燥的时间，方可进行保温层施工，保温层找平层施工后也需要有 2 天的养护时间，才能进行找坡层的施工。平面上不划分施工段，一班制施工，请选择合适的流水施工方式，并绘制屋面工程的流水施工进度计划。

（1）请按施工先后顺序列出各个施工过程的流水节拍 t；

（2）计算流水步距 K；

（3）根据流水节拍和流水步距特点选择流水施工方式；

（4）工期的计算公式 $T=$_____；

（5）设计横道图表格，并绘制屋面工程的流水施工进度计划表（见附表 4）。

（6）找平层完成后需要的养护和干燥时间是_____。

A. 技术与组织间歇时间　　　　　　　B. 平行搭接时间

2. 装饰装修工程流水施工进度计划的绘制

【已知条件】 装饰装修工程包括门窗框安装、外墙抹灰、顶棚抹灰、内墙抹灰、楼地面及楼梯抹灰、门窗扇安装、刷涂料油漆共 **7** 个施工过程。每层划分为一个施工段，考虑装修工程内部各施工过程的劳动力的调配，安排一班制施工，施工过程中要安排适当的组织间歇时间，请绘制装饰装修工程的流水施工进度计划。

（1）列出各个施工过程的流水节拍 t ＿＿＿＿＿＿＿＿＿＿＿＿＿；

（2）计算流水步距 K ＿＿＿＿＿＿＿＿＿＿＿＿＿；

（3）根据流水节拍和流水步距特点选择流水施工方式＿＿＿＿＿＿＿＿＿＿＿＿＿；

（4）工期的计算公式 $T=$＿＿＿＿＿＿＿＿＿＿＿＿＿；

（5）设计横道图表格，并绘制基础工程的流水施工进度计划表。

温馨提示： 安排适当的组织间歇时间指的是什么？水暖电的流水节拍怎么确定？

二、检查绘制完成的横道图是否正确

1. 组内自查；

2. 组间纠错。

温馨提示： 检查可以从以下几方面着手：

1. 施工过程是否正确；

2. 流水节拍绘制是否有问题；

3. 每项工作开始时间是否正确；

4. 绘制完成的横道图和计算出的工期是否能对应。

请整理存在的问题，写在下面：

工作页 8

任务3：绘制流水施工进度计划

子任务4：绘制流水施工总进度计划（一）—通过实例学软件

学习目标

- 1. 能新建工作；
- 2. 能应用引入，引出功能；
- 3. 能修改工作属性；
- 4. 能调整工作关系；
- 5. 能增加工作资源；
- 6. 能自定义资源曲线；
- 7. 能实现七种图表的转换与查看。

学习过程

一、布置任务

用网络计划编制软件完成下图案例，计算总工期，指出有几条关键线路（5分钟）。

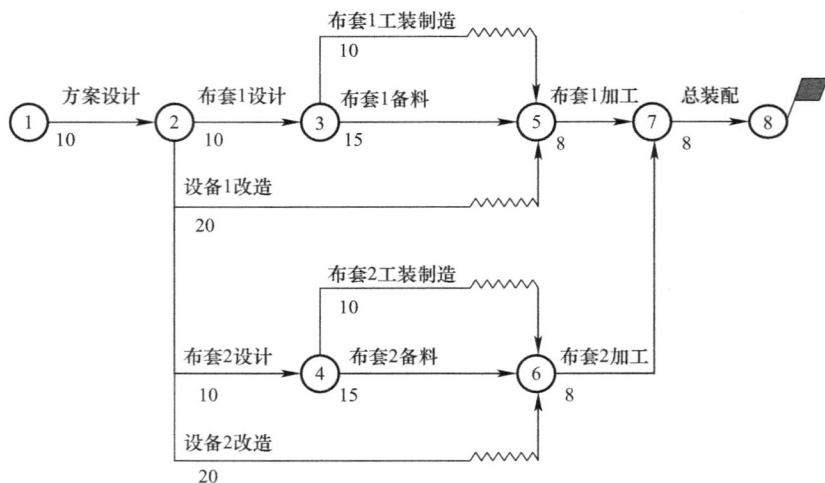

二、完成绘制过程

1. 认真观看视频，重点关注以下内容（10 分钟）。

（1）新文档时，设定项目开始时间；

（2）拖动新建工作项；

（3）快速新工作项；

（4）增加并行工作。

2. 按课件给出的步骤完成 1~6 步的操作（15 分钟）。

3. 认真观看课件，重点关注以下内容（10 分钟）：

（1）跨节点工作的操作；

（2）引入功能的操作过程；

（3）如何修改工作属性；

（4）查看时标网络图；

（5）增加自定义工作资源的方法；

（6）查看逻辑网络图。

4. 按教材给出的步骤完成课件中 7-12 步的操作（10 分钟）。

5. 认真观看视频，完成以下内容（10 分钟）

（1）查看梦龙单双混合网络图；

（2）查看梦龙单代号网络图；

（3）查看横道图；

（4）切换横道图编辑模式；

（5）导航模式。

6. 按教材给出的步骤完成课件中 13-18 步的操作（10 分钟）

三、讨论（20 分钟）

以小组为单位，讨论以下问题：

（1）工作项的增、删、改；

（2）快速提高效率的功能有哪些；

（3）如何快速编制材料资源曲线；

（4）讨论各表格的实际用途；

（5）分享软件应用心得。

工作页 9

任务 3：绘制流水施工进度计划

子任务 4：绘制流水施工总进度计划（二）—流水施工实战

学习目标

- 1. 能绘制流水施工网络；
- 2. 能绘制有施工队数限制的流水施工；
- 3. 会录入各施工队的总人数，输出人力资料曲线；
- 4. 会设置网络图、横道图输出格式。

学习过程

一、布置任务（5 分钟）

某建筑项目有六栋同类型的房屋，每栋房屋主要有以下四个道工序组成：土方工程、基础与主体结构、装修工程、室外工程。以上四道工序由四个专业施工队采用大流水方法施工，若每栋房屋的定额工期为 300 天，则其节拍分别为 30 天、150 天、90 天、30 天，四道工序分别以 A、B、C、D 表示，合同总工期定为 540 天，每个专业队的人数分别为 10、50、30、10；用网络计划编制软件编制双代号时标网络图及横道图。

二、完成绘制过程

1. 认真观看视频，掌握以下关键操作点（15 分钟）。

（1）建立主工作；

（2）编辑流水施工；

（3）增加虚工作；

（4）输入资源，并设置人力资源曲线；

（5）按起始时间排列横道图。

2. 按教材给出的步骤完成课件中 1-6 步的操作（25 分钟）。

3. 认真观看视频，关注以下关键操作点（10 分钟）。

（1）如何进行输出页面的设置？

（2）各项设置的内容及方式。

4. 按教材给出的步骤完成课件中 7-12 步的操作（15 分钟）

三、讨论（20 分钟）

1. 如何缩短工期？工期缩短在实际工程会导致哪些费用增加？

2. 软件功能应用技巧分享。

工作页 10

任务3：绘制流水施工进度计划

子任务4：绘制流水施工总进度计划（三）—里程碑实战

学习目标

- 1. 设置里程碑；
- 2. 应用组件功能解决提前和滞后的工作关系；
- 3. 应用辅助工作；
- 4. 划分区域。

学习过程

一、布置任务（5分钟）

某小学教学楼项目，砖混结构，建筑面积为2400m²，共2层无地下室，主要分为土方工程、基础工程、主体工程、装饰工程，水电安装工程，外线工程。工程的开工日期为2011年7月1日，工程工期为90天。

序号	部位	里程碑时间	工期
1	基础工程完工	2011-07-13	13
2	主体结构完工	2011-07-27	19
3	装饰工程完工	2011-09-13	31

二、完成绘制过程

1. 认真观看视频，关注操作关键点（15分钟）。

（1）设置里程碑；

（2）增加辅助工作；

（3）使用组件；

（4）设置区域；

（5）增加与删除空层。

2. 按教材给出的步骤完成本实例的操作（25分钟）。

三、讨论（20 分钟）

1. 以小组为单元交流软件应用的过程遇到的问题；
2. 分享软件的应用技巧，如何能够拉高软件的应用效率？
3. 讨论网络计划的编制流程？

四、绘制项目 1 流水施工总进度计划。（25 分钟）

工作页 11

任务 3：绘制流水施工进度计划

子任务 5：优化和调整施工总进度计划

学习目标

- 1. 对绘制完成的施工总进度计划进行优化；
- 2. 当出现一些影响工期和因素，能对施工进度计划进行调整。

一、对绘制完成的施工进度计划进行优化（25 分钟）

1. 检查一下绘制完成的施工总进度计划是否符合工期要求；

2. 检查一下施工进度计划中是否有些项目设置不合理；

3. 检查一下施工进度计划中是否有遗漏的施工过程；

4. 检查一下绘图过程是否存在错误。

通过以上 1-4 的检查，对施工总进度计划进行修改。

二、出现不可预见情况时，对施工总进度计划进行调整（25 分钟）

1. 当基础施工土方开挖的时候，正值雨季，由于连续降雨无法进行下一步施工，延误了 10 天的工期。

2. 主体工程施工过程中，由于钢筋供应厂家的原因，钢筋进场晚了 5 天，导致主体工程涉及钢筋施工部分工期均有一些延误。

3. 装修工程按层分施工段更合理，请重新调整。

三、请根据优化和调整的情况重新绘制施工总进度计划（30 分钟）

工作页 12

任务 3：绘制流水施工进度计划

子任务 6：审核施工总进度计划

🔍 **学习目标**

- 1. 能从项目经理的角度对施工进度计划进行审核；
- 2. 能从专业的角度提出具体修改意见；
- 3. 能从监理角度对施工进度计划进行检查。

一、用抽签的方式决定审核哪组，结合以下内容，从项目经理的角度对施工进度计划进行审核和打分，并给出专业修改意见（25 分钟）

进度安排是否符合施工合同确定的建设总目标和分目标的要求，是否符合其开、竣工日期的规定；

施工进度计划中的内容是否有遗漏；

施工顺序安排是否符合施工程序的要求；

资源供应计划是否能保证施工进度计划的实现；

各项保证进度计划实现的措施是否周到、可行、有效。

二、监理对施工进度计划的检查（25 分钟）

1. 请写出施工进度检查应包含的内容。

2. 怎么对比实际进度与计划进度？采用什么方法？

3. 请写出月度进度报告。

三、各组进行汇报（40 分钟）

工作页 13

项目2　××大厦网络进度计划的编制

任务 1　划分分部分项工程

子任务 1　确定施工顺序　子任务 2 划分具体分部分项工程和施工段

学习目标

- 1. 根据框架结构各分部的施工方案会确定施工顺序；
- 2. 会合理划分施工段；
- 3. 会确定具体的分部分项工程。

学习过程

一、制定计划

通过老师讲解的框架结构办公楼的网络进度计划的编制过程，请填写完成项目二的具体步骤。

二、完成任务

（1）请查找教材及网络，结合框架结构的施工过程，绘制出基础、主体、屋面及装饰装修的施工顺序示意图。

① 基础：（基础工程为钢筋混凝土独立基础）。

② 主体：（主体结构为全现浇框架结构）。

③ 屋面：（屋面工程为带保温层的柔性屋面）。

④ 装饰装修工程：（装修工程为铝合金窗、木门；外墙面贴面砖；内墙为中级抹灰，普通涂料刷白；底层顶层吊顶，楼地面贴地面砖）。

室内（自上而下）：

室外（自上而下）：

（2）请结合完成的施工过程示意图分别写出基础、主体、屋面及装饰装修工程的施工过程。

施工过程

基础工程	主体工程	屋面工程	装饰装修工程

（3）结合框架结构施工示意图，参考该项目概况和劳动量一览表，以及（4）完成的内容，整理后填写分项工程列表（见附表4）。

（4）请查找教材或者网络资源查找工程在施工的过程中为什么要划分施工段呢？划分的原则是什么？

（5）根据（6）项目2的基础工程划分为个施工段，主体工程划分为个施工段，屋面工程划分为个施工段，装饰装修工程划分为个施工段比较合适。

分部分项工程列表

序号	分部分项工程名称	序号	分部分项工程名称
	基础工程		装饰装修工程
	主体工程		
	屋面工程		

工作页 14

任务 2　计算持续时间

子任务 1　计算基础和主体各分部工程的持续时间

学习目标

会用定额法计算各个分项工程的持续时间；

问题引入

通过上次的学习，我们已经列出了具体的分项工程列表，但每项工程施工所需要的时间我们还不知道，那每项工程所需要花费的时间是什么呢？我们怎么来计算呢？

学习过程

一、制定计划

结合之前项目一任务 2 的完成过程，请制定求取持续时间的过程。

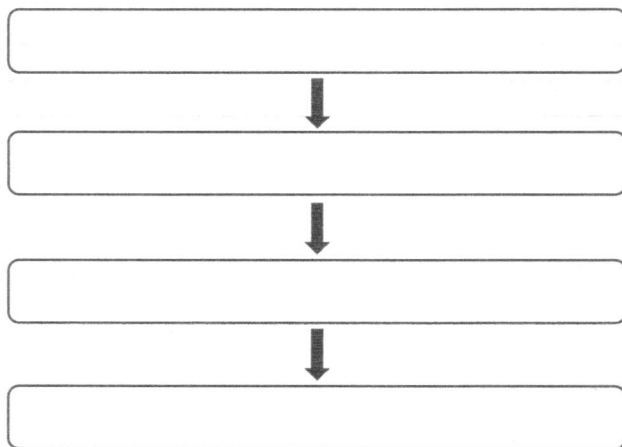

二、计算持续时间

（1）基础工程部分

【已知条件】　基础工程包括：基槽挖土、混凝土垫层、绑扎基础钢筋、支设基础模板、浇筑基础混凝土、回填土等施工过程。基础工程平面上划分为 2 个施工段组织施工，6 个施工过程，采用定额法计算，具体的持续时间计算如下：

① 查找工程量一览表，施工过程基槽挖土中平整场地的工程量为_____，通过查找定额计算出劳动量为_____个工日，人工开挖基础土方的工程量为_____，通过查找定额计算劳动量为_____个工日，施工班组人数均为 8 人，采用一班制施工，其持续时间为_____天。

② 混凝土垫层工程量为_____，通过查找定额计算出劳动量为_____个工日，施工班组人数为 15 人，采用一班制施工，其持续时间为_____天。

③ 绑扎基础钢筋：其中箍筋 $\phi 8$ 工程量为_____，通过查找定额计算出劳动量为_____个工日；柱筋主筋 $\Phi 18$ 工程量为_____，通过查找定额计算出劳动量为_____个工日；施工班组人数为 10 人，采用一班制施工，其持续时间为_____天。

④ 基础支模板工程量为_____，通过查找定额计算出劳动量为_____个工日，施工班组人数为 12 人，采用一班制施工，其持续时间为天_____。

⑤ 浇筑基础混凝土工程量为_____，通过查找定额计算出劳动量为_____个工日，施工班组人数为 15 人，采用一班制施工，其持续时间为天_____。

⑥ 回填土工程量为_____，通过查找定额计算出劳动量为_____个工日；施工班组人数为 25 人，采用一班制施工，其持续时间为天_____。

⑦ 在计算各个分项工程的基础上计算出基础工程的工期 $T_1=$_____天。

（2）主体部分

【已知条件】 主体工程包括：立柱子钢筋，安装柱、梁、板模板，浇捣柱子混凝土，梁、板、楼梯钢筋绑扎，浇捣梁、板、楼梯混凝土，搭脚手架，拆模板，砌空心砖墙等施工过程。本工程中平面上划分为 2 个施工段，关键工作是柱、梁、板模板安装，要组织主体流水施工，就要保证主导施工过程连续作业，为此，将其他次要施工过程综合为一个施工过程来考虑其持续时间，且其持续时间值不得大于主导施工过程的持续时间，以保证主导施工过程的连续性，因此，则主体工程参与流水的施工过程数 $n=2$ 个，满足 $m=n$ 的要求。

① 根据工程实际情况分析，脚手架工程从主体开始到主体结束一直在进行，一班制施工，所以其持续时间为_____天。

② 柱子钢筋其中箍筋 $\phi 8$ 工程量为，通过查找定额计算出劳动量为_____个工日；柱筋主筋 $\Phi 18$ 工程量为_____，通过查找定额计算出劳动量为_____个工日；施工班组人数为 17 人，一班制施工，持续时间为天_____。

③ 主导施工过程的柱、梁、板模板：柱模板工程量为_____，通过查找定额计算出劳动量为_____个工日，梁模板工程量为_____，通过查找定额计算出劳动量为_____个工日；过梁模板工程量为_____，通过查找定额计算出劳动量为_____个工日，弧形、拱形梁模板工程量为_____，通过查找定额计算出劳动量为_____个工日，施工班组人数为 25 人，总劳动量为_____个工日，2 班制施工，持续时间为_____天。

④ 柱子混凝土施工：混凝土工程量为_____，通过查找定额计算出劳动量为_____个工日，施工班组人数为 25 人，两班制施工，其持续时间为_____天。

⑤ 绑扎梁、板（含楼梯）钢筋：箍筋 $\phi8$ 工程量为_____，通过查找定额计算出劳动量为_____个工日，梁筋主筋 $\Phi18$ 工程量为_____，通过查找定额计算出劳动量为_____个工日，板筋 $\Phi12$ 工程量为_____，通过查找定额计算出劳动量为_____个工日，经过汇总总劳动量为_____个工日，施工班组人数为 25 人，两班制施工，其持续时间为天_____。

⑥ 浇筑梁、板及楼梯混凝土：梁工程量为_____，通过查找定额计算出劳动量为_____个工日，过梁工程量为_____，通过查找定额计算出劳动量为_____个工日，弧形、拱形梁工程量为_____，通过查找定额计算出劳动量为_____个工日；楼板工程量为_____，通过查找定额计算出劳动量为_____个工日；楼梯工程量为_____，通过查找定额计算出劳动量为_____个工日，经过计算总劳动量为_____个工日，施工班组人数为 20 人，三班制施工，其持续时间为_____天。

⑦ 拆模施工过程计划在梁、板混凝土浇捣 12 天后进行，其劳动量为 952 个工日，施工班组人数为 25 人，一班制施工，其持续时间为_____天。

⑧ 砌砖墙（含门窗框）：1 砖实心墙工程量为_____，通过查找定额计算出劳动量为_____个工日，1/2 砖实心墙工程量为_____，通过查找定额计算出劳动量为_____个工日，弧形砖墙工程量为_____，通过查找定额计算出劳动量为_____个工日，施工班组人数为 45 人，一班制施工，其持续时间为天_____。

⑨ 通过计算主体工程的工期为：$T_2 =$_____天。

三、填写基础、主体工程包含的项工程的持续时间列表（见附表 5）

持续时间列表—基础、主体、屋面、装饰装修工程　　　　　附表 5

序号	分项工程名称	劳动量（工日）	每班工人数	每天工作班数	持续时间（天）
	基础工程				
1	人工开挖基础土方				
2	混凝土垫层				
3	绑扎基础钢筋				
4	基础模板				
5	基础混凝土				
6	回填土				
	主体工程				
1	脚手架				
2	柱筋				
3	柱、梁、板模板（含楼梯）				
4	柱混凝土				
5	梁、板筋（含楼梯）				
6	梁、板混凝土（含楼梯）				
7	拆模				

续表

序号	分项工程名称	劳动量（工日）	每班工人数	每天工作班数	持续时间（天）
8	砌砖墙（含门窗框）				
	屋面工程				
1	加气混凝土保温隔热层（含找坡）				
2	屋面找平层				
3	屋面防水层				
	装饰装修工程				
1	顶棚墙面中级抹灰				
2	外墙面砖				
3	楼地面及楼梯地砖				
4	顶棚龙骨吊顶				
5	铝合金门窗扇安装				
6	胶合板门				
7	顶棚墙面涂料				
8	油漆				
9	室外				
10	水、电				

工作页 15

任务 2　计算持续时间

子任务 2　计算屋面和装饰装修各分部工程的持续时间

学习目标

会用定额法计算各个分项工程的持续时间。

问题引入

通过上次的学习，我们已经列出了具体的分项工程列表，但每项工程施工所需要的时间我们还不知道，那每项工程所需要花费的时间是什么呢？我们怎么来计算呢？

学习过程

一、计算屋面工程包含的分项工程的持续时间

【已知条件】　屋面工程包括屋面保温隔热层、找平层和防水层三个施工过程。考虑屋面防水要求高，所以不分段施工，即采用依次施工的方式。

①　查找工程量清单，屋面保温隔热层工程量为_____，通过查找定额计算，其劳动量为_____工日，施工班组人数为 40 人，一班制施工，其施工持续时间为_____天。

②　屋面找平层工程量为_____，通过查找定额计算，其劳动量为_____工日，18 人一班制施工，其施工持续时间为_____天。

③　屋面找平层完成后，安排 7 天的养护和干燥时间，方可进行屋面防水层的施工。SBS 改性沥青防水层工程量为_____，通过查找定额计算，其劳动量为_____工日，安排 10 人一班制施工，其施工持续时间为_____天。

二、计算装饰工程包含的分项工程的持续时间

【已知条件】　装饰工程包括顶棚墙面中级抹灰、外墙面砖、楼地面及楼梯地砖、一层顶棚龙骨吊顶、铝合金门窗扇安装、胶合板门安装、内墙涂料、油漆等施工过程。其中一层顶棚龙骨吊顶属穿插施工过程，不参与流水作业，因此参与流水作业的施工过程为 $n=7$。装修工程采用自上而下的施工起点流向。结合装修工程的特点，把每层房屋视为一个施工段，共 4 个施工段，其中抹灰工程是主导施工过程，组织有节奏流水施工如下：

①　查找劳动量一览表，顶棚墙面抹灰劳动量为_____个工日，施工班组人数为 60

人，一班制施工，其持续时间为：_____天。

②外墙面砖劳动量为_____个工日，施工班组人数为 34 人，一班制施工，其持续时间为_____天。

③楼地面及楼梯地砖劳动量为_____个工日，施工班组人数为 33 人，一班制施工，其持续时间为_____天。

④铝合金门窗安装劳动量为_____个工日，施工班组人数为 6 人，一班制施工，其持续时间为_____天。

⑤其余胶合板门、内墙涂料、油漆安排一班制施工，持续时间均取 3 天。

⑥装饰分部流水施工工期 T_3 ＝_____天。

三、完成基础、主体、屋面及装饰装修工程包含的分项工程的持续时间列表

四、组内和组间检查

1. 组内小组检查结算结果是否正确合理，有错误及时修改；

2. 组间检查，互换完成成果，找出对方的错误和不合理的地方。

工作页 16

任务3　采用双代号网络图手绘施工总进度计划图

子任务1　绘制基础工程网络进度计划（手绘）（一）

🔍 **学习目标**

- 1. 知道框架结构双代号网络图的绘制过程；
- 2. 能够规范的绘制双代号网络图；
- 3. 会计算各项时间参数、找出关键线路、关键工作，确定工期；
- 4. 会检查初始网络计划的工期是否符合工期目标；
- 5. 会进行优化和调整。

🎓 **学习过程**

一、绘制准备

（1）请同学们利用网络和教材以及相关资料查找目前我们应用最多的网络图都有哪些？请填写彩色小纸条，粘贴到白板上。

（2）通过老师给出的几个典型的网络图可以看出那这几种网络图都有什么特点呢，请用彩色纸条写出几个有代表性的特点粘贴到每种类型的下面。

（3）我们这次任务是绘制双代号网络图，那么什么是双代号网络图呢？请查找教材用3个关键词来描述一下（彩纸张贴）。

（4）双代号网络图都包括以下哪些要素，请选择。

A 箭线　　　　　　　B 节点　　　　　　　C 节点编号　　　　　　D 虚工作

E 工期　　　　　　　F 施工过程数　　　　G 施工段数　　　　　　H 施工层数

（5）请画出你们组认为正确的箭线。

（6）请画出你们组认为正确的节点。

（7）请给下幅图进行节点编号。

（8）请在下图中找出 C2 工作的紧前工作、平行工作和紧后工作。

（9）请画出内向箭线和外向箭线

（10）请分别写出下列三幅图中图虚工作的作用。

（11）请找出下面双代号网络图中的关键线路和关键工作。

218

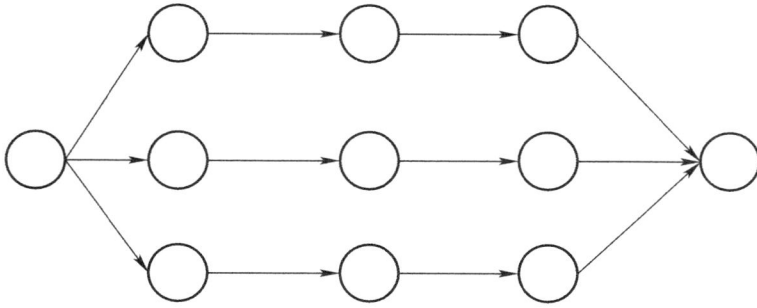

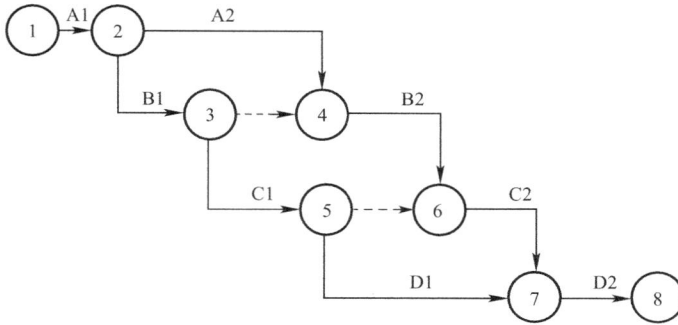

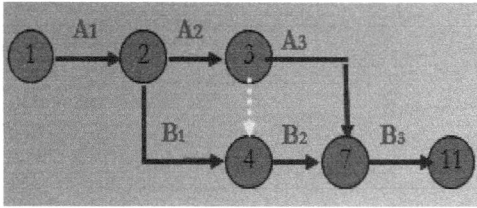

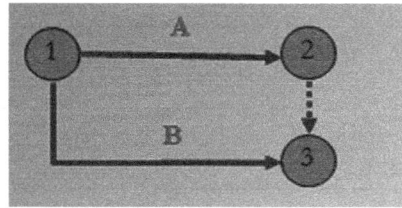

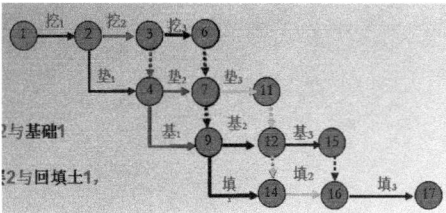

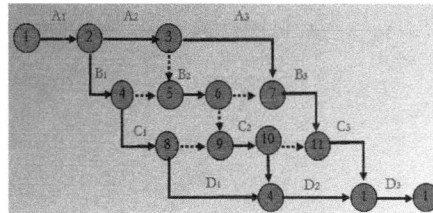

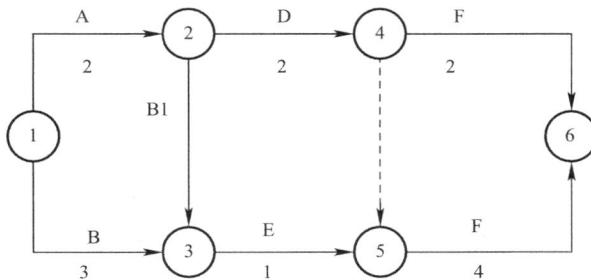

二、绘制过程

（1）双代号网络图的绘制规则

① 正确表达已定的逻辑关系，请画出下图中工作之间正确的逻辑关系。

序号	工作间的逻辑关系	网络图中的表达方法	说明
1	A 工作完成后进行 B 工作		A 工作的结束节点是 B 工作的开始节点
2	A、B、C 三项工作同时开始		三项工作具有共同的开始节点
3	A、B、C 三项工作同时结束		三项工作具有共同的结束节点
4	A 工作完成后进行 B 和 C 工作		A 工作的结束节点是 B、C 工作的开始节点
5	A、B 工作完成后进行 C 工作		A、B 工作的结束节点是 C 工作的开始节点
6	A、B 工作完成后进行 C、D 工作		A、B 工作的结束节点是 C、D 工作的开始节点
7	A 工作完成后进行 C 工作 A、B 工作完成后进行 D 工作		引入虚箭线，使 A 工作成为 D 工作的紧前工作
8	A、B 工作完成后进行 D 工作 B、C 工作完成后进行 E 工作		加入两道虚箭线，使 B 工作成为 D、E 共同的紧前工作
9	A、B、C 工作完成后进行 D 工作 B、C 工作完成后进行 E 工作		引入虚箭线，使 B、C 工作成为 D 工作的紧前工作
10	A、B 两个施工过程，按三个施工段流水施工		引入虚箭线，B_2 工作的开始受到 A_2 和 B_1 两项工作的制约

② 严禁出现循环回路。

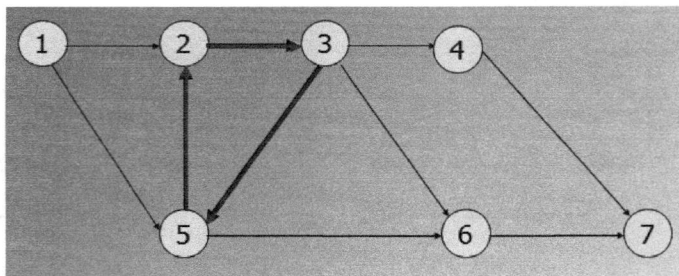

③ 不允许出现没有箭尾节点和没有箭头节点的箭线。

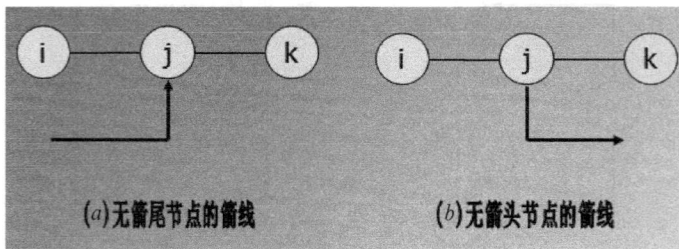

(a)无箭尾节点的箭线　　　　(b)无箭头节点的箭线

④ 严禁在箭线上引入或引出箭线。

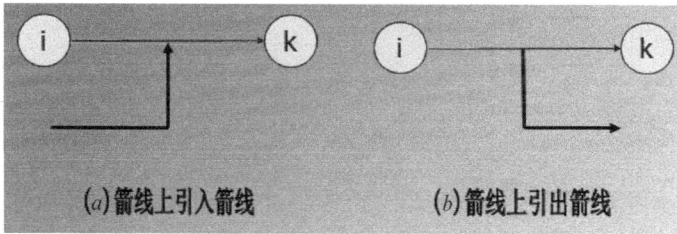

(a)箭线上引入箭线　　　　(b)箭线上引出箭线

⑤ 不允许出现带有双向箭头或无箭头的连线。

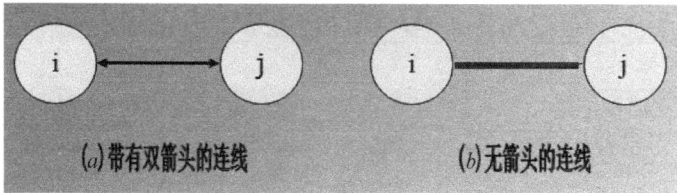

(a)带有双箭头的连线　　　　(b)无箭头的连线

⑥ 网络图中的箭线最好自左向右的方向，不宜出现箭头指向左方（或偏向左方）的箭线。

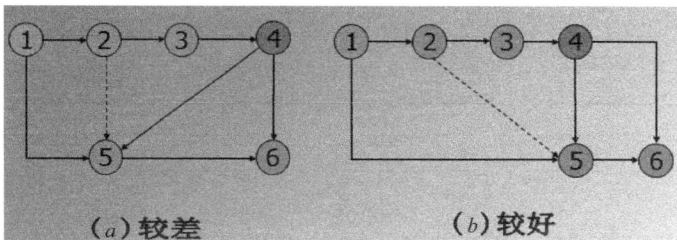

(a)较差　　　　(b)较好

⑦ 应尽量避免箭线交叉。当交叉不可避免时，可采用过桥法、断线法等方法表示。

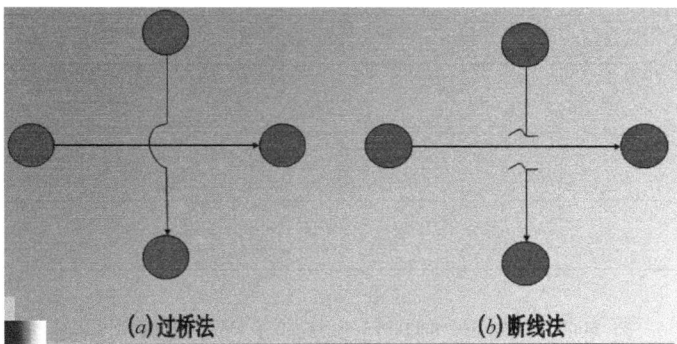

(a)过桥法　　　　(b)断线法

⑧ 当网络图的起点节点有多条外向箭线或终点节点有多条内向箭线时，为使图形简洁，可用母线法绘制。

⑨ 一个网络图中，应只有一个起点节点和一个终点节点。

（2）根据老师在黑板上绘制的案例 1 双代号网络图，查找教材相关内容，写出双代号网络图的绘制步骤。

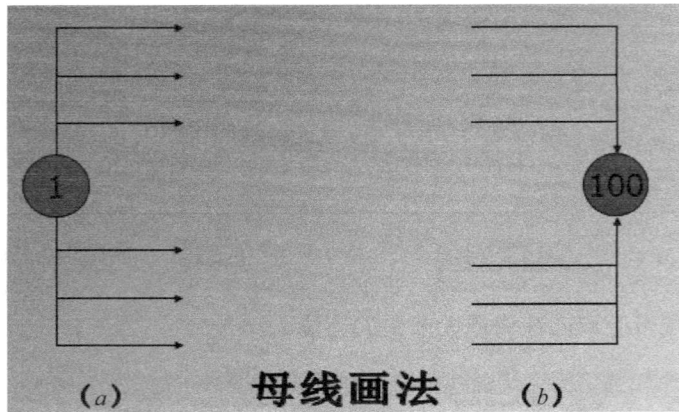

母线画法　(a)　(b)

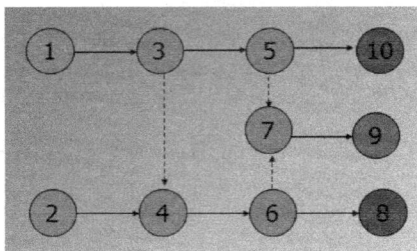

错误

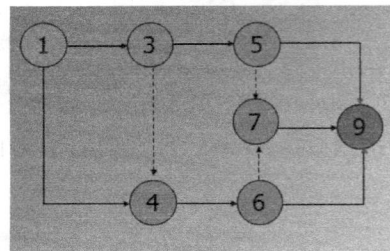

正确

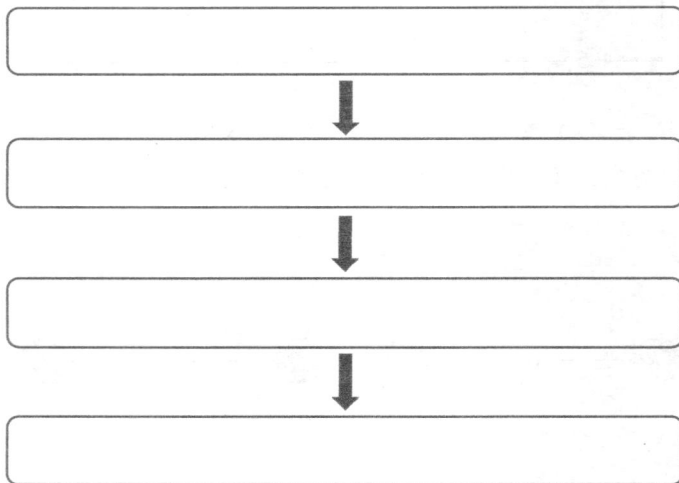

（3）结合以上已经完成的工作绘制项目 2 基础工程双代号网络图

【已知条件】　项目二的基础为钢筋混凝土独立基础包括：A 基槽挖土、B 混凝土垫层、C 绑扎基础钢筋、D 支设基础模板、E 浇筑基础混凝土、F 回填土等施工过程。基础工程平面上划分为 2 个施工段组织施工，请画出按施工段排列的网络计划。

三、检查绘制完成的网络图是否正确（10 分钟）

1. 组内自查；

2. 组间纠错。

温馨提示：检查可以从以下几方面着手：

1. 逻辑关系是否正确；

2. 绘制是否规范，有没有出现绘制规则里不允许出现的错误；

3. 编号是否正确；

4. 工作名称和时间是否正确。

请整理存在的问题，写在下面：

工作页 17

任务3　采用双代号网络图手绘施工总进度计划图

子任务1　绘制基础工程网络进度计划（手绘）（二）

学习目标

- 1. 知道框架结构双代号网络图的绘制过程；
- 2. 能够规范的绘制双代号网络图；
- 3. 会计算各项时间参数、找出关键线路、关键工作，确定工期；
- 4. 会检查初始网络计划的工期是否符合工期目标；
- 5. 会进行优化和调整。

学习过程

一、绘制过程

（1）双代号网络图的绘制规则

① 正确表达已定的逻辑关系，请画出下图中工作之间正确的逻辑关系。

序号	工作间的逻辑关系	网络图中的表达方法	说明
1	A工作完成后进行B工作		A工作的结束节点是B工作的开始节点
2	A、B、C三项工作同时开始		三项工作具有共同的开始节点
3	A、B、C三项工作同时结束		三项工作具有共同的结束节点
4	A工作完成后进行B和C工作		A工作的结束节点是B、C工作的开始节点
5	A、B工作完成后进行C工作		A、B工作的结束节点是C工作的开始节点
6	A、B工作完成后进行C、D工作		A、B工作的结束节点是C、D工作的开始节点
7	A工作完成后进行C工作A、B工作完成后进行D工作		引入虚箭线，使A工作成为D工作的紧前工作
8	A、B工作完成后进行D工作B、C工作完成后进行E工作		加入两道虚箭线，使B工作成为D、E共同的紧前工作
9	A、C工作完成后进行D工作B、C工作完成后进行E工作		引入虚箭线，使B、C工作成为D工作的紧前工作
10	A、B两个施工过程，按三个施工段流水施工		引入虚箭线，B_2工作的开始受到A_2和B_1两项工作的制约

② 严禁出现循环回路。

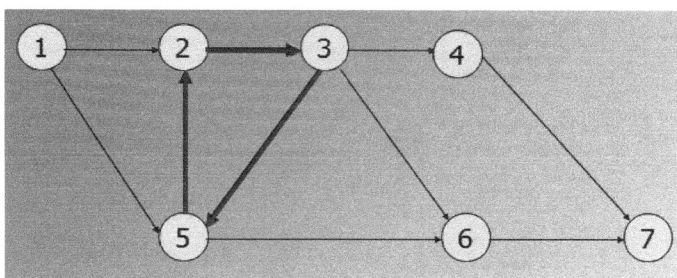

③ 不允许出现没有箭尾节点和没有箭头节点的箭线。

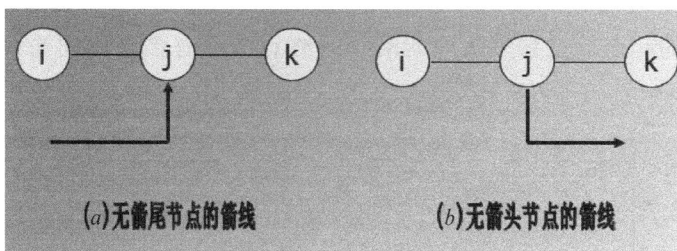

(a)无箭尾节点的箭线　　　　(b)无箭头节点的箭线

④ 严禁在箭线上引入或引出箭线。

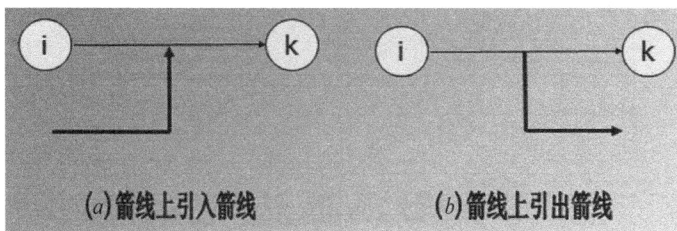

(a)箭线上引入箭线　　　　(b)箭线上引出箭线

⑤ 不允许出现带有双向箭头或无箭头的连线。

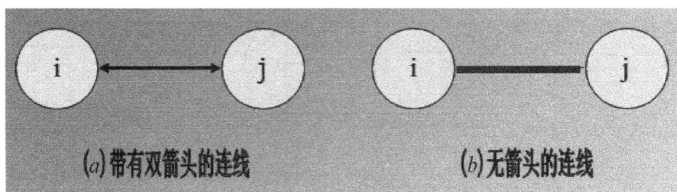

(a)带有双箭头的连线　　　　(b)无箭头的连线

⑥ 网络图中的箭线最好自左向右的方向，不宜出现箭头指向左方（或偏向左方）的箭线。

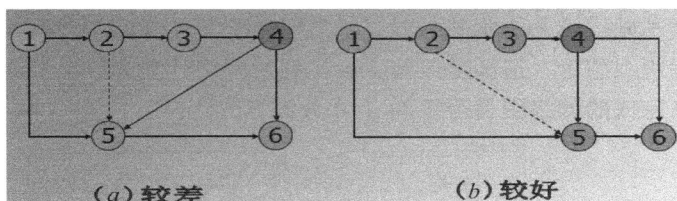

(a)较差　　　　(b)较好

⑦ 应尽量避免箭线交叉。当交叉不可避免时，可采用过桥法、断线法等方法表示。

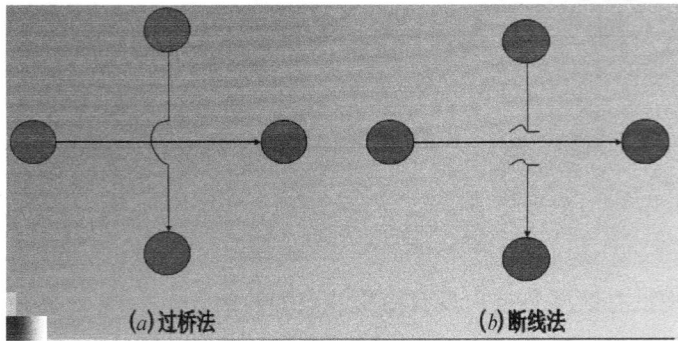

(a)过桥法　　　　　(b)断线法

⑧ 当网络图的起点节点有多条外向箭线或终点节点有多条内向箭线时，为使图形简洁，可用母线法绘制。

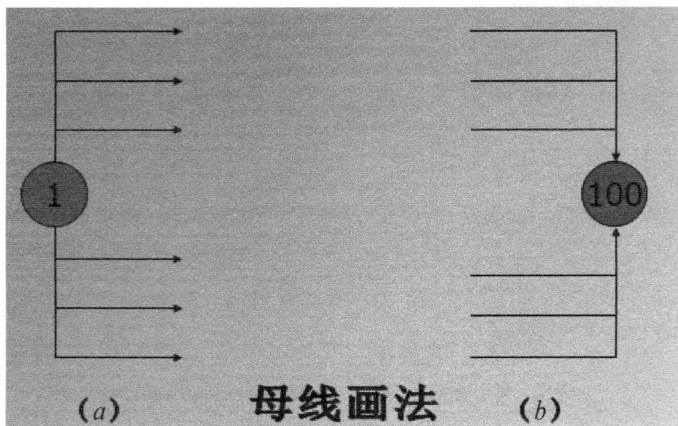

(a)　　　　**母线画法**　　　　(b)

⑨ 一个网络图中，应只有一个起点节点和一个终点节点。

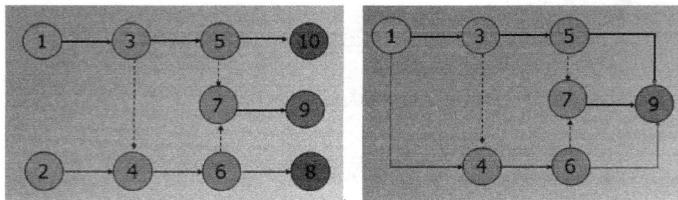

（2）结合以上已经完成的工作绘制项目 2 基础工程双代号网络图。

【已知条件】　项目二的基础为钢筋混凝土独立基础包括：基槽挖土、混凝土垫层、绑扎基础钢筋、支设基础模板、浇筑基础混凝土、回填土共 6 个施工过程。基础工程平面上划分为 2 个施工段组织施工，请画出按施工段排列的网络计划。

二、检查绘制完成的网络图是否正确（10 分钟）

1. 组内自查；

2. 组间纠错。

温馨提示： 检查可以从以下几方面着手：

1. 逻辑关系是否正确；

2. 绘制是否规范，有没有出现绘制规则里不允许出现的错误；

3. 编号是否正确；

4. 工作名称和时间是否正确。

请整理存在的问题，写在下面：

工作页 18

任务 3　采用双代号网络图手绘施工总进度计划图

子任务 2　绘制主体、屋面、装饰装修工程网络进度计划

学习目标

- 1. 知道框架结构双代号网络图的绘制过程；
- 2. 能够规范的绘制双代号网络图；
- 3. 会计算各项时间参数、找出关键线路、关键工作，确定工期；
- 4. 会检查初始网络计划的工期是否符合工期目标；
- 5. 会进行优化和调整。

学习过程

一、绘制主体工程的网络计划

【已知条件】　主体工程包括：立柱子钢筋，安装柱、梁、板模板，浇捣柱子混凝土，梁、板、楼梯钢筋绑扎，浇捣梁、板、楼梯混凝土，搭脚手架，拆模板，砌空心砖墙等 8 个施工过程。本工程中平面上划分为 2 个施工段，请绘制主体结构网络进度计划。

二、绘制屋面工程网络计划

【已知条件】　没有高低层或没有设置变形缝的屋面工程，一般情况下不划分流水段，根据屋面的设计构造层次逐层进行施工，屋面工程包括屋面保温隔热层、找平层和防水层三个施工过程。请绘制屋面工程网络进度计划。

三、绘制装饰装修工程的网络计划

【已知条件】　装饰工程包括顶棚墙面中级抹灰、外墙面砖、楼地面及楼梯地砖、一层顶棚龙骨吊顶、铝合金门窗扇安装、胶合板门安装、内墙涂料、油漆等施工过程。其中一层顶棚龙骨吊顶属穿插施工过程，不参与流水作业，因此参与流水作业的施工过程为 $n=7$。装修工程采用自上而下的施工起点流向。结合装修工程的特点，把每层房屋视为一个施工段，共 4 个施工段，其中抹灰工程是主导施工过程，请绘制装饰装修部分的网络进度计划。

工作页 19

任务3　采用双代号网络图手绘施工总进度计划图

子任务3　绘制双代号网络施工总进度计划

学习目标

- 1. 知道框架结构双代号网络图的绘制过程；
- 2. 能够规范的绘制双代号网络图；
- 3. 会计算各项时间参数、找出关键线路、关键工作，确定工期；
- 4. 会检查初始网络计划的工期是否符合工期目标；
- 5. 会进行优化和调整。

学习过程

一、制定绘制计划

制定绘制项目二双代号网络施工总进度计划的绘制步骤。

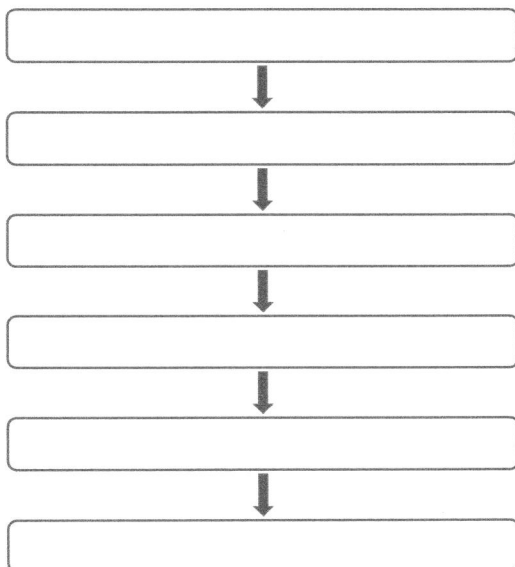

二、绘制项目一双代号网络施工总进度计划

根据以上绘制步骤，结合子任务 1、2，绘制完成的基础、主体、屋面和装饰装修的双代号网络进度计划，绘制出项目一双代号网络施工总进度计划。绘制过程需注意以下几点：

1. 按施工段来绘制；

2. 注意各分部工程连接处的处理；

3. 完成后要保证一个开始节点和一个终点节点；

4. 要保证各个施工过程之间的逻辑关系的正确；

5. 编号要正确、有必要的交叉要用过桥法、不能出现没有箭头或者两端箭头的箭线；

6. 合理利用虚工作，好好利用虚工作的区分、断路和联系作用。

工作页 20

任务 4　绘制时标网络计划（软件）

子任务 1　绘制时标网络施工进度计划（一）

学习目标

- 1. 会手绘双代号时标网络图；
- 2. 会用梦龙软件绘制双代号时标网络图；
- 3. 会完成各种网络图的转换；
- 4. 会打印出图。

学习过程

一、绘制准备

（1）通过对任务的分析，我们要向完成任务要满足两个条件

① 我们要会绘制双代号时标网络图；

② 我们要会用梦龙软件来绘制完成双代号时标网络图。

那么我们就来一个一个的解决问题。

（2）首先我们来解决双代号时标网络图的问题

① 请结合教材相关内容写出你觉得最关键的 3 个词来形容双代号时标网络图。（用彩纸条贴到黑板上）

② 时标网络图的特点说法正确的是。（多选）

A. 时标网络图中，箭线的长短与时间有关

B. 时标网络图中，箭线的长短与时间无关

C. 可直接显示各工作的时间参数和关键线路，不必计算

D. 由于箭线的长度和位置受时间坐标的限制，因而调整和修改不太方便

E. 时标网络图是双代号网络图和横道图的结合

F. 双代号时标网络图中虚工作都是垂直的

G. 波浪线代表总时差

③ 时标网络图的绘制方法包括和。

④ 请结合教材写出双代号时标网络图直接绘制方法的口诀：

⑤ 某双代号网络计划如下图所示，试绘制时标网络图。（画在 A4 白纸上）

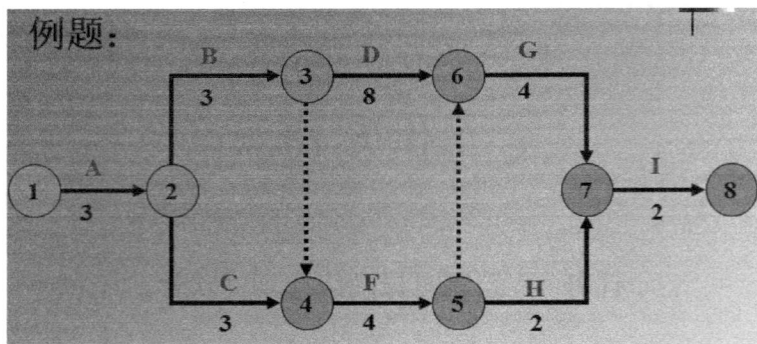

例题：

【温馨提示】 画图时注意总时差、自由时差和虚工作的画法。

⑥ 把我们之前绘制完成的项目2的双代号网络图绘制成时标网络图，有没有另外更好的方法呢？

二、绘制过程

（1）结合老师介绍和演示的案例，请用梦龙软件绘制完成下面的网络图。

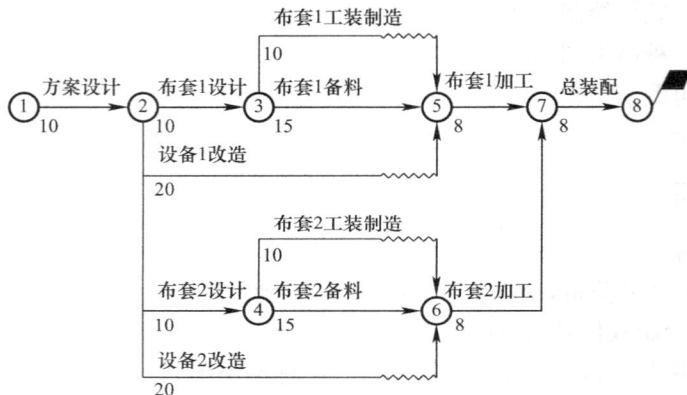

（2）完成上图的基础上，请把上面我们绘制的案例的时标网络图用软件绘制出来，请按照绘制步骤完成：

①建立新文档；②开始绘图；③快速新建工作；④按图增加工作；⑤完成主线工作；⑥增加并行工作；⑦增加跨界点工作；⑧复制工作；⑨修改工作属性；⑩查看时标网络图。

工作页 21

任务4　绘制时标网络计划（软件）

子任务1　绘制时标网络施工进度计划（二）

学习目标

- 1. 会手绘双代号时标网络图；
- 2. 会用梦龙软件绘制双代号时标网络图；
- 3. 会完成各种网络图的转换；
- 4. 会打印出图。

学习过程

通过上次课任务的完成，我们已经掌握了软件的基本操作，接下来结合《网络计划编制软件应用》实训教材和你已经完成的项目2的双代号网络图来绘制完成项目二的双代号时标网络图。

一、制定绘制计划

制定用斑马梦龙软件绘制项目二双代号时标网络施工总进度计划的具体步骤。

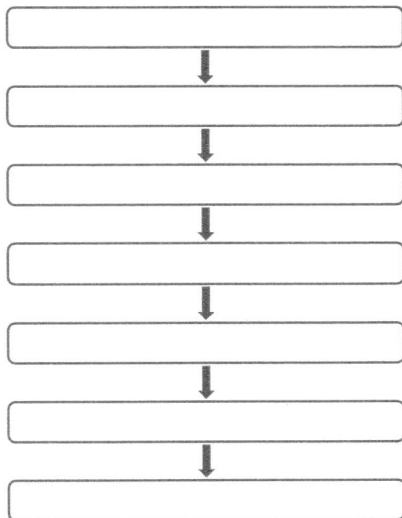

二、绘制过程

1. 完成基础分部的双代号时标网络图的绘制；

2. 完成主体分部的双代号时标网络图的绘制；

3. 完成屋面分部的时标网络图的绘制；

4. 完成装饰装修分部的双代号时标网络图的绘制；

5. 完成各分部工程之间的连接；

6. 完成图的修改工作，打印出图，完成上交工作。

工作页 22

任务 4　绘制时标网络计划（软件）

子任务 2　优化时标网络计划

🔍 **学习目标**

- 1. 对绘制完成的项目二的网络进度计划进行优化；
- 2. 当出现一些影响工期和因素，能对施工进度计划进行调整。

👨‍🎓 **学习过程**

一、对绘制完成的网络进度计划进行优化（25 分钟）

检查一下绘制完成的施工总进度计划是否符合工期要求；

（1）检查一下网络进度计划中是否有些项目设置不合理；

（2）检查一下网络进度计划中是否有遗漏的施工过程；

（3）检查一下绘图过程是否存在错误；

（4）通过 1-4 的检查，对网络总进度计划进行修改。

二、出现不可预见情况时，对施工总进度计划进行调整（25 分钟）

1. 当基础施工土方开挖的时候，正值雨季，由于连续降雨无法进行下一步施工，延误了 5 天的工期；

2. 主体工程施工过程中，由于钢筋供应厂家的原因，钢筋进场晚了 10 天，导致主体工程涉及钢筋施工部分工期均有一些延误。

3. 工程主体完工后进行了主体检测，主体检测及出报告耽误了 10 天的时间，对工期有什么影响？怎么处理？

4. 找出关键线路和关键工作，看哪些工作能进行进一步优化。

三、请根据优化和调整的情况重新绘制网络总进度计划。（30 分钟）

工作页 23

任务 4　绘制时标网络计划（软件）

子任务 3　审核时标网络计划

学习目标

- 1. 能从项目经理的角度对施工进度计划进行审核；
- 2. 能从专业的角度提出具体修改意见；
- 3. 能从监理角度对施工进度计划进行检查。

学习过程

一、用抽签的方式决定审核哪组，结合以下内容，从项目经理的角度对××大厦网络进度计划进行审核和打分，并给出专业修改意见（25 分钟）

进度安排是否符合施工合同确定的建设总目标和分目标的要求，是否符合其开、竣工日期的规定；

时标网络进度计划中的内容是否有遗漏；

施工顺序安排是否符合施工程序的要求；

资源供应计划是否能保证网络进度计划的实现；

各项保证进度计划实现的措施是否周到、可行、有效。

二、监理对网络进度计划的检查（25 分钟）

1. 请写出网络进度检查应包含的内容；

2. 怎么对比实际进度与计划进度？采用什么方法。

3. 请写出月度进度报告。

三、各组进行汇报（40 分钟）

工作页 24

项目 3 ××单位工程施工组织设计编制

任务 1 编写工程概况

学习目标

- 1. 能独立完成封面、目录、编制依据和工程概况的编写；
- 2. 知道工程概况都包括哪些内容；
- 3. 能从图纸、合同等项目资料中找到相关知识完成工程概况；
- 4. 会用 WORD 排版。

学习过程

一、请结合老师给出的案例、教材、网络，按顺序写出单位工程施工组织设计文件包含的内容。

二、完成封面

封面一般应包括单位工程名称、单位工程施工组织设计字样、编制单位、编制时间、编制人、审批人等，还可以在封面上打上企业标识。

三、完成目录

目录可以让使用者了解施工组织设计各部分的组成，快速而方便地找到所需的内容。

四、编制依据

主要有工程合同、施工图纸、技术图集和所需要的标准、规范、规程等，一般应用表格列明。请列出项目 3 施工组织设计的编制依据文件，填写附表。

五、工程概况

根据给出案例，结合项目 3 实际情况编制项目 3 的工程概况列表，填写附表。

1 编 制 依 据

1.1 国家、地方现行规范及质量验收标准

序号	标准名称	编号
	规范	

序号	标准名称	编号
	标准	
	规程	
	法规	

1.2 中宇建设集团有限责任公司《质量、环境、职业健康安全管理体系手册》《质量、环境、职业健康安全管理体系程序文件》、企业管理制度及成熟施工经验。

1.3 招标文件及施工图纸。

2 工程概况

2.1 总体简介

2.1.1 简介

工程简介

序号	项目	内容
1	工程名称	
2	工程地点	
3	建设单位	
4	设计单位	
5	质量监督	
6	施工总包	
7	施工范围	
8	施工工期	
9	质量目标	

2.1.2 建筑结构设计概况

（1）总体概况：本工程为_____工程，位于_____，总建筑面积_____ m^2，结构形式为_____结构。工程主体地下_____，地上_____，长_____ m，宽_____ m，最高_____ m，外型为_____形。

（2）基础工程：采用_____基础，混凝土强度等级为_____。底板采用_____、外墙抗渗采用_____，底板厚_____ mm，墙壁_____ mm，顶板_____ mm。

（3）砌筑工程：主体围护采用_____墙，_____砂浆，_____保温。

（4）框架工程：柱：_____×_____ mm、_____×_____ mm，混凝土强度等级为_____。

梁：_____×_____ mm、_____×_____ mm、_____×_____ mm、_____×_____ mm；_____×_____ mm，混凝土强度等级为_____。

板：_____～_____ mm，混凝土强度等级_____。

（5）屋面工程：采用_____结构系统，_____防水。

（6）地面工程：采用_____。

（7）门窗工程：门采用_____门、_____门，窗采用_____。

（8）给水排水、采暖工程：给水采用_____管；排水采用_____管；采暖采用铸铁散热器及_____，管线采用_____管。

（9）消防：烟感探测器及手动报警，管道采用无缝钢管，喷淋采用热浸镀锌管。

（10）电气工程：动力照明、防雷接地、综合布线、火灾报警联动、门禁，管线采用镀锌管。

2.2 工程特点

2.2.1 本工程属于_____建筑，造型设计新颖，功能齐全。

2.2.2 地下水位较高，施工时考虑降水。

2.2.3 工程现场场地宽敞临街，交通方便，对文明施工、安全、环境保护和噪声控制十分重要。

2.2.4 工程属于绿色环保节能建筑，对环保方面要求较高。

2.3 质量目标

严格按国家标准施工，确保优良工程目标的实现。

2.4 绿色施工及环境、职业安全健康目标

目标：创建高标准零事故、健康、环保的工程项目。为杜绝重大人身伤亡事故和机械事故发生，降低负伤率我们将采取切实有效的措施保证施工安全。杜绝重大伤亡事故，轻伤事故频率控制在 4.5‰以下，每年递减 0.5‰。施工现场噪声、污水、废弃物排放达到沈阳市对施工企业的排放要求。

2.5 文明施工目标

确保市级文明施工现场。

2.6 总承包管理目标

我单位在施工管理过程中将严格履行总承包的权利和义务，建立总承包组织管理体系，主动协调好与业主、设计、监理、各专业分包单位以及相关政府部门的关系，积极、主动、高效为业主服务。利用我单位丰富的总承包施工经验和全面配套的专业综合能力，重点做好对专业分包工程的总包管理，同工程参建各方一起精诚协作，确保总承包范围内各项目标的实现，共创精品工程。

2.7 科技进步目标

我单位在施工管理过程中将坚持科学技术是第一生产力，积极推广建设部公告第 659号文件，建立由承建各方、业主和监理参加的计算机网络，统一配备工程管理软件；鉴于本工程的重要性，我单位拟考虑在此工程建立施工现场远程监控网络、信息管理平台等，以达到现场的技术、质量、安全以及进度计划控制等全部采用计算机网络进行动态跟踪管理，确保工程质量和工期等各项目标的实现。

2.8 服务目标

在施工中时刻为业主着想，从施工角度和以往的施工经验来向业主提出合理化建议，满足业主提出的各种合理要求。科学地编制施工方案和作业指导书，为业主控制投资。竣工收尾阶段，为保证工程能够及早地投入使用，在综合验收后做好工程保洁、移交以及有关人员的培训，加强成品保护，配合业主办理竣工备案手续、档案移交，协助业主布置办公设施等。在工程交工后，我单位将进行跟踪服务，确保工程正常使用。

2.9 工程回访目标

我单位承诺对本工程质量终身负责，严格履行工程保修承诺，在工程竣工时与业主签订《房屋建筑工程质量保修书》，工程交工的同时，向业主提交《用户使用手册》的文字和光盘资料，对相关的人员进行必要的交底和培训。工程交付使用后，定期对工程进行回访，及时了解业主对本工程的使用情况，虚心听取他们的意见和建议，做好保修服务工作。

工作页 25

任务 2　选择施工方案和施工方法

子任务 1　确定施工方式与施工顺序

子任务 2　选择施工方法和施工机械

学习目标

- 1. 编制施工管理目标；
- 2. 编制施工组织结构；
- 3. 能确定各分部工程的施工方案；
- 4. 会选择大型施工机械。

学习过程

3　施工整体部署

3.1　施工管理目标

3.1.1　工程质量目标

请结合工程实际情况，*编制工程质量目标。

3.1.2　工期目标

请根据施工合同编制工期目标。

3.1.3　安全与文明施工目标

请结合工程实际情况编制安全与文明施工目标。

3.2　施工组织机构

3.2.1　项目组织体系

本工程实行项目法人管理，设立直线职能制项目经理部。项目经理由公司一级项目经理、注册一级建造师担任，代表公司全权对该工程施工进行指挥和人、财、物的调度，全面履行施工承包合同条款和工期、质量、安全、文明施工的承诺。请绘制项目组织体系图。

3.2.2　项目人员配备

请绘制项目人员配备表。

3.3 施工方案的确定

3.3.1 施工流水段划分

3.3.2 施工顺序

1. 总体施工顺序

2. 地下结构施工顺序

3. 地上结构施工顺序

4. 装修阶段施工顺序

3.3.3 主要控制点布置：计划工期：2013 年 4 月 10 日～2014 年 9 月 30 日（日历 539 天）。

序号	分项名称	开始时间	完成时间	天数
1				
2				
3				
4				
5				
6				
7				
8				
9				
10				
11				
12				
13				
14				
15				
16				
17				
18				
19				
20				
21				
22				
23				
24				
25				
26				
27				
28				
29				
30				
31				
32				

3.3.4 大型机械选用

什么机械？什么型号？相关参数？请分别列表完成。

3.3.5 主要施工方法的确定

1. 基础

2. 主体结构

（1）模板

（2）钢筋

（3）混凝土

（4）主体结构施工

（5）外脚手架

工作页 26

任务 3　编制资源配置计划

子任务 1　编制劳动力需用量计划

🔍 **学习目标**

- 编制劳动力需用计划表。

🎓 **学习过程**

4　资源需用量计划

4.1　劳动力需用量计划

序号	工种	按工程施工阶段劳动力需用情况			
		施工准备	基础阶段	主体阶段	装饰阶段
1					
2					
3					
4					
5					
6					
7					
8					
9					
10					
11					
12					
13					
14					
15					
16					
17					
18					

序号	工种	按工程施工阶段劳动力需用情况			
		施工准备	基础阶段	主体阶段	装饰阶段
19					
20					
21					
22					
23					
24					
25					
26					
27					
28					
29					
30					
31					
32					
33					
34					

工作页 27

任务3 编制资源配置计划

子任务2 编制施工机具与设备需用量计划

学习目标

- 编制施工机具与设备需用量计划。

学习过程

4 资源需用量计划

4.2 施工机具与设备需用量计划

序号	设备名称	型号规格	数量	功率	生产能力
1					
2					
3					
4					
5					
6					
7					
8					
9					
10					
11					
12					
13					
14					
15					
16					
17					
18					
19					

序号	设备名称	型号规格	数量	功率	生产能力
20					
21					
22					
23					
24					
25					
26					
27					
28					
29					
30					
31					
32					
33					
34					
35					
36					

工作页 28

任务 3　编制资源配置计划

子任务 3　编制材料需用量计划

学习目标

- 编制材料需用量计划。

学习过程

4　资源需用量计划

4.3　主要材料、构件使用计划

序号	材料、构件名称	型号规格	单位	数量	进场时间
1					
2					
3					
4					
5					
6					
7					
8					
9					
10					
11					
12					
13					
14					
15					
16					
17					
18					
19					

续表

序号	材料、构件名称	型号规格	单位	数量	进场时间
20					
21					
22					
23					
24					
25					
26					
27					
28					
29					
30					
31					
32					
33					
34					
35					

工作页 29

任务 4　编制项目 3 施工总进度计划

子任务 1　确定施工顺序，划分分部分项工程，计算时间参数

学习目标

- 确定施工顺序，划分分部分项工程，计算时间参数。

学习过程

一、编制计划

通过老师讲解的框架结构办公楼的网络进度计划的编制过程，请填写完成项目 3 编制施工进度计划的具体步骤。

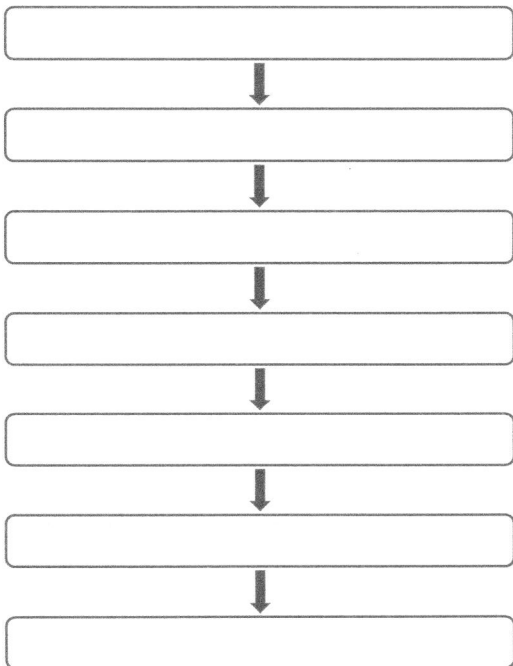

二、完成任务

（1）请查找教材及网络，结合框架结构的施工过程，绘制出基础、主体、屋面及装饰装修的施工方案示意图。

① 基础：（基础工程为钢筋混凝土独立基础）

② 主体：（主体结构为全现浇框架结构）

③ 屋面：（屋面工程为带保温层的柔性屋面）

④ 装饰装修工程：（装修工程为铝合金窗、木门；外墙面贴面砖；内墙为中级抹灰，普通涂料刷白；底层顶层吊顶，楼地面贴地面砖）

室内：

室外：

（2）请结合完成的施工方案分别写出基础、主体、屋面及装饰装修工程的施工过程。

基础工程	主体工程	屋面工程	装饰装修工程

（3）结合框架结构施工示意图，参考该项目概况和劳动量一览表，以及（4）完成的内容，整理后填写分项工程列表（见附表6）。

（4）请查找教材或者网络资源查找工程在施工的过程中为什么要划分施工段呢？划分的原则是什么？

（5）根据（4）项目 2 的基础工程划分为个施工段，主体工程划分为个施工段，屋面工程划分为个施工段，装饰装修工程划分为个施工段比较合适。

分部分项工程列表　　　　　　　　　　　　　　　　　　　附表 6

序号	分部分项工程名称	序号	分部分项工程名称
	基础工程		装饰装修工程
	主体工程		
	屋面工程		

工作页 30

任务 4 编制单位工程施工进度计划（双代号时标网络图）

子任务 2 绘制施工进度计划（软件）

学习目标

- 编制项目 3 施工总进度计划。

学习过程

施工总进度计划

本工程的工期为 2013 年 4 月 10 日～2014 年 9 月 30 日，共计 539 天。主要的工期控制点如下：

序号	分项名称	开始时间	完成时间	天数
1	挖土、降水	2013-4-10	2013-4-30	21
2	验槽、垫层、防水、砂浆找平层、垫层	2013-5-1	2013-5-10	10
3	筏板钢筋	2013-5-20	2013-5-27	8
4	筏板混凝土浇筑	2013-5-28	2013-5-29	2
5	墙、柱、梁板钢筋	2013-5-30	2013-6-25	27
6	模板安装	2013-6-2	2013-6-28	27
7	混凝土浇筑	2013-6-29	2013-6-30	2
8	一层钢筋	2013-7-1	2013-7-9	9
9	一层模板	2013-7-2	2013-7-13	12
10	一层验筋、混凝土浇筑	2013-7-14	2013-7-15	2
11	二层钢筋	2013-7-16	2013-7-24	9
12	二层模板	2013-7-17	2013-7-28	12
13	二层验筋、混凝土浇筑	2013-7-29	2013-7-30	2
14	三层钢筋	2013-7-31	2013-8-8	9
15	三层模板	2013-8-2	2013-8-13	12
16	三层验筋、混凝土浇筑	2013-8-14	2013-8-15	2
17	屋面钢筋	2013-8-16	2013-8-20	5
18	屋面模板	2013-8-18	2013-8-24	7

续表

序号	分项名称	开始时间	完成时间	天数
19	屋面验筋、混凝土浇筑	2013-8-25	2013-8-26	2
20	地下室砌筑	2013-8-16	2013-8-25	10
21	一层砌筑	2013-8-20	2013-8-29	10
22	二层砌筑	2013-8-30	2013-9-8	10
23	三层砌筑	2013-9-9	2013-9-18	10
24	屋面砌筑	2013-9-20	2013-9-22	3
25	屋面找坡、保温、防水	2013-8-20	2013-8-29	10
26	室内外门窗框安装	2014-3-16	2014-4-5	21
27	室外抹灰、装饰	2014-4-6	2014-7-6	92
28	室外坡道、散水、台阶	2014-7-7	2014-9-20	76
29	室内抹灰、地楼面	2014-4-6	2014-7-6	92
30	室内外门窗安装、刮白、装饰装修	2014-7-7	2014-9-20	76
31	水、电、暖、消防、通风、预埋安装	2013-4-21	2014-9-20	518
32	清场、保洁、调试、资料整理、竣工验收	2014-9-21	2014-9-30	10

请结合以上控制点表格编制项目 3 施工进度计划图（双代号时标网络图），其中基础、主体、装饰装修按 2 个施工段施工，屋面按照 1 个施工段施工。

工作页 31

任务 5 绘制单位工程施工平面图

子任务 1 设计施工平面图（手绘）

🔍 **学习目标**

- 手绘基础、主体、装饰装修的施工平面布置图。

🎓 **学习过程**

6 施工平面布置

6.1 主入口及围墙

根据建筑红线走向，在红线范围内的施工现场修建 2m 高的全封闭的围墙。施工现场主入（出）口设在学院东南角，宽 6m，布置"七牌一图"，即：工程概况牌、施工人员概况牌、安全六大纪律牌、安全生产技术牌、十项安全措施牌、防火须知牌、卫生须知牌与现场平面布置图。

6.2 布置起重机械

（1）本工程基础施工、主体施工、装饰施工均采用塔式起重机作为竖直运输及各楼层的水平运输机械。根据工程总平面图、新建建筑物的平面形状、起重机械的性能及施工现场的环境条件，本工程拟投入一台 QTZ40 型塔式起重机，起重臂长分别为 42m，可覆盖全部建筑物。

（2）本工程塔式起重机标准节的中心线距建筑物的最外突出物最小距为 5.0m，且安装场地上空无任何架空电线。

（3）塔式起重机的基础为 C30 钢筋混凝土基础，混凝土座上表面高出周围地面150mm。

（4）塔式起重机装设避雷针及可靠的零接地双保险，以防施工期间雷击。

6.3 生产性临建设施

（1）本工程拟用一台 ZL30F 装载机、一台 HBT40C 混凝土输送泵、一台 PLD800S 配料机以及两台 JS500 搅拌机，组成一个混凝土主搅拌站和一个辅助转换台，来完成本工程主体结构施工时的混凝土搅拌和运输。三台 350L 搅拌机来完成砌筑、装饰工程施工时的砂浆及零星混凝土的搅拌。在混凝土搅拌站附近及搅拌机前台设置沉淀池，施工污水要排

入沉淀池内，经二次沉淀后，方可排入城市市政污水管线或用于洒水降尘。

（2）仓库、材料和构件堆场应尽可能地布置在塔吊的作用半径之内，本工程 1～3 号水泥库、木材和钢材堆场、砌块堆场、红砖堆场、石材堆场、模板等构件堆场布置在塔式起重机的服务范围之内，砂子和石子堆场则靠近混凝土搅拌站的位置。

（3）钢筋加工场、木材加工场及钢材、木材等堆场布置在施工场地的东北侧，且堆场处于塔式起重机的服务范围之内。小型机具仓库布置在钢筋加工场附近。生产区围绕着拟建建筑物布置。

（4）施工场地的布置根据不同的施工阶段进行调整。考虑到装饰工程施工阶段的水泥用量小于主体工程施工阶段的水泥用量，故 2 号水泥库在主体工程施工完毕后拆除，在其位置搭设装饰材料库，供装饰施工阶段使用。砖、砌块、石材布置在同一位置。基础工程施工时，布置砖，主体工程施工时，布置砌块，装饰工程施工时，布置石材，其布置的位置考虑到场内运输方便且离建筑物的运距最短。

（5）钢筋的焊接及制作采用 8 台电渣压力焊机，5 台 AX1-300 型电弧焊机，两台钢筋调直机，两台 GJ5-40 型钢筋切断机，两台 GJ40 型弯起机。

（6）各种仓库、材料和构件堆场、加工场地的面积见施工现场设施一览表。

施工现场设施一览表

序号	用途	面积（m²）
1	办公室	200
2	宿舍	90
3	门卫室	40
4	食堂	120
5	浴池	40
6	厕所	20
7	小型机具仓库	60
8	钢筋加工场及堆场	300
9	木材加工场及堆场	200
10	模板等堆场	150
11	砂子堆场	250
12	石子堆场	400

6.4　布置现场运输道路

（1）沿施工场地的周边设置临时围墙，形成一个封闭的施工区域。施工场地只有有 1 个出（入）口，分别位于施工场地的南侧。

（2）为便于各种材料的运输及通行，确保车辆的行驶安全，本工程沿新建建筑物的周边设置了一条环形道路，且满足主要道路为 4.5m，次要道路大于 3.5m 的要求。

6.5　行政与生活临时设施的布置

（1）本工程的行政与生活临时设施均为活动房屋，办公区和生活区分开布置。

（2）为便于对外联系，办公室主要设在施工场地出入口处西侧，为一层活动房，约为 200m²。该办公室为土建施工单位、建设单位及监理机构的办公室。

（3）在出入口西侧设有门卫室，为一层活动房，约为 40m²，安排保安人员 24 小时值班。现场实行全封闭管理。

（4）宿舍布置在施工场地的北侧，由于施工队伍为本市建筑施工企业，施工人员大多家住市区，现场住宿人员较少，故宿舍面积较小，约为 90m²。

（5）食堂设置在宿舍附近，约为 120m²。食堂设置简易有效的隔油池，产生的生活污水经过隔油池方可排放，定期掏油，防止污染。

（6）施工现场设浴室一处，设置在拟建建筑物的南侧，约为 40m²。

（7）在办公区附近，设水冲式厕所一处，配有上下水及消毒设施，约为 20m²。

（8）办公区和生活区均安排专人进行卫生打扫。

（9）对施工现场的生活区和办公区进行绿化，配备一定的盆景，营造一个文明、舒适的工作和生活环境。

6.6　临时水电管网的布置

（1）施工现场为三级配电，在南侧入口处设置配电室，主要施工机械设有专用配电箱，施工用电线路均采用三相五线制，全部采用埋地电缆。为防止突然停电造成施工隐患，现场配备一台备用柴油发电机，在紧急时刻提供 225kVA 电量，以确保施工顺利进行。工程开工前编制详细的专项施工用电方案。

（2）本工程的水源从现场附近已有的供水管道接入工地，根据施工经验及用水量粗略估算，沿施工场地周边敷设 ϕ100 水管，使之形成环网，其余支管径采用 ϕ50 和 ϕ25 的水管，能够满足施工高峰期现场用水的需要。现场建立一个 20m³ 储水池可兼作消防和施工用，保证停水后的连续施工。

根据上面对施工场地平面布置的综述，设计并手绘出项目三基础、主体和装饰装修施工平面图。

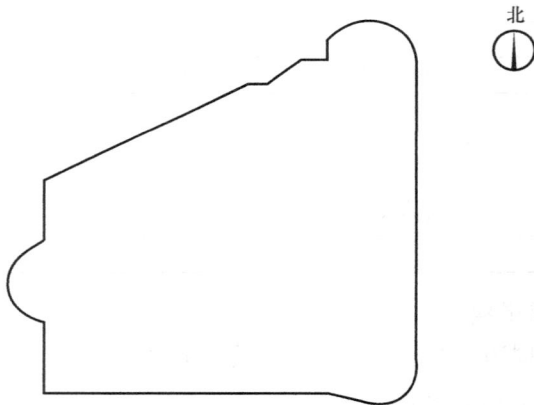

北

工作页 32

任务 5　绘制单位工程施工平面图（手绘）

子任务 2　手绘基础和主体工程施工平面图

🔍 **学习目标**

- 用手绘制单位工程基础和主体工程施工平面布置图。

🎓 **学习过程**

一、制定绘制计划

根据单位工程施工平面布置图的内容制定绘制计划。（用彩纸条写完贴到黑板上）。

二、绘制项目三基础施工平面布置图

1. 主入口及围墙

根据建筑红线走向，在红线范围内的施工现场修建 2m 高的全封闭的围墙。施工现场主入（出）口设在学院东南角，宽 6m，布置"七牌一图"，即：工程概况牌、施工人员概况牌、安全六大纪律牌、安全生产技术牌、十项安全措施牌、防火须知牌、卫生须知牌与现场平面布置图。

2. 布置起重机械

（1）本工程基础施工、主体施工、装饰施工均采用塔式起重机作为竖直运输及各楼层的水平运输机械。根据工程总平面图、新建建筑物的平面形状、起重机械的性能及施工现场的环境条件，本工程拟投入一台 QTZ40 型塔式起重机，起重臂长分别为 42m，可覆盖全部建筑物。

（2）本工程塔式起重机标准节的中心线距建筑物的最外突出物最小距离为 5.0m，且安装场地上空无任何架空电线。

（3）塔式起重机的基础为 C30 钢筋混凝土基础，混凝土座上表面高出周围地面 150mm。

（4）塔式起重机装设避雷针及可靠的零接地双保险，以防施工期间雷击。

3. 生产性临建设施

（1）本工程拟用一台 ZL30F 装载机、一台 HBT40C 混凝土输送泵、一台 PLD800S 配料机以及两台 JS500 搅拌机，组成一个混凝土主搅拌站和一个辅助转换台，来完成本工程主体结构施工时的混凝土搅拌和运输。三台 350L 搅拌机来完成砌筑、装饰工程施工时的砂浆及零星混凝土的搅拌。在混凝土搅拌站附近及搅拌机前台设置沉淀池，施工污水要排入沉淀池内，经二次沉淀后，方可排入城市市政污水管线或用于洒水降尘。

（2）仓库、材料和构件堆场应尽可能地布置在塔式起重机的作用半径之内，本工程1～3号水泥库、木材和钢材堆场、砌块堆场、红砖堆场、石材堆场、模板等构件堆场布置在塔式起重机的服务范围之内，砂子和石子堆场则靠近混凝土搅拌站的位置。

（3）钢筋加工场、木材加工场及钢材、木材等堆场布置在施工场地的东北侧，且堆场处于塔式起重机的服务范围之内。小型机具仓库布置在钢筋加工场附近。生产区围绕着拟建建筑物布置。

（4）施工场地的布置根据不同的施工阶段进行调整。考虑到装饰工程施工阶段的水泥用量小于主体工程施工阶段的水泥用量，故2号水泥库在主体工程施工完毕后拆除，在其位置搭设装饰材料库，供装饰施工阶段使用。砖、砌块、石材布置在同一位置。基础工程施工时，布置砖，主体工程施工时，布置砌块，装饰工程施工时，布置石材，其布置的位置考虑到场内运输方便且离建筑物的运距最短。

（5）钢筋的焊接及制作采用8台电渣压力焊机，5台AX1-300型电弧焊机，两台钢筋调直机，两台GJ5-40型钢筋切断机，两台GJ40型弯起机。

（6）各种仓库、材料和构件堆场、加工场地的面积见施工现场设施一览表。

施工现场设施一览表

序号	用途	面积（m²）
1	办公室	200
2	宿舍	90
3	门卫室	40
4	食堂	120
5	浴池	40
6	厕所	20
7	小型机具仓库	60
8	钢筋加工场及堆场	300
9	木材加工场及堆场	200
10	模板等堆场	150
11	砂子堆场	250
12	石子堆场	400

4. 布置现场运输道路

（1）沿施工场地的周边设置临时围墙，形成一个封闭的施工区域。施工场地只有1个出（入）口，分别位于施工场地的南侧。

（2）为便于各种材料的运输及通行，确保车辆的行驶安全，本工程沿新建建筑物的周边设置了一条环形道路，且满足主要道路为4.5m，次要道路大于3.5m的要求。

5. 行政与生活临时设施的布置

（1）本工程的行政与生活临时设施均为活动房屋，办公区和生活区分开布置。

（2）为便于对外联系，办公室主要设在施工场地出入口处西侧，为一层活动房，约为200m²。该办公室为土建施工单位、建设单位及监理机构的办公室。

（3）在出入口西侧设有门卫室，为一层活动房，约为 40m²，安排保安人员 24 小时值班。现场实行全封闭管理。

（4）宿舍布置在施工场地的北侧，由于施工队伍为本市建筑施工企业，施工人员大多家住市区，现场住宿人员较少，故宿舍面积较小，约为 90m²。

（5）食堂设置在宿舍附近，约为 120m²。食堂设置简易有效的隔油池，产生的生活污水经过隔油池方可排放，定期掏油，防止污染。

（6）施工现场设浴室一处，设置在拟建建筑物的南侧，约为 40m²。

（7）在办公区附近，设水冲式厕所一处，配有上下水及消毒设施，约为 20m²。

（8）办公区和生活区均安排专人进行卫生打扫。

（9）对施工现场的生活区和办公区进行绿化，配备一定的盆景，营造一个文明、舒适的工作和生活环境。

6. 临时水电管网的布置

（1）施工现场为三级配电，在南侧入口处设置配电室，主要施工机械设有专用配电箱，施工用电线路均采用三相五线制，全部采用埋地电缆。为防止突然停电造成施工隐患，现场配备一台备用柴油发电机，在紧急时刻提供 225kVA 电量，以确保施工顺利进行。工程开工前编制详细的专项施工用电方案。

（2）本工程的水源从现场附近已有的供水管道接入工地，根据施工经验及用水量粗略估算，沿施工场地周边敷设 φ100 水管，使之形成环网，其余支管径采用 φ50 和 φ25 的水管，能够满足施工高峰期现场用水的需要。现场建立一个 20m³ 储水池可兼作消防和施工用，保证停水后的连续施工。

根据上面对施工场地平面布置的综述，设计并手绘出项目三基础、主体施工布置平面图。

工作页 33

任务 5　绘制单位工程施工平面图

子任务 3　绘制基础和主体工程施工平面图（软件）

学习目标

• 用软件绘制单位工程基础和主体工程施工平面布置图。

学习过程

一、学习 BIM 场布软件

二、用软件绘制项目三的基础和主体施工平面布置图

1. 主入口及围墙

根据建筑红线走向，在红线范围内的施工现场修建 2m 高的全封闭的围墙。施工现场主入（出）口设在学院东南角，宽 6m，布置"七牌一图"，即：工程概况牌、施工人员概况牌、安全六大纪律牌、安全生产技术牌、十项安全措施牌、防火须知牌、卫生须知牌与现场平面布置图。

2. 布置起重机械

（1）本工程基础施工、主体施工、装饰施工均采用塔式起重机作为竖直运输及各楼层的水平运输机械。根据工程总平面图、新建建筑物的平面形状、起重机械的性能及施工现场的环境条件，本工程拟投入一台 QTZ40 型塔式起重机，起重臂长分别为 42m，可覆盖全部建筑物。

（2）本工程塔式起重机标准节的中心线距建筑物的最外突出物最小距离为 5.0m，且安装场地上空无任何架空电线。

（3）塔式起重机的基础为 C30 钢筋混凝土基础，混凝土座上表面高出周围地面150mm。

（4）塔式起重机装设避雷针及可靠的零接地双保险，以防施工期间雷击。

3. 生产性临建设施

（1）本工程拟用一台 ZL30F 装载机、一台 HBT40C 混凝土输送泵、一台 PLD800S 配料机以及两台 JS500 搅拌机，组成一个混凝土主搅拌站和一个辅助转换台，来完成本工程主体结构施工时的混凝土搅拌和运输。三台 350L 搅拌机来完成砌筑、装饰工程施工时的砂浆及零星混凝土的搅拌。在混凝土搅拌站附近及搅拌机前台设置沉淀池，施工污水要排

入沉淀池内，经二次沉淀后，方可排入城市市政污水管线或用于洒水降尘。

（2）仓库、材料和构件堆场应尽可能地布置在塔吊的作用半径之内，本工程1～3号水泥库、木材和钢材堆场、砌块堆场、红砖堆场、石材堆场、模板等构件堆场布置在塔式起重机的服务范围之内，砂子和石子堆场则靠近混凝土搅拌站的位置。

（3）钢筋加工场、木材加工场及钢材、木材等堆场布置在施工场地的东北侧，且堆场处于塔吊的服务范围之内。小型机具仓库布置在钢筋加工场附近。生产区围绕着拟建建筑物布置。

（4）施工场地的布置根据不同的施工阶段进行调整。考虑到装饰工程施工阶段的水泥用量小于主体工程施工阶段的水泥用量，故2号水泥库在主体工程施工完毕后拆除，在其位置搭设装饰材料库，供装饰施工阶段使用。红砖、砌块、石材布置在同一位置。基础工程施工时，布置红砖，主体工程施工时，布置砌块，装饰工程施工时，布置石材，其布置的位置考虑到场内运输方便且离建筑物的运距最短。

（5）钢筋的焊接及制作采用8台电渣压力焊机，5台AX1-300型电弧焊机，两台钢筋调直机，两台GJ5-40型钢筋切断机，两台GJ40型弯起机。

（6）各种仓库、材料和构件堆场、加工场地的面积见施工现场设施一览表。

施工现场设施一览表

序号	用途	面积（m²）
1	办公室	200
2	宿舍	90
3	门卫室	40
4	食堂	120
5	浴池	40
6	厕所	20
7	小型机具仓库	60
8	钢筋加工场及堆场	300
9	木材加工场及堆场	200
10	模板等堆场	150
11	砂子堆场	250
12	石子堆场	400

4. 布置现场运输道路

（1）沿施工场地的周边设置临时围墙，形成一个封闭的施工区域。施工场地只有1个出（入）口，分别位于施工场地的南侧。

（2）为便于各种材料的运输及通行，确保车辆的行驶安全，本工程沿新建建筑物的周边设置了一条环形道路，且满足主要道路为4.5m，次要道路大于3.5m的要求。

5. 行政与生活临时设施的布置

（1）本工程的行政与生活临时设施均为活动房屋，办公区和生活区分开布置。

（2）为便于对外联系，办公室主要设在施工场地出入口处西侧，为一层活动房，约为200m²。该办公室为土建施工单位、建设单位及监理机构的办公室。

（3）在出入口西侧设有门卫室，为一层活动房，约为40m²，安排保安人员24小时值班。现场实行全封闭管理。

（4）宿舍布置在施工场地的北侧，由于施工队伍为本市建筑施工企业，施工人员大多家住市区，现场住宿人员较少，故宿舍面积较小，约为 90m²。

（5）食堂设置在宿舍附近，约为 120m²。食堂设置简易有效的隔油池，产生的生活污水经过隔油池方可排放，定期掏油，防止污染。

（6）施工现场设浴室一处，设置在拟建建筑物的南侧，约为 40m²。

（7）在办公区附近，设水冲式厕所一处，配有上下水及消毒设施，约为 20m²。

（8）办公区和生活区均安排专人进行卫生打扫。

（9）对施工现场的生活区和办公区进行绿化，配备一定的盆景，营造一个文明、舒适的工作和生活环境。

6. 临时水电管网的布置

（1）施工现场为三级配电，在南侧入口处设置配电室，主要施工机械设有专用配电箱，施工用电线路均采用三相五线制，全部采用埋地电缆。为防止突然停电造成施工隐患，现场配备一台备用柴油发电机，在紧急时刻提供 225kVA 电量，以确保施工顺利进行。工程开工前编制详细的专题施工用电方案。

（2）本工程的水源从现场附近已有的供水管道接入工地，根据施工经验及用水量粗略估算，沿施工场地周边敷设 φ100 水管，使之形成环网，其余支管径采用 φ50 和 φ25 的水管，能够满足施工高峰期现场用水的需要。现场建立一个 20m³ 储水池可兼作消防和施工用，保证停水后的连续施工。

根据上面对施工场地平面布置的综述，设计并手绘出项目三基础、主体施工布置平面图。

工作页 34

任务 5　绘制单位工程施工平面图

子任务 4　绘制装饰装修工程施工平面图（软件）

🔍 **学习目标**

- 用软件绘制装饰装修工程施工平面布置图。

🎓 **学习过程**

结合项目三基础工程和主体工程的绘制过程，绘制装饰装修工程的施工平面布置图，结合以下具体要求进行绘制。

1. 主入口及围墙

根据建筑红线走向，在红线范围内的施工现场修建 2m 高的全封闭的围墙。施工现场主入（出）口设在学院东南角，宽 6m，布置"七牌一图"，即：工程概况牌、施工人员概况牌、安全六大纪律牌、安全生产技术牌、十项安全措施牌、防火须知牌、卫生须知牌与现场平面布置图。

2. 布置起重机械

（1）本工程基础施工、主体施工、装饰施工均采用塔式起重机作为竖直运输及各楼层的水平运输机械。根据工程总平面图、新建建筑物的平面形状、起重机械的性能及施工现场的环境条件，本工程拟投入一台 QTZ40 型塔式起重机，起重臂长分别为 42m，可覆盖全部建筑物。

（2）本工程塔式起重机标准节的中心线距建筑物的最外突出物最小距离为 5.0m，且安装场地上空无任何架空电线。

（3）塔式起重机的基础为 C30 钢筋混凝土基础，混凝土座上表面高出周围地面150mm。

（4）塔式起重机装设避雷针及可靠的零接地双保险，以防施工期间雷击。

3. 生产性临建设施

（1）本工程拟用一台 ZL30F 装载机、一台 HBT40C 混凝土输送泵、一台 PLD800S 配料机以及两台 JS500 搅拌机，组成一个混凝土主搅拌站和一个辅助转换台，来完成本工程主体结构施工时的混凝土搅拌和运输。三台 350L 搅拌机来完成砌筑、装饰工程施工时的砂浆及零星混凝土的搅拌。在混凝土搅拌站附近及搅拌机前台设置沉淀池，施工污水要排

入沉淀池内，经二次沉淀后，方可排入城市市政污水管线或用于洒水降尘。

（2）仓库、材料和构件堆场应尽可能地布置在塔吊的作用半径之内，本工程 1～3 号水泥库、木材和钢材堆场、砌块堆场、红砖堆场、石材堆场、模板等构件堆场布置在塔式起重机的服务范围之内，砂子和石子堆场则靠近混凝土搅拌站的位置。

（3）钢筋加工场、木材加工场及钢材、木材等堆场布置在施工场地的东北侧，且堆场处于塔吊的服务范围之内。小型机具仓库布置在钢筋加工场附近。生产区围绕着拟建建筑物布置。

（4）施工场地的布置根据不同的施工阶段进行调整。考虑到装饰工程施工阶段的水泥用量小于主体工程施工阶段的水泥用量，故 2 号水泥库在主体工程施工完毕后拆除，在其位置搭设装饰材料库，供装饰施工阶段使用。红砖、砌块、石材布置在同一位置。基础工程施工时，布置红砖，主体工程施工时，布置砌块，装饰工程施工时，布置石材，其布置的位置考虑到场内运输方便且离建筑物的运距最短。

（5）钢筋的焊接及制作采用 8 台电渣压力焊机，5 台 AX1-300 型电弧焊机，两台钢筋调直机，两台 GJ5-40 型钢筋切断机，两台 GJ40 型弯起机。

（6）各种仓库、材料和构件堆场、加工场地的面积见施工现场设施一览表。

施工现场设施一览表

序号	用途	面积（m²）
1	办公室	200
2	宿舍	90
3	门卫室	40
4	食堂	120
5	浴池	40
6	厕所	20
7	小型机具仓库	60
8	钢筋加工场及堆场	300
9	木材加工场及堆场	200
10	模板等堆场	150
11	砂子堆场	250
12	石子堆场	400

4. 布置现场运输道路

（1）沿施工场地的周边设置临时围墙，形成一个封闭的施工区域。施工场地只有 1 个出（入）口，分别位于施工场地的南侧。

（2）为便于各种材料的运输及通行，确保车辆的行驶安全，本工程沿新建建筑物的周边设置了一条环形道路，且满足主要道路为 4.5m，次要道路大于 3.5m 的要求。

5. 行政与生活临时设施的布置

（1）本工程的行政与生活临时设施均为活动房屋，办公区和生活区分开布置。

（2）为便于对外联系，办公室主要设在施工场地出入口处西侧，为一层活动房，约为 200m²。该办公室为土建施工单位、建设单位及监理机构的办公室。

（3）在出入口西侧设有门卫室，为一层活动房，约为 40m²，安排保安人员 24 小时值班。现场实行全封闭管理。

（4）宿舍布置在施工场地的北侧，由于施工队伍为本市建筑施工企业，施工人员大多家住市区，现场住宿人员较少，故宿舍面积较小，约为 90m²。

（5）食堂设置在宿舍附近，约为 120m²。食堂设置简易有效的隔油池，产生的生活污水经过隔油池方可排放，定期掏油，防止污染。

（6）施工现场设浴室一处，设置在拟建建筑物的南侧，约为 40m²。

（7）在办公区附近，设水冲式厕所一处，配有上下水及消毒设施，约为 20m²。

（8）办公区和生活区均安排专人进行卫生打扫。

（9）对施工现场的生活区和办公区进行绿化，配备一定的盆景，营造一个文明、舒适的工作和生活环境。

6. 临时水电管网的布置

（1）施工现场为三级配电，在南侧入口处设置配电室，主要施工机械设有专用配电箱，施工用电线路均采用三相五线制，全部采用埋地电缆。为防止突然停电造成施工隐患，现场配备一台备用柴油发电机，在紧急时刻提供 225kVA 电量，以确保施工顺利进行。工程开工前编制详细的专题施工用电方案。

（2）本工程的水源从现场附近已有的供水管道接入工地，根据施工经验及用水量粗略估算，沿施工场地周边敷设 ϕ100 水管，使之形成环网，其余支管径采用 ϕ50 和 ϕ25 的水管，能够满足施工高峰期现场用水的需要。现场建立一个 20m³ 储水池可兼作消防和施工用，保证停水后的连续施工。